わかりやすい
現代制御理論

森 泰親 著

森北出版株式会社

●本書のサポート情報を当社Webサイトに掲載する場合があります．下記のURLにアクセスし，サポートの案内をご覧ください．

https://www.morikita.co.jp/support/

●本書の内容に関するご質問は，森北出版 出版部「(書名を明記)」係宛に書面にて，もしくは下記のe-mailアドレスまでお願いします．なお，電話でのご質問には応じかねますので，あらかじめご了承ください．

editor@morikita.co.jp

●本書により得られた情報の使用から生じるいかなる損害についても，当社および本書の著者は責任を負わないものとします．

■本書に記載している製品名，商標および登録商標は，各権利者に帰属します．

■本書を無断で複写複製（電子化を含む）することは，著作権法上での例外を除き，禁じられています．複写される場合は，そのつど事前に(一社)出版者著作権管理機構（電話03-5244-5088, FAX03-5244-5089, e-mail:info@jcopy.or.jp）の許諾を得てください．また本書を代行業者等の第三者に依頼してスキャンやデジタル化することは，たとえ個人や家庭内での利用であっても一切認められておりません．

はじめに

　市販されている「現代制御」の教科書の多くは，定理や法則，設計手順などをできるだけ一般的にまとめたうえで，その証明を詳しく記述している．このため，煩雑な式に嫌気を感じながら読んでいくうちに，何の証明だったか忘れてしまうことも少なくない．また，その定理をどのように使うのかもよくわからないまま，とにかく証明のあらすじだけでも理解しようと躍起になる人もいるが，なにがわかって，なにがわからないのか，わからなくなってしまう．

　このような話を学生からよく聞くことから，著者は「演習で学ぶ現代制御理論」を10年前に執筆した．そこでは，通常の教科書で次数や次元に任意性をもたせてわざわざnで記述している定理を，たとえば小さな数2にして数値例を与え，しかも手計算することに徹した．少し数値を変えては，同じような演習問題をなんどもなんども解くことで理解が少しずつ深まり，頭の中が整理されるように工夫した．「演習で学ぶ現代制御理論」は，簡単なまとめをしているものの，演習が主体であって，数値例を通して定理などの理解を深めるのが狙いである．基本的に定理の証明はせず，設計公式やアルゴリズムの導出も一切していない．ただただ，それらの意味を理解し，使い方を習得するための演習本である．

　この演習本によって定理などの意味を理解し，それらの使い方がわかってくると，いままで暗黒の世界だった煩雑な証明に少しは明かりがさしてくる．そして，証明もきっちりと理解したいという気持ちが湧いてくる．そこで，昔，理解を諦めてしまった手持ちの教科書に再チャレンジするものの，演習本とは本の構成が異なる，変数に使っている記号や文字が違う，式の表記方法が違う，設計手順のまとめ方が違う，など余計な障害が付きまとう．

　本書「わかりやすい現代制御理論」は，上記の障害を取り除いた教科書である．内容を絞ったうえで，定理の証明や式の導出を丁寧に解説している．このように書くと，上記の演習本を一緒に揃えなくてはならないように聞こえるが，実はそうではない．本書には理解を深めるのに十分な量の数値例が用意されており，この1冊だけで現代制御の教科書とし完結している．しかも，最終章に「総合演習」を設けているのが大きな特長である．

　第13章「倒立振子を使った総合演習」では倒立振子を例にとり，そのモデル化か

らシステム解析，制御系設計までの一連の流れを解説している．13.1 節では，ラグランジュ法を用いて非線形の数式モデルを導出し，その後，動作点周りで線形化を行う．13.2 節では，システムの安定性，可制御性，可観測性，サーボ系設計条件などシステムがもつ固有の特性を解析している．これらは，次節で設計を行うために必要となる確認作業であって，これによって，各章で個別に学んできたシステム解析にかかわるさまざまな概念に命が吹き込まれる．13.3 節では，最適レギュレータを用いて本来不安定なシステムを安定化する状態フィードバック制御を導出する．状態観測器の設計においては極配置法を適用して，閉ループ系の固有値と状態観測器の固有値の位置関係がもたらす制御性能への影響を考察する．最後に，ステップ状の目標値変化に定常偏差なく追従するサーボ系を設計する．どの設計法にも，制御対象の動特性，設計仕様などを考慮して調整することができる設計パラメータが存在する．ここでは，設計パラメータの選定に関して丁寧な解説をしている．

　本書は，市販されている多くの教科書に比べるとはるかに豊富な数値例を扱っている．また，定理の丁寧な証明と相まって，バランス良い教科書に仕上がったのではないかと自負している．紙面の都合上，割愛した部分も少なからずあるものの，基礎の項目は確実にカバーしている．本書が高専生や大学学部生の教科書として役立つことを心から願う．

2013 年 3 月

森　泰親

目　　次

第 1 章　システムの記述　　1
1.1　伝達関数表現と状態空間表現 …………………………………………　1
1.2　システムの数式モデルを求める …………………………………………　4
1.3　非線形システムを線形近似する …………………………………………　9
　　　演習問題 ………………………………………………………………　11

第 2 章　システムの応答と安定性　　12
2.1　システムの時間応答を求める ……………………………………………　12
2.2　状態遷移行列の性質 ………………………………………………………　14
2.3　状態遷移行列を計算する …………………………………………………　17
2.4　モード展開する ……………………………………………………………　20
2.5　固有値の位置と応答の関係 ………………………………………………　23
　　　演習問題 ………………………………………………………………　26

第 3 章　座 標 変 換　　27
3.1　座標変換とは ………………………………………………………………　27
3.2　対角正準形に変換する ……………………………………………………　34
3.3　可制御正準形に変換する …………………………………………………　43
　　　演習問題 ………………………………………………………………　50

第 4 章　可 制 御 性　　51
4.1　可制御性とは ………………………………………………………………　51
4.2　可制御性グラム行列 ………………………………………………………　52
4.3　可制御性行列 ………………………………………………………………　54
　　　演習問題 ………………………………………………………………　58

第5章 可観測性　　59

5.1 可観測性とは　　59
5.2 可観測性グラム行列　　60
5.3 可観測性行列　　62
演習問題　　64

第6章 行列のランク　　65

6.1 行列のランクとは　　65
6.2 ランクを求めよう　　67
演習問題　　70

第7章 双対性の定理　　71

7.1 双対性とは　　71
7.2 可制御性と可観測性の判定　　73
演習問題　　81

第8章 極配置法　　82

8.1 極配置法とは　　82
8.2 可制御正準形による極配置　　85
8.3 アッカーマン法による極配置　　88
演習問題　　92

第9章 最適レギュレータ　　94

9.1 評価関数と重み行列　　94
9.2 最適制御則の導出　　98
9.3 最適制御系の安定性　　100
9.4 リカッチ方程式を解く　　109
9.5 数値シミュレーション　　113
演習問題　　119

第10章 折返し法　　120

10.1 折返し法とは　　120
10.2 折返し法による固有値の移動　　124

10.3 選択的折返し法 …………………………………………………… 132
10.4 数値シミュレーション ……………………………………………… 133
演習問題 …………………………………………………………………… 140

第 11 章　サ ー ボ 系　　　　　　　　　　　　　　　　　　　　**141**
11.1 内部モデル原理とサーボ系の構造 ………………………………… 141
11.2 サーボ系設計条件 …………………………………………………… 147
演習問題 …………………………………………………………………… 152

第 12 章　状態観測器　　　　　　　　　　　　　　　　　　　　**153**
12.1 状態観測器の構造 …………………………………………………… 153
12.2 双対性を用いた設計 ………………………………………………… 156
12.3 併 合 系 ……………………………………………………………… 159
演習問題 …………………………………………………………………… 161

第 13 章　倒立振子を使った総合演習　　　　　　　　　　　　　**163**
13.1 システムの数式モデルを求める …………………………………… 163
13.2 制御対象の解析 ……………………………………………………… 166
13.3 制御系の設計 ………………………………………………………… 170

演習問題解答 ………………………………………………………………… 177
参考文献 ……………………………………………………………………… 210
索　　引 ……………………………………………………………………… 211

1 システムの記述

制御したい対象を希望どおりに「制し御する」ためには，その対象の特性を十分に把握しておく必要がある．システムや構成要素の特性を数式で記述することをモデル化とよび，得られるモデルを数式モデルとよぶ．本章では，状態の概念を明らかにしたうえで，簡単なシステムを例に数式モデル構築の方法を解説する．

1.1 伝達関数表現と状態空間表現

数式モデル表現の種類は数多くあるが，基本は伝達関数表現と状態空間表現である．以下において両者を比べてみよう．

抵抗とコイルとコンデンサが直列に接続されている図 1.1 に示す電気回路について，電圧 $v_\mathrm{i}(t)$ [V] を入力信号，コンデンサ両端の電圧 $v_\mathrm{o}(t)$ [V] を出力信号とする数式モデルを作成する．

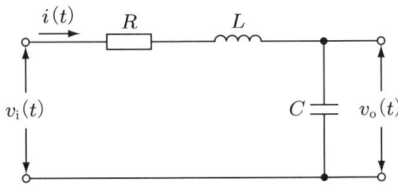

図 1.1 RLC 直列回路

回路を流れる電流を $i(t)$ [A] とする．この電気回路について次式が成り立つ．

$$L\frac{di(t)}{dt} + Ri(t) + \frac{1}{C}\int_0^t i(\tau)\,d\tau = v_\mathrm{i}(t) \tag{1.1.1}$$

また，出力信号はコンデンサ両端の電圧 $v_\mathrm{o}(t)$ であるから

$$v_\mathrm{o}(t) = \frac{1}{C}\int_0^t i(\tau)\,d\tau \tag{1.1.2}$$

であり，式 (1.1.1) の左辺第 3 項に等しい．式 (1.1.1) と式 (1.1.2) におけるすべての変数の初期値がゼロであるとしてラプラス変換すると次式となる．

$$LsI(s) + RI(s) + \frac{1}{Cs}I(s) = V_\mathrm{i}(s) \tag{1.1.3}$$

$$V_\mathrm{o}(s) = \frac{1}{Cs}I(s) \tag{1.1.4}$$

ただし,上の二式において,$I(s)$,$V_\mathrm{i}(s)$,$V_\mathrm{o}(s)$ は,それぞれ $i(t)$,$v_\mathrm{i}(t)$,$v_\mathrm{o}(t)$ のラプラス変換である.両式から伝達関数はつぎのように計算できる.

$$\begin{aligned} G(s) = \frac{V_\mathrm{o}(s)}{V_\mathrm{i}(s)} &= \frac{\dfrac{1}{Cs}I(s)}{LsI(s) + RI(s) + \dfrac{1}{Cs}I(s)} \\ &= \frac{1}{LCs^2 + RCs + 1} \end{aligned} \tag{1.1.5}$$

$V_\mathrm{o}(s)/V_\mathrm{i}(s)$ を計算するだけで,うまく中間変数の電流 $I(s)$ を消去することができた.式 (1.1.5) が所望の伝達関数である.

つぎに状態空間で表現しよう.微分と積分が混在する式 (1.1.1) を微分方程式にするために,次式の電荷 $q(t)$ を導入する.

$$q(t) = \int_0^t i(\tau)\,d\tau \tag{1.1.6}$$

上式を式 (1.1.1) に代入すると,

$$L\frac{di(t)}{dt} + Ri(t) + \frac{1}{C}q(t) = v_\mathrm{i}(t) \tag{1.1.7}$$

となる.また,$i(t)$ と $q(t)$ の関係 (1.1.6) をつぎのように微分で表現しておく.

$$\frac{dq(t)}{dt} = i(t) \tag{1.1.8}$$

さて,出力信号はコンデンサ両端の電圧 $v_\mathrm{o}(t)$ であるから

$$v_\mathrm{o}(t) = \frac{1}{C}\int_0^t i(\tau)\,d\tau = \frac{1}{C}q(t) \tag{1.1.9}$$

である.式 (1.1.7)〜(1.1.9) をまとめると次式となる.

$$\frac{d}{dt}\begin{pmatrix} q(t) \\ i(t) \end{pmatrix} = \begin{pmatrix} 0 & 1 \\ -\dfrac{1}{LC} & -\dfrac{R}{L} \end{pmatrix}\begin{pmatrix} q(t) \\ i(t) \end{pmatrix} + \begin{pmatrix} 0 \\ \dfrac{1}{L} \end{pmatrix} v_\mathrm{i}(t) \tag{1.1.10}$$

$$v_\mathrm{o}(t) = \begin{pmatrix} \dfrac{1}{C} & 0 \end{pmatrix}\begin{pmatrix} q(t) \\ i(t) \end{pmatrix} \tag{1.1.11}$$

入力変数 $v_\mathrm{i}(t)$ を $u(t)$,出力変数 $v_\mathrm{o}(t)$ を $y(t)$,状態変数 $\begin{pmatrix} q(t) \\ i(t) \end{pmatrix}$ をベクトル $x(t)$ で

表すと,

$$\dot{x}(t) = Ax(t) + bu(t) \tag{1.1.12}$$
$$y(t) = cx(t) \tag{1.1.13}$$

となる. ここで,

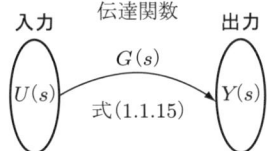

$$A = \begin{pmatrix} 0 & 1 \\ -\dfrac{1}{LC} & -\dfrac{R}{L} \end{pmatrix}, \quad b = \begin{pmatrix} 0 \\ \dfrac{1}{L} \end{pmatrix}, \quad c = \begin{pmatrix} \dfrac{1}{C} & 0 \end{pmatrix} \tag{1.1.14}$$

である. 式(1.1.12)の1階の連立微分方程式を状態方程式, 式(1.1.13)の代数方程式を出力方程式という. 先に求めた伝達関数(1.1.5)も, 入力変数$V_\mathrm{i}(s)$を$U(s)$, 出力変数$V_\mathrm{o}(s)$を$Y(s)$で表すと,

$$Y(s) = G(s)U(s) \tag{1.1.15}$$

となる.

伝達関数表現では, 図1.2にみるように, 入力変数$U(s)$から直接, 出力変数$Y(s)$への影響を式(1.1.15)で表現している.

図 **1.2** 伝達関数によるシステム表現

これに対して状態空間表現では, 入力変数$u(t)$から状態変数$x(t)$までの影響を状態方程式(1.1.12)で表し, その後, 状態変数$x(t)$と出力変数$y(t)$とのつながりを出力方程式(1.1.13)で表している. すなわち, 内部の動きを表現する状態変数$x(t)$を介していることが大きな違いである. これを図1.3に示す.

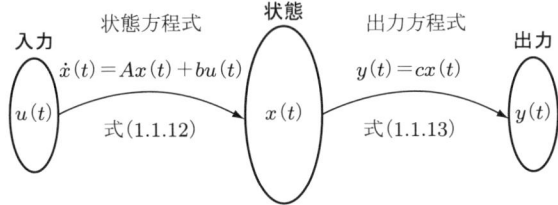

図 **1.3** 状態方程式と出力方程式によるシステム表現

1.2 システムの数式モデルを求める

本節では,簡単な例を通して状態方程式を導出する.図1.4に示すように,ばねとダンパでつながれた物体の動きを考えてみよう.ばね係数をK_1,K_2,ダンパの粘性摩擦係数をD_1,D_2,物体の質量をM_1,M_2とし,台車は摩擦なく床を動くものとする.

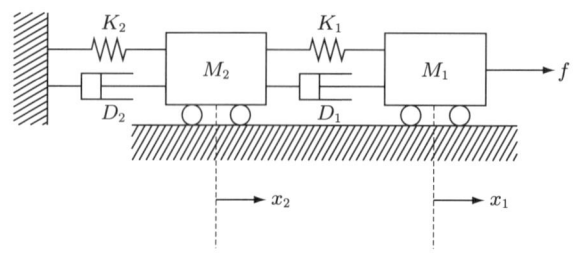

図 1.4 機械振動系

外力fを図の右方向に加えることによって,物体がそれぞれ平衡点からx_1,x_2だけ変位したとする.物体M_1と物体M_2の相対的変位は$(x_1 - x_2)$であるから,物体M_1に対してばねK_1が左向きにはたらく力は$K_1(x_1 - x_2)$,ダンパD_1が発生する粘性摩擦力は$D_1\left(\dfrac{dx_1}{dt} - \dfrac{dx_2}{dt}\right)$である.したがって,物体$M_1$に関する運動方程式は,

$$M_1 \frac{d^2 x_1}{dt^2} = f - K_1(x_1 - x_2) - D_1\left(\frac{dx_1}{dt} - \frac{dx_2}{dt}\right) \tag{1.2.1}$$

となる.一方,物体M_2には,まず右向きに$K_1(x_1 - x_2) + D_1\left(\dfrac{dx_1}{dt} - \dfrac{dx_2}{dt}\right)$の力がかかる.これに加えて,ばね$K_2$が$K_2 x_2$の力,ダンパ$D_2$が$D_2 \dfrac{dx_2}{dt}$の力をどちらも左向きに与えるので,物体$M_2$に関する運動方程式は,

$$M_2 \frac{d^2 x_2}{dt^2} = K_1(x_1 - x_2) + D_1\left(\frac{dx_1}{dt} - \frac{dx_2}{dt}\right) - K_2 x_2 - D_2 \frac{dx_2}{dt} \tag{1.2.2}$$

となる.ここで,変位x_1の時間的変化を表す変数として$\dot{x}_1$を導入する.すなわち,

$$\frac{dx_1}{dt} = \dot{x}_1 \tag{1.2.3}$$

である.同様に,

$$\frac{dx_2}{dt} = \dot{x}_2 \tag{1.2.4}$$

とする.新たに導入した変数 $\dot{x}_1$, $\dot{x}_2$ を使うと,式 (1.2.1) と式 (1.2.2) は,つぎのように書き直すことができる.

$$M_1 \frac{d\dot{x}_1}{dt} = -K_1(x_1 - x_2) - D_1(\dot{x}_1 - \dot{x}_2) + f \tag{1.2.5}$$

$$M_2 \frac{d\dot{x}_2}{dt} = K_1(x_1 - x_2) - K_2 x_2 + D_1(\dot{x}_1 - \dot{x}_2) - D_2 \dot{x}_2 \tag{1.2.6}$$

式 (1.2.3)〜(1.2.6) をまとめることで所望の状態方程式を得る.

$$\frac{d}{dt}\begin{pmatrix} x_1 \\ x_2 \\ \dot{x}_1 \\ \dot{x}_2 \end{pmatrix} = \begin{pmatrix} 0 & 0 & 1 & 0 \\ 0 & 0 & 0 & 1 \\ -\dfrac{K_1}{M_1} & \dfrac{K_1}{M_1} & -\dfrac{D_1}{M_1} & \dfrac{D_1}{M_1} \\ \dfrac{K_1}{M_2} & -\dfrac{K_1+K_2}{M_2} & \dfrac{D_1}{M_2} & -\dfrac{D_1+D_2}{M_2} \end{pmatrix} \begin{pmatrix} x_1 \\ x_2 \\ \dot{x}_1 \\ \dot{x}_2 \end{pmatrix} + \begin{pmatrix} 0 \\ 0 \\ \dfrac{1}{M_1} \\ 0 \end{pmatrix} f \tag{1.2.7}$$

変位 x_1 を出力とするならば,

$$y = \begin{pmatrix} 1 & 0 & 0 & 0 \end{pmatrix} \begin{pmatrix} x_1 \\ x_2 \\ \dot{x}_1 \\ \dot{x}_2 \end{pmatrix} \tag{1.2.8}$$

とし,変位 x_2 なら

$$y = \begin{pmatrix} 0 & 1 & 0 & 0 \end{pmatrix} \begin{pmatrix} x_1 \\ x_2 \\ \dot{x}_1 \\ \dot{x}_2 \end{pmatrix} \tag{1.2.9}$$

とすればよい.

2番目の例として,図 1.5 に示す RLC 電気回路において,v_i を入力電圧としたときのコンデンサ端子電圧 v_o の変化の様子を表す数式モデルを考えよう.

左側の閉路に着目して入力電圧 v_i とつり合う電圧を式で表すと,

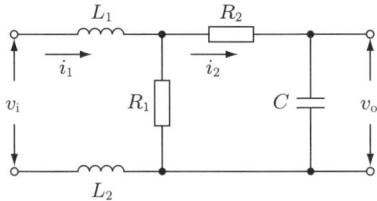

図 1.5　RLC 電気回路

$$v_\mathrm{i} = L_1 \frac{di_1}{dt} + R_1(i_1 - i_2) + L_2 \frac{di_1}{dt} \tag{1.2.10}$$

となる．同様に，右側の閉路に着目して次式を得る．

$$R_1(i_1 - i_2) = R_2 i_2 + \frac{1}{C} \int_0^t i_2 \, d\tau \tag{1.2.11}$$

また，入力電圧 v_o は，

$$v_\mathrm{o} = \frac{1}{C} \int_0^t i_2 \, d\tau \tag{1.2.12}$$

である．式 (1.2.11) と式 (1.2.12) に電流 i_2 の積分があるので，これを電荷 q_2 で表すことにする．すなわち，

$$q_2 = \int_0^t i_2 \, d\tau \tag{1.2.13}$$

を導入する．上式の関係は，

$$\frac{dq_2}{dt} = i_2 \tag{1.2.14}$$

と書くこともできる．式 (1.2.13) と式 (1.2.14) を式 (1.2.10)〜(1.2.12) に代入するとつぎのようになる．

$$v_\mathrm{i} = L_1 \frac{di_1}{dt} + R_1 \left(i_1 - \frac{dq_2}{dt} \right) + L_2 \frac{di_1}{dt} \tag{1.2.15}$$

$$R_1 \left(i_1 - \frac{dq_2}{dt} \right) = R_2 \frac{dq_2}{dt} + \frac{1}{C} q_2 \tag{1.2.16}$$

$$v_\mathrm{o} = \frac{1}{C} q_2 \tag{1.2.17}$$

式 (1.2.15)，(1.2.16) を整理して

$$(L_1 + L_2) \frac{di_1}{dt} = -R_1 \left(i_1 - \frac{dq_2}{dt} \right) + v_\mathrm{i} \tag{1.2.18}$$

$$(R_1 + R_2) \frac{dq_2}{dt} = R_1 i_1 - \frac{1}{C} q_2 \tag{1.2.19}$$

となる．式 (1.2.19) の $\frac{dq_2}{dt}$ を式 (1.2.18) の $\frac{dq_2}{dt}$ に代入して次式を得る．

$$(L_1 + L_2) \frac{di_1}{dt} = -\frac{R_1 R_2}{R_1 + R_2} i_1 - \frac{R_1}{(R_1 + R_2)C} q_2 + v_\mathrm{i} \tag{1.2.20}$$

式 (1.2.17)，(1.2.19)，(1.2.20) をまとめて書き直すことで状態方程式と出力方程式を導出する．

$$\frac{d}{dt}\begin{pmatrix} i_1 \\ q_2 \end{pmatrix} = \begin{pmatrix} -\dfrac{R_1 R_2}{(R_1+R_2)(L_1+L_2)} & -\dfrac{R_1}{(R_1+R_2)(L_1+L_2)C} \\ \dfrac{R_1}{R_1+R_2} & -\dfrac{1}{(R_1+R_2)C} \end{pmatrix} \begin{pmatrix} i_1 \\ q_2 \end{pmatrix}$$

$$+ \begin{pmatrix} \dfrac{1}{L_1+L_2} \\ 0 \end{pmatrix} v_{\mathrm{i}} \tag{1.2.21}$$

$$v_{\mathrm{o}} = \begin{pmatrix} 0 & \dfrac{1}{C} \end{pmatrix} \begin{pmatrix} i_1 \\ q_2 \end{pmatrix} \tag{1.2.22}$$

最後に，図 1.6 の電動機の数式モデルを求めることにする．

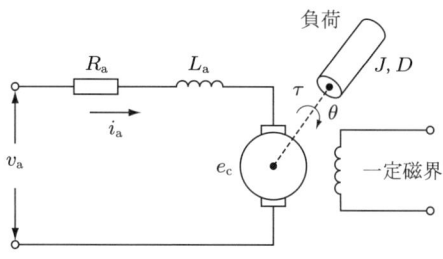

図 1.6 電動機

電機子電圧を v_{a}，電動機の逆起電力を e_{c} とする．電機子巻線の抵抗とインダクタンスをそれぞれ R_{a}，L_{a}，電機子電流を i_{a} とおくと，この電気回路に関して次式が成立する．

$$R_{\mathrm{a}} i_{\mathrm{a}} + L_{\mathrm{a}} \frac{di_{\mathrm{a}}}{dt} + e_{\mathrm{c}} = v_{\mathrm{a}} \tag{1.2.23}$$

電機子軸の回転角を θ とすれば，電動機の逆起電力 e_{c} は回転角速度 $\dfrac{d\theta}{dt}$ に比例する．よって，比例係数 K_v を使って

$$e_{\mathrm{c}} = K_v \frac{d\theta}{dt} \tag{1.2.24}$$

で表せる．電動機が生じる回転のトルク τ は，磁束 φ と電機子電流 i_{a} の積に比例する．ここでは界磁電流は一定にしたので磁界は一定となり，トルクは比例係数 K_τ を使って

$$\tau = K_\tau i_{\mathrm{a}} \tag{1.2.25}$$

と記述される．負荷とつながっている電機子軸の慣性モーメントを J，粘性抵抗係数を D とすると，回転させるのに必要なトルクは，

$$\tau = J\frac{d^2\theta}{dt^2} + D\frac{d\theta}{dt} \tag{1.2.26}$$

である．式 (1.2.25) と式 (1.2.26) の τ は等しいから，これらより，

$$J\frac{d^2\theta}{dt^2} + D\frac{d\theta}{dt} = K_\tau i_\mathrm{a} \tag{1.2.27}$$

を得る．また，式 (1.2.24) を式 (1.2.23) に代入すると次式となる．

$$R_\mathrm{a} i_\mathrm{a} + L_\mathrm{a}\frac{di_\mathrm{a}}{dt} + K_v\frac{d\theta}{dt} = v_\mathrm{a} \tag{1.2.28}$$

ここで，回転角 θ の時間的変化を表す変数として $\dot\theta$ を導入する．すなわち，

$$\frac{d\theta}{dt} = \dot\theta \tag{1.2.29}$$

とする．上式を使えば，式 (1.2.27), (1.2.28) は，

$$J\frac{d\dot\theta}{dt} + D\dot\theta = K_\tau i_\mathrm{a} \tag{1.2.30}$$

$$R_\mathrm{a} i_\mathrm{a} + L_\mathrm{a}\frac{di_\mathrm{a}}{dt} + K_v\dot\theta = v_\mathrm{a} \tag{1.2.31}$$

と書くことができる．これらを整理して

$$J\frac{d\dot\theta}{dt} = -D\dot\theta + K_\tau i_\mathrm{a} \tag{1.2.32}$$

$$L_\mathrm{a}\frac{di_\mathrm{a}}{dt} = -K_v\dot\theta - R_\mathrm{a} i_\mathrm{a} + v_\mathrm{a} \tag{1.2.33}$$

となる．式 (1.2.29), (1.2.32), (1.2.33) をまとめると状態方程式

$$\frac{d}{dt}\begin{pmatrix}\theta\\ \dot\theta\\ i_\mathrm{a}\end{pmatrix} = \begin{pmatrix}0 & 1 & 0\\ 0 & -\dfrac{D}{J} & \dfrac{K_\tau}{J}\\ 0 & -\dfrac{K_v}{L_\mathrm{a}} & -\dfrac{R_\mathrm{a}}{L_\mathrm{a}}\end{pmatrix}\begin{pmatrix}\theta\\ \dot\theta\\ i_\mathrm{a}\end{pmatrix} + \begin{pmatrix}0\\ 0\\ \dfrac{1}{L_\mathrm{a}}\end{pmatrix}v_\mathrm{a} \tag{1.2.34}$$

を得る．出力を回転角 θ にしたいときは，

$$y = \begin{pmatrix}1 & 0 & 0\end{pmatrix}\begin{pmatrix}\theta\\ \dot\theta\\ i_\mathrm{a}\end{pmatrix} \tag{1.2.35}$$

とすればよい．

1.3　非線形システムを線形近似する

図 1.7 に示す水位システムの数式モデルを導出しよう．そこでまず，断面積が $S\,[\mathrm{m}^2]$ のタンクにおいて給水量と水位との関係を求める．

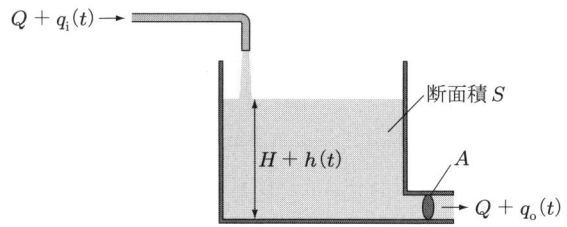

図 **1.7**　水位システム

一定量 $Q\,[\mathrm{m}^3/\mathrm{s}]$ で定常的にタンクに給水しているとき，同時に同じ Q の水量がタンクの出口から流出しているなら，水位はある一定の高さ $H\,[\mathrm{m}]$ を保っている．そして，そのような高さ H は，必ず存在する．これを平衡状態という．このとき，ベルヌーイの定理から水位と流出速度 $V\,[\mathrm{m}/\mathrm{s}]$ の間に

$$\sqrt{2gH} = V \tag{1.3.1}$$

が成り立つ．ただし，g は重力加速度である．したがって，タンク底の出口配管の断面積を $A\,[\mathrm{m}^2]$ とするとき，Q と H の関係はつぎのように記述できる．

$$Q = A\sqrt{2gH} \tag{1.3.2}$$

つぎに，平衡状態から給水量がわずかに変化した場合を考えよう．給水量変化を $q_\mathrm{i}(t)\,[\mathrm{m}^3/\mathrm{s}]$，流出量変化を $q_\mathrm{o}(t)\,[\mathrm{m}^3/\mathrm{s}]$，水位変化を $h(t)\,[\mathrm{m}]$ とするとき，水位の時間あたりの変化は給水量と流出量の差より生じるので，

$$S\frac{d}{dt}(H + h(t)) = (Q + q_\mathrm{i}(t)) - (Q + q_\mathrm{o}(t)) \tag{1.3.3}$$

となる．また，流出量 $Q + q_\mathrm{o}(t)$ は，ベルヌーイの定理から

$$Q + q_\mathrm{o}(t) = A\sqrt{2g(H + h(t))} \tag{1.3.4}$$

と表される．式 (1.3.3) と式 (1.3.4) より，給水量変化に伴う水位の動きは，

$$S\frac{dh(t)}{dt} = (Q + q_\mathrm{i}(t)) - A\sqrt{2g(H + h(t))} \tag{1.3.5}$$

となる．上式は，$h(t)$ に関する非線形微分方程式になっていて，このままでは解析が

困難である．そこで，平衡状態の近傍で線形化を試みる．

式 (1.3.4) はつぎのように書くことができる．

$$\begin{aligned}
Q + q_\mathrm{o}(t) &= A\sqrt{2g(H + h(t))} \\
&= A\sqrt{2gH}\left(1 + \frac{h(t)}{H}\right)^{\frac{1}{2}} \\
&= A\sqrt{2gH}\left(1 + \frac{h(t)}{2H} + \cdots\right)
\end{aligned} \tag{1.3.6}$$

上式右辺の 2 次以上の項を無視すると，

$$\begin{aligned}
Q + q_\mathrm{o}(t) &= A\sqrt{2gH} + A\sqrt{2gH}\frac{h(t)}{2H} \\
&= A\sqrt{2gH} + A\sqrt{\frac{g}{2H}}h(t)
\end{aligned} \tag{1.3.7}$$

となる．上式に式 (1.3.2) を代入して次式を得る．

$$q_\mathrm{o}(t) = \frac{1}{R}h(t) \tag{1.3.8}$$

ただし，R は，

$$R = \frac{1}{A}\sqrt{\frac{2H}{g}} \tag{1.3.9}$$

で与えられる仮想的な流路抵抗である．式 (1.3.8) は，流出量の変化分 $q_\mathrm{o}(t)$ を水位の変化分 $h(t)$ の線形関数として表現している．式 (1.3.4) と式 (1.3.8) を図示すれば図 1.8 のようになり，式 (1.3.8) は式 (1.3.4) の平衡点での接線となっている．

そこで改めて，式 (1.3.8) を式 (1.3.3) に代入しよう．

$$S\frac{d}{dt}(H + h(t)) = (Q + q_\mathrm{i}(t)) - \left(Q + \frac{1}{R}h(t)\right) \tag{1.3.10}$$

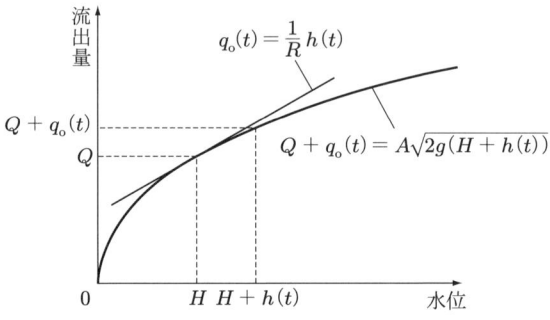

図 **1.8** 水位と流出量との関係

となるから，給水量変化に伴う水位の動きは，

$$SR\frac{dh(t)}{dt} + h(t) = Rq_\mathrm{i}(t) \tag{1.3.11}$$

と表すことができる．上式は定係数の線形微分方程式であって，給水量変化が小さいほど良い近似を与える．

■演習問題

1.1 図 1.9 に示すように 2 個のタンクが直列につながっている水位システムがある．それぞれのタンクの断面積を S_1, S_2，流路抵抗を k_1, k_2 とする．給水量 q_1 を入力，流出量 q_3 を出力として数学モデルを導出せよ．ただし，タンクからの流出量は水位に比例し，流路抵抗に反比例すると仮定する．

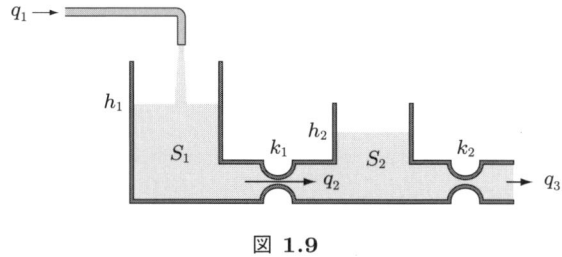

図 **1.9**

1.2 図 1.10 に示すタンクには，温度 T_1 の水が給水されており，給水量と流出量は定常値 q を保っている．タンク内部にはヒーターが設置され，給水時の水温 T_1 を流出時には水温 T_2 に上昇させている．このようなシステムを熱系という．ヒーターが毎秒発熱する熱量を入力信号 u，毎秒の水温上昇を出力信号 y として数学モデルを導け．

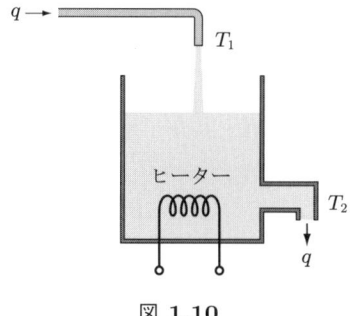

図 **1.10**

2 システムの応答と安定性

システムまたは要素に，初期値を与えたとき，あるいは外部から入力信号を与えたときの出力信号の変化をシステムの応答という．とくに，出力信号の時間的な変化をシステムの時間応答といい，過渡的な時間変化を示すことから，システムの過渡応答ともいう．本章では，システムの応答と安定性を解説する．とくに，固有値の位置と時間応答の関係について詳しく議論する．

2.1　システムの時間応答を求める

制御対象は，m 入力 r 出力 n 次元線形定係数システム

$$\dot{x}(t) = Ax(t) + Bu(t) \tag{2.1.1}$$
$$y(t) = Cx(t) \tag{2.1.2}$$

で表されているとする．ここで，x, u, y はそれぞれ，n, m, r の大きさのベクトルを表し，また A, B, C はそれぞれ，$n \times n$, $n \times m$, $r \times n$ の大きさの行列を表している．このシステムの時間応答 $y(t)$ は，式 (2.1.1) の解 $x(t)$ を求め，これを式 (2.1.2) に代入することにより求めることができる．以下において，解 $x(t)$ を求めよう．

手始めに，入力をゼロとしたシステムを考える．これを自由システムという．

$$\dot{x}(t) = Ax(t) \tag{2.1.3}$$

初期値は $x(t_0)$ である．方程式 (2.1.3) の解を

$$x(t) = e^{A(t-t_0)} x(t_0) \tag{2.1.4}$$

と仮定する．ここで，A は行列であることに注意したい．また，上式を初期値応答という．これが解であることは，式 (2.1.3) と初期値条件を満足しているかどうかで確認できる．まず，式 (2.1.4) を式 (2.1.3) の左辺と右辺それぞれに代入する．

$$\text{左辺} = A e^{A(t-t_0)} x(t_0) \tag{2.1.5}$$
$$\text{右辺} = A e^{A(t-t_0)} x(t_0) \tag{2.1.6}$$

この e^{At} を状態遷移行列という．これは行列指数関数であって，スカラの指数関数と

同じような性質をもっている．式 (2.1.3) の左辺に代入した際には，微分に関する性質 (2.2 節参照)

$$\frac{d}{dt}e^{At} = Ae^{At} = e^{At}A \tag{2.1.7}$$

を用いた．つぎに初期値について調べる．解 (2.1.4) において $t = t_0$ とおく．

$$x(t_0) = e^{A(t_0-t_0)}x(t_0) = e^0 x(t_0) = x(t_0) \tag{2.1.8}$$

ここでは，行列指数関数の性質の一つ (2.2 節参照)

$$e^0 = I \tag{2.1.9}$$

を用いた．以上において，式 (2.1.3) と初期値条件を満足していることから，式 (2.1.4) は式 (2.1.3) の解であることを確認した．

いよいよ，題意である初期値を $x(t_0)$ としたときの

$$\dot{x}(t) = Ax(t) + Bu(t) \tag{2.1.1 再掲}$$

の解を求めることにする．自由システムのときと同じく，方程式 (2.1.1) の解を

$$x(t) = e^{A(t-t_0)}z(t) \tag{2.1.10}$$

と仮定する．これが解になるように $z(t)$ を決定する問題を以下において考える．すなわち，式 (2.1.1) と初期値条件を満足する $z(t)$ を見つけよう．まず，式 (2.1.1) の左辺と右辺それぞれに式 (2.1.10) を代入すると，

$$\text{左辺} = \frac{d}{dt}\left[e^{A(t-t_0)}z(t)\right] = Ae^{A(t-t_0)}z(t) + e^{A(t-t_0)}\dot{z}(t) \tag{2.1.11}$$

$$\text{右辺} = Ae^{A(t-t_0)}z(t) + Bu(t) \tag{2.1.12}$$

となる．上式から $z(t)$ は次式を満たさなくてはならないことがわかる．

$$e^{A(t-t_0)}\dot{z}(t) = Bu(t) \tag{2.1.13}$$

行列指数関数の性質 (2.2 節参照)

$$(e^{At})^{-1} = e^{-At} \tag{2.1.14}$$

を使って，式 (2.1.13) はつぎのようになる．

$$\dot{z}(t) = e^{-A(t-t_0)}Bu(t) \tag{2.1.15}$$

積分区間 $[t_0, t]$ で上式を積分する．

$$z(t) = \int_{t_0}^{t} e^{-A(\tau-t_0)} Bu(\tau)\, d\tau + C \tag{2.1.16}$$

ここで，C は積分定数である．上式を式 (2.1.10) に代入すると，

$$x(t) = e^{A(t-t_0)} \left\{ \int_{t_0}^{t} e^{-A(\tau-t_0)} Bu(\tau)\, d\tau + C \right\} \tag{2.1.17}$$

を得る．つぎに，初期値条件より，$t = t_0$ を代入して

$$\begin{aligned} x(t_0) &= e^{A(t_0-t_0)} \left\{ \int_{t_0}^{t_0} e^{-A(\tau-t_0)} Bu(\tau)\, d\tau + C \right\} \\ &= e^0 C = C \end{aligned} \tag{2.1.18}$$

であるから，積分定数 C が定まる．よって，式 (2.1.17) から次式となる．

$$\begin{aligned} x(t) &= e^{A(t-t_0)} \left\{ x(t_0) + \int_{t_0}^{t} e^{-A(\tau-t_0)} Bu(\tau)\, d\tau \right\} \\ &= e^{A(t-t_0)} x(t_0) + \int_{t_0}^{t} e^{A(t-\tau)} Bu(\tau)\, d\tau \end{aligned} \tag{2.1.19}$$

これが所望の解である．式 (2.1.17) から式 (2.1.19) までの計算過程において，行列指数関数の性質 (2.2 節参照)

$$e^{At} e^{A\tau} = e^{A(t+\tau)} \tag{2.1.20}$$

と式 (2.1.9) を使った．

式 (2.1.19) に示す解 $x(t)$ は二つの項で表されている．第 1 項は，初期値 $x(t_0)$ と状態遷移行列 e^{At} からなり，入力 $u(t)$ は関係していない．逆に第 2 項は，入力 $u(t)$ と状態遷移行列 e^{At} の積分からなっており，初期値 $x(t_0)$ は関係していない．また，第 2 項の入力と状態遷移行列の積分変数 τ をよくみると，入力では τ の符号は正であるのに対して，状態遷移行列における符号は負になっている．このような形の積分を畳込み積分という．

2.2 状態遷移行列の性質

本節では，状態遷移行列 e^{At} の定義と性質をまとめる．指数関数 e^{at}（ただし，a はスカラ）をマクローリン級数に展開すると，

$$e^{at} = 1 + at + \frac{1}{2!} a^2 t^2 + \cdots + \frac{1}{k!} a^k t^k + \cdots \tag{2.2.1}$$

となる．ここで，上式の a を $n \times n$ の正方行列 A に置き換えた次式を考える．

$$e^{At} = I + At + \frac{1}{2!}A^2t^2 + \cdots + \frac{1}{k!}A^kt^k + \cdots \tag{2.2.2}$$

このように無限級数で表された上式を状態遷移行列 e^{At} の定義式とする．ただし，I は $n \times n$ の単位行列，t はスカラである．この関数の性質を以下において明らかにする．初めに微分を考えよう．定義式 (2.2.2) を使って微分を計算する．

$$\begin{aligned}
\frac{d}{dt}e^{At} &= \frac{d}{dt}\left(I + At + \frac{1}{2!}A^2t^2 + \cdots + \frac{1}{k!}A^kt^k + \cdots\right) \\
&= 0 + A + \frac{2}{2!}A^2t + \frac{3}{3!}A^3t^2 + \cdots + \frac{k}{k!}A^kt^{k-1} + \cdots \\
&= A + A^2t + \frac{1}{2!}A^3t^2 + \cdots + \frac{1}{(k-1)!}A^kt^{k-1} + \frac{1}{k!}A^{k+1}t^k + \cdots \\
&= Ae^{At} = e^{At}A \tag{2.2.3}
\end{aligned}$$

したがって，

$$\frac{d}{dt}e^{At} = Ae^{At} = e^{At}A \tag{2.2.4}$$

となる．これは，A がスカラであるときの微分と同じ形をしている．

つぎに，定義式 (2.2.2) を使って積分を計算すると，

$$\begin{aligned}
\int_0^t e^{A\tau}\,d\tau &= \int_0^t \left(I + A\tau + \frac{1}{2!}A^2\tau^2 + \cdots + \frac{1}{k!}A^k\tau^k + \cdots\right)d\tau \\
&= It + \frac{1}{2}At^2 + \frac{1}{3\cdot 2!}A^2t^3 + \cdots + \frac{1}{k(k-1)!}A^{k-1}t^k \\
&\quad + \frac{1}{(k+1)k!}A^kt^{k+1} + \cdots \\
&= It + \frac{1}{2!}At^2 + \frac{1}{3!}A^2t^3 + \cdots + \frac{1}{k!}A^{k-1}t^k + \frac{1}{(k+1)!}A^kt^{k+1} + \cdots
\end{aligned} \tag{2.2.5}$$

であるから

$$\begin{aligned}
A\int_0^t e^{A\tau}\,d\tau &= \int_0^t e^{A\tau}\,d\tau A \\
&= At + \frac{1}{2!}A^2t^2 + \frac{1}{3!}A^3t^3 + \cdots + \frac{1}{k!}A^kt^k + \frac{1}{(k+1)!}A^{k+1}t^{k+1} + \cdots \\
&= e^{At} - I \tag{2.2.6}
\end{aligned}$$

が成立することがわかる．したがって，A が正則行列である場合，

$$\int_0^t e^{A\tau}\,d\tau = A^{-1}(e^{At} - I) = (e^{At} - I)A^{-1} \tag{2.2.7}$$

となる．これは，A がスカラ a であるときの

$$\int_0^t e^{a\tau}\,d\tau = \frac{1}{a}(e^{at} - 1) \tag{2.2.8}$$

と同じ形をしている．

微分・積分に加えて，状態遷移行列 e^{At} の重要な性質としてつぎのものがある．

(a) $e^0 = I$ \hfill (2.2.9)

(b) $e^{At}e^{A\tau} = e^{A(t+\tau)}$ \hfill (2.2.10)

(c) $(e^{At})^{-1} = e^{-At}$ \hfill (2.2.11)

性質 (a) は，定義式 (2.2.2)

$$e^{At} = I + At + \frac{1}{2!}A^2 t^2 + \cdots + \frac{1}{k!}A^k t^k + \cdots \tag{2.2.2 再掲}$$

において $t=0$ とおくことでわかる．性質 (b) は，定義式 (2.2.2) を式 (2.2.10) 左辺に代入して確認する．

$$\begin{aligned}
e^{At}e^{A\tau} &= \left(I + At + \frac{1}{2!}A^2 t^2 + \frac{1}{3!}A^3 t^3 + \cdots\right) \\
&\quad \times \left(I + A\tau + \frac{1}{2!}A^2 \tau^2 + \frac{1}{3!}A^3 \tau^3 + \cdots\right) \\
&= I + A(t+\tau) + \left(\frac{1}{2!}A^2 t^2 + A^2 t\tau + \frac{1}{2!}A^2 \tau^2\right) \\
&\quad + \left(\frac{1}{3!}A^3 t^3 + \frac{1}{2!}A^3 t^2\tau + \frac{1}{2!}A^3 t\tau^2 + \frac{1}{3!}A^3 \tau^3\right) + \cdots \\
&= I + A(t+\tau) + \frac{1}{2!}A^2(t^2 + 2t\tau + \tau^2) \\
&\quad + \frac{1}{3!}A^3(t^3 + 3t^2\tau + 3t\tau^2 + \tau^3) + \cdots \\
&= I + A(t+\tau) + \frac{1}{2!}A^2(t+\tau)^2 + \frac{1}{3!}A^3(t+\tau)^3 + \cdots \\
&= e^{A(t+\tau)}
\end{aligned} \tag{2.2.12}$$

よって，

$$e^{At}e^{A\tau} = e^{A(t+\tau)} \tag{2.2.10 再掲}$$

が成立する．上式において $\tau = -t$ とおくと，

$$e^{At}e^{-At} = e^0 = I \tag{2.2.13}$$

となるので，e^{At} の逆行列を $(e^{At})^{-1}$ で表すとき，性質 (c) が成立する．

2.3　状態遷移行列を計算する

　システムの時間応答を計算するには，2.1 節で求めた解 (2.1.19) によればよいが，この式には状態遷移行列 e^{At} が含まれている．そこで，2.2 節において，状態遷移行列の定義と性質を説明した．本節では，与えられた行列 A を用いて状態遷移行列 e^{At} を計算する方法について述べる．

　式 (2.1.1) の両辺をラプラス変換すると，

$$sX(s) - x(0) = AX(s) + BU(s) \tag{2.3.1}$$

となる．上式を $X(s)$ について解くことにより，

$$X(s) = (sI - A)^{-1}x(0) + (sI - A)^{-1}BU(s) \tag{2.3.2}$$

を得る．ただし，$X(s)$, $U(s)$ は，それぞれ $x(t)$, $u(t)$ のラプラス変換を表す．式 (2.1.1) の解 $x(t)$ は，$X(s)$ をラプラス逆変換することで求めることができるから，$\mathcal{L}^{-1}$ をラプラス逆変換の記号とすると，

$$\begin{aligned}x(t) &= \mathcal{L}^{-1}[X(s)] \\ &= \{\mathcal{L}^{-1}[(sI - A)^{-1}]\}x(0) + \{\mathcal{L}^{-1}[(sI - A)^{-1}BU(s)]\}\end{aligned} \tag{2.3.3}$$

となる．2.1 節で微分方程式 (2.1.1) の解 $x(t)$ を求める際に，一般性をもたせて初期値を $x(t_0)$ とした．ここでは，上のラプラス変換と対応させるために，初期値を $x(0)$ にしよう．そこで，式 (2.1.19) において，$t_0 = 0$ とおく．

$$x(t) = e^{At}x(0) + \int_0^t e^{A(t-\tau)}Bu(\tau)\,d\tau \tag{2.3.4}$$

式 (2.3.3) と式 (2.3.4) の両方において，右辺第 1 項は，初期値 $x(0)$ に関係し，入力 $u(t)$ は関係していない．逆に第 2 項は，入力 $u(t)$ に関係し，初期値 $x(0)$ は関係していない．このことに注意して二つの式を比較することにより，

$$\mathcal{L}^{-1}[(sI - A)^{-1}] = e^{At} \tag{2.3.5}$$

$$\mathcal{L}^{-1}[(sI - A)^{-1}BU(s)] = \int_0^t e^{A(t-\tau)}Bu(\tau)\,d\tau \tag{2.3.6}$$

の関係が成立することがわかる．式 (2.3.5) が状態遷移行列 e^{At} の計算式である．すなわち，$(sI - A)^{-1}$ のラプラス逆変換を求めれば，e^{At} を得ることができる．

【例題 2.1】 状態遷移行列 e^{At} を求めよ．ここで

$$A = \begin{pmatrix} 0 & 1 \\ -3 & -4 \end{pmatrix} \tag{2.3.7}$$

である．

解 まず，$(sI - A)^{-1}$ を計算しよう．

$$(sI - A)^{-1} = \begin{pmatrix} s & -1 \\ 3 & s+4 \end{pmatrix}^{-1} = \frac{1}{s^2 + 4s + 3} \begin{pmatrix} s+4 & 1 \\ -3 & s \end{pmatrix}$$

$$= \frac{1}{(s+1)(s+3)} \begin{pmatrix} s+4 & 1 \\ -3 & s \end{pmatrix} \tag{2.3.8}$$

つぎに，上式の各要素を部分分数にする．$(1,1)$ 要素に着目して

$$\frac{s+4}{(s+1)(s+3)} = \frac{\alpha}{s+1} + \frac{\beta}{s+3} \tag{2.3.9}$$

の α と β を求めることにする．上式の右辺を通分するとつぎのようになる．

$$\frac{\alpha}{s+1} + \frac{\beta}{s+3} = \frac{(\alpha + \beta)s + 3\alpha + \beta}{(s+1)(s+3)} \tag{2.3.10}$$

したがって，式 (2.3.9) の左辺分子と式 (2.3.10) の右辺分子の多項式係数を比較することで連立方程式

$$\alpha + \beta = 1 \tag{2.3.11}$$

$$3\alpha + \beta = 4 \tag{2.3.12}$$

を得る．これを解いて

$$\alpha = \frac{3}{2}, \quad \beta = -\frac{1}{2} \tag{2.3.13}$$

となる．ヘビサイドの展開定理を用いれば，つぎのように簡単に求めることができる．

$$\alpha = \left.\frac{(s+4)(s+1)}{(s+1)(s+3)}\right|_{s=-1} = \frac{-1+4}{-1+3} = \frac{3}{2} \tag{2.3.14}$$

$$\beta = \left.\frac{(s+4)(s+3)}{(s+1)(s+3)}\right|_{s=-3} = \frac{-3+4}{-3+1} = \frac{1}{-2} \tag{2.3.15}$$

これにより，$(1,1)$ 要素を部分分数にすることができた．その他の要素についても同様に計算することで，

$$(sI-A)^{-1} = \begin{pmatrix} \dfrac{\dfrac{3}{2}}{s+1} + \dfrac{-\dfrac{1}{2}}{s+3} & \dfrac{\dfrac{1}{2}}{s+1} + \dfrac{-\dfrac{1}{2}}{s+3} \\ \dfrac{-\dfrac{3}{2}}{s+1} + \dfrac{\dfrac{3}{2}}{s+3} & \dfrac{-\dfrac{1}{2}}{s+1} + \dfrac{\dfrac{3}{2}}{s+3} \end{pmatrix} \tag{2.3.16}$$

を得る．上式をラプラス逆変換すると，

$$\begin{aligned} e^{At} &= \mathcal{L}^{-1}[(sI-A)^{-1}] \\ &= \begin{pmatrix} \dfrac{3}{2}e^{-t} - \dfrac{1}{2}e^{-3t} & \dfrac{1}{2}e^{-t} - \dfrac{1}{2}e^{-3t} \\ -\dfrac{3}{2}e^{-t} + \dfrac{3}{2}e^{-3t} & -\dfrac{1}{2}e^{-t} + \dfrac{3}{2}e^{-3t} \end{pmatrix} \end{aligned} \tag{2.3.17}$$

となり，状態遷移行列 e^{At} を求めることができた． ◀

【例題 2.2】 制御対象が次式で与えられている．

$$\dot{x}(t) = \begin{pmatrix} 0 & 1 \\ -3 & -4 \end{pmatrix} x(t) + \begin{pmatrix} 0 \\ 1 \end{pmatrix} u(t) \tag{2.3.18}$$

$$x(0) = \begin{pmatrix} 2 \\ 0 \end{pmatrix}, \quad u(t) = 1, t \geq 0 \tag{2.3.19}$$

このときのシステムの時間応答を求めよ．

解 システムの時間応答は

$$x(t) = e^{At}x(0) + \int_0^t e^{A(t-\tau)} Bu(\tau)\, d\tau \tag{2.3.4 再掲}$$

であるから，$x(t)$ の初期値と単位ステップ状入力の条件を代入すると，

$$x(t) = e^{At} \begin{pmatrix} 2 \\ 0 \end{pmatrix} + \int_0^t e^{A(t-\tau)} \begin{pmatrix} 0 \\ 1 \end{pmatrix} d\tau \tag{2.3.20}$$

となる．ここで，状態遷移行列 e^{At} には，例題 2.1 で求めた式 (2.3.17) を代入する．

$$x(t) = \begin{pmatrix} 3e^{-t} - e^{-3t} \\ -3e^{-t} + 3e^{-3t} \end{pmatrix} + \begin{pmatrix} \int_0^t \left(\dfrac{1}{2}e^{-(t-\tau)} - \dfrac{1}{2}e^{-3(t-\tau)} \right) d\tau \\ \int_0^t \left(-\dfrac{1}{2}e^{-(t-\tau)} + \dfrac{3}{2}e^{-3(t-\tau)} \right) d\tau \end{pmatrix} \tag{2.3.21}$$

上式右辺の積分を一つずつ計算する．

$$\int_0^t \left(\frac{1}{2}e^{-(t-\tau)} - \frac{1}{2}e^{-3(t-\tau)}\right) d\tau = \frac{1}{2}\left[e^{-(t-\tau)}\right]_0^t - \frac{1}{6}\left[e^{-3(t-\tau)}\right]_0^t$$
$$= \frac{1}{2}(1 - e^{-t}) - \frac{1}{6}(1 - e^{-3t})$$
$$= \frac{1}{3} - \frac{1}{2}e^{-t} + \frac{1}{6}e^{-3t} \quad (2.3.22)$$

$$\int_0^t \left(-\frac{1}{2}e^{-(t-\tau)} + \frac{3}{2}e^{-3(t-\tau)}\right) d\tau = -\frac{1}{2}\left[e^{-(t-\tau)}\right]_0^t + \frac{1}{2}\left[e^{-3(t-\tau)}\right]_0^t$$
$$= -\frac{1}{2}(1 - e^{-t}) + \frac{1}{2}(1 - e^{-3t})$$
$$= \frac{1}{2}e^{-t} - \frac{1}{2}e^{-3t} \quad (2.3.23)$$

したがって，

$$x(t) = \begin{pmatrix} 3e^{-t} - e^{-3t} \\ -3e^{-t} + 3e^{-3t} \end{pmatrix} + \begin{pmatrix} \frac{1}{3} - \frac{1}{2}e^{-t} + \frac{1}{6}e^{-3t} \\ \frac{1}{2}e^{-t} - \frac{1}{2}e^{-3t} \end{pmatrix}$$
$$= \begin{pmatrix} \frac{1}{3} + \frac{5}{2}e^{-t} - \frac{5}{6}e^{-3t} \\ -\frac{5}{2}e^{-t} + \frac{5}{2}e^{-3t} \end{pmatrix} \quad (2.3.24)$$

となる．これが所望の解である． ◀

2.4 モード展開する

システムの基本的な動きを調べてみよう．そこで，外部入力である $u(k)$ をゼロとして考える．

$$\dot{x}(t) = Ax(t) \qquad (2.1.3 再掲)$$

これは，状態フィードバック制御を施して構成する閉ループ系の初期値応答を調べるのと等価である．

$n \times n$ 正方行列 A において

$$|sI - A| = 0 \qquad (2.4.1)$$

とする s を行列 A の固有値といい，$\lambda_i(A)$ あるいは単に λ_i と記述する．すなわち，n 次の特性方程式

$$s^n + a_{n-1}s^{n-1} + \cdots + a_1 s + a_0 = 0 \qquad (2.4.2)$$

の根 $\lambda_1, \lambda_2, \ldots, \lambda_n$ を行列 A の固有値という．A の任意の固有値 λ_i に対し，

$$Av_i = \lambda_i v_i, \quad i = 1, \ldots, n \tag{2.4.3}$$

を満たすゼロでない n 次元ベクトルを固有値 λ_i に対応する固有ベクトルという.

以下,簡単のため固有値がすべて相異なる場合を考えよう.このとき n 本の固有ベクトル $v_1, v_2, \ldots, v_n$ は線形独立となり,これらを横に並べてつくる $n \times n$ 正方行列

$$T = (v_1 \ v_2 \ \cdots \ v_n) \tag{2.4.4}$$

は正則となる.この行列 T は,無数に存在する座標変換行列のうちの一つである.

式 (2.4.4) の行列 T を用いてシステム (2.1.3) を

$$x(t) = Tz(t) \tag{2.4.5}$$

で座標変換すると,第 3 章で学ぶように,システム行列 A を対角化することができる.

$$T^{-1}AT = \begin{pmatrix} \lambda_1 & & & \\ & \lambda_2 & & \\ & & \ddots & \\ & & & \lambda_n \end{pmatrix} \tag{2.4.6}$$

上式はつぎのように書くことができる.

$$A = T \begin{pmatrix} \lambda_1 & & & \\ & \lambda_2 & & \\ & & \ddots & \\ & & & \lambda_n \end{pmatrix} T^{-1} \tag{2.4.7}$$

さて,システム (2.1.3) の解は

$$x(t) = e^{At}x(0) \tag{2.4.8}$$

であるから,これに式 (2.4.7) を代入すると,つぎのようになる (詳しくは例題 2.3 参照).

$$\begin{aligned} x(t) &= T \begin{pmatrix} e^{\lambda_1 t} & & & \\ & e^{\lambda_2 t} & & \\ & & \ddots & \\ & & & e^{\lambda_n t} \end{pmatrix} T^{-1} x(0) \\ &= (v_1 \ v_2 \ \cdots \ v_n) \begin{pmatrix} e^{\lambda_1 t} & & & \\ & e^{\lambda_2 t} & & \\ & & \ddots & \\ & & & e^{\lambda_n t} \end{pmatrix} \begin{pmatrix} z_1(0) \\ z_2(0) \\ \vdots \\ z_n(0) \end{pmatrix} \\ &= v_1 e^{\lambda_1 t} z_1(0) + v_2 e^{\lambda_2 t} z_2(0) + \cdots + v_n e^{\lambda_n t} z_n(0) \\ &= v_1 z_1(t) + v_2 z_2(t) + \cdots + v_n z_n(t) \end{aligned} \tag{2.4.9}$$

上式は，n 個の固有値 λ_i それぞれが単独に支配する振る舞いの線形結合によって $x(t)$ を表現している．$z_i(t)$ をモードといい，式 (2.4.9) をモード展開という．

【例題 2.3】 状態遷移行列 e^{At} は，式 (2.4.4) の T によって対角化できることを示せ．

解 状態遷移行列 e^{At} は次式で定義されている．

$$e^{At} = I + At + \frac{1}{2!}A^2 t^2 + \cdots + \frac{1}{k!}A^k t^k + \cdots \qquad (2.2.2\,\text{再掲})$$

ここで，A は $n \times n$ 正方行列，t はスカラである．上式を $n \times n$ 正則行列 T によって変換を施す．

$$\begin{aligned}
T^{-1}e^{At}T &= T^{-1}\left(I + At + \frac{1}{2!}A^2 t^2 + \cdots + \frac{1}{k!}A^k t^k + \cdots\right)T \\
&= T^{-1}IT + (T^{-1}AT)t + \frac{1}{2!}(T^{-1}A^2 T)t^2 + \cdots + \frac{1}{k!}(T^{-1}A^k T)t^k + \cdots \\
&= I + (T^{-1}AT)t + \frac{1}{2!}(T^{-1}ATT^{-1}AT)t^2 + \cdots \\
&\quad + \frac{1}{k!}(T^{-1}AT^{-1}ATT^{-1}AT\cdots)t^k + \cdots \\
&= I + (T^{-1}AT)t + \frac{1}{2!}(T^{-1}AT)^2 t^2 + \cdots + \frac{1}{k!}(T^{-1}AT)^k t^k + \cdots \\
&= I + \begin{pmatrix} \lambda_1 & & & \\ & \lambda_2 & & \\ & & \ddots & \\ & & & \lambda_n \end{pmatrix} t + \frac{1}{2!}\begin{pmatrix} \lambda_1 & & & \\ & \lambda_2 & & \\ & & \ddots & \\ & & & \lambda_n \end{pmatrix}^2 t^2 + \cdots \\
&\quad + \frac{1}{k!}\begin{pmatrix} \lambda_1 & & & \\ & \lambda_2 & & \\ & & \ddots & \\ & & & \lambda_n \end{pmatrix}^k t^k + \cdots \\
&= \begin{pmatrix} 1 + \lambda_1 t + \frac{1}{2!}\lambda_1{}^2 t^2 + \cdots + \frac{1}{k!}\lambda_1{}^k t^k + \cdots & & & \\ & 1 + \lambda_2 t + \frac{1}{2!}\lambda_2{}^2 t^2 + \cdots + \frac{1}{k!}\lambda_2{}^k t^k + \cdots & & \\ & & \ddots & \\ & & & 1 + \lambda_n t + \frac{1}{2!}\lambda_n{}^2 t^2 + \cdots + \frac{1}{k!}\lambda_n{}^k t^k + \cdots \end{pmatrix} \\
&= \begin{pmatrix} e^{\lambda_1 t} & & & \\ & e^{\lambda_2 t} & & \\ & & \ddots & \\ & & & e^{\lambda_n t} \end{pmatrix} \qquad (2.4.10)
\end{aligned}$$

以上のように，状態遷移行列 e^{At} は式 (2.4.4) の T によって対角化できた． ◀

2.5　固有値の位置と応答の関係

システム行列 A が実数を要素とする行列のとき，特性方程式 (2.4.2) の係数はすべて実数となり，その根すなわち A の固有値は実数もしくは共役複素数となる．その結果，式 (2.4.3) で求める固有ベクトルも，固有値に対応して実数ベクトルもしくは共役複素ベクトルとなる．

したがって，式 (2.4.9) で表されるモード展開において各モードの振る舞いを詳しく調べる際には，固有値が実数のときには単独で，複素数のときには共役な複素数とペアにして調べるべきであることがわかる．

実数の固有値の代表を λ_1 と表そう．さて，$v_1 e^{\lambda_1 t} z_1(0)$ の振る舞いをみるにあたって，ベクトル v_1 と初期値 $z_1(0)$ は定数であるから，簡単のためそれぞれに単位ベクトルとスカラ値 1 を与える．また，固有値 λ_1 は実数であるから，$\lambda_1 = \alpha_1$ とおく．結局，固有値が実数のモード $v_1 e^{\lambda_1 t} z_1(0)$ の振る舞いは，単に $e^{\alpha_1 t}$ の振る舞いをみればよいことになった．ここで，α_1 はスカラの実数であるから，負，ゼロ，正の三つに場合分けをして考えると，

$$\alpha_1 < 0 \text{ のとき} \quad e^{\alpha_1 t} \to 0, \ t \to \infty \tag{2.5.1}$$

$$\alpha_1 = 0 \text{ のとき} \quad e^{\alpha_1 t} = 1, \ t \geq 0 \tag{2.5.2}$$

$$\alpha_1 > 0 \text{ のとき} \quad e^{\alpha_1 t} \to \infty, \ t \to \infty \tag{2.5.3}$$

となる．すなわち，$\lim_{t \to \infty} v_1 e^{\lambda_1 t} z_1(0) = 0$ となるには，固有値が負であることが必要十分条件である．固有値が実数のときの，固有値の位置と時間応答を図 2.1 に示す．

固有値が複素数のときは，互いに共役な複素数をペアで扱う．これらを

$$\lambda_1 = \alpha + j\beta \tag{2.5.4}$$

$$\lambda_2 = \alpha - j\beta \tag{2.5.5}$$

で表す．また，これらに対応する固有ベクトルも互いに共役な複素ベクトルになることから，絶対値と位相角を用いる極座標系でつぎのように表現する．

$$v_1 = \begin{pmatrix} r_1 e^{j\phi_1} \\ r_2 e^{j\phi_2} \\ \vdots \\ r_n e^{j\phi_n} \end{pmatrix}, \quad v_2 = \begin{pmatrix} r_1 e^{-j\phi_1} \\ r_2 e^{-j\phi_2} \\ \vdots \\ r_n e^{-j\phi_n} \end{pmatrix} \tag{2.5.6}$$

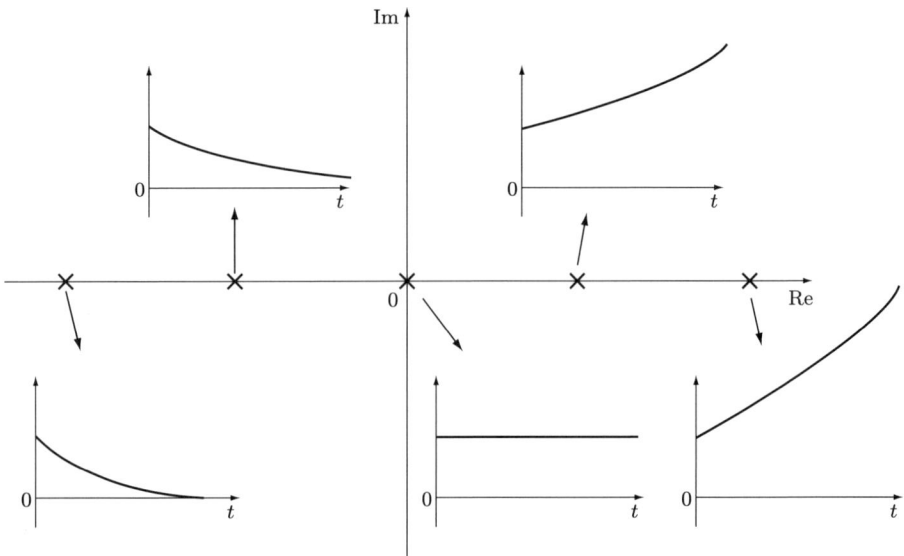

図 2.1 固有値の位置と時間応答

二つのモードを組み合わせて，

$$x(t) = v_1 e^{\lambda_1 t} z_1(0) + v_2 e^{\lambda_2 t} z_2(0) \tag{2.5.7}$$

を扱うことにする．上式において，初期値の $z_1(0)$ と $z_2(0)$ を 1 として式 (2.5.4)〜(2.5.6) を代入すると，つぎのようになる．

$$\begin{pmatrix} x_1(t) \\ x_2(t) \\ \vdots \\ x_n(t) \end{pmatrix} = \begin{pmatrix} r_1 e^{j\phi_1} \\ r_2 e^{j\phi_2} \\ \vdots \\ r_n e^{j\phi_n} \end{pmatrix} e^{(\alpha+j\beta)t} + \begin{pmatrix} r_1 e^{-j\phi_1} \\ r_2 e^{-j\phi_2} \\ \vdots \\ r_n e^{-j\phi_n} \end{pmatrix} e^{(\alpha-j\beta)t} \tag{2.5.8}$$

ただし，状態 $x(t)$ はベクトルなので，要素で表現した．上式の第 i 番目の要素は，

$$x_i(t) = r_i e^{j\phi_i} e^{(\alpha+j\beta)t} + r_i e^{-j\phi_i} e^{(\alpha-j\beta)t} \tag{2.5.9}$$

である．この式を変形するとつぎのようになる．

$$\begin{aligned} x_i(t) &= r_i e^{\alpha t} e^{j(\beta t+\phi_i)} + r_i e^{\alpha t} e^{-j(\beta t+\phi_i)} \\ &= 2 r_i e^{\alpha t} \cos(\beta t + \phi_i) \end{aligned} \tag{2.5.10}$$

ここで，オイラーの公式 $e^{\pm j(\beta t+\phi_i)} = \cos(\beta t + \phi_i) \pm j \sin(\beta t + \phi_i)$ を使った．上式から，$\lim_{t \to \infty} x(t) = 0$ となるためには，固有値の実部が負であることが必要十分条件で

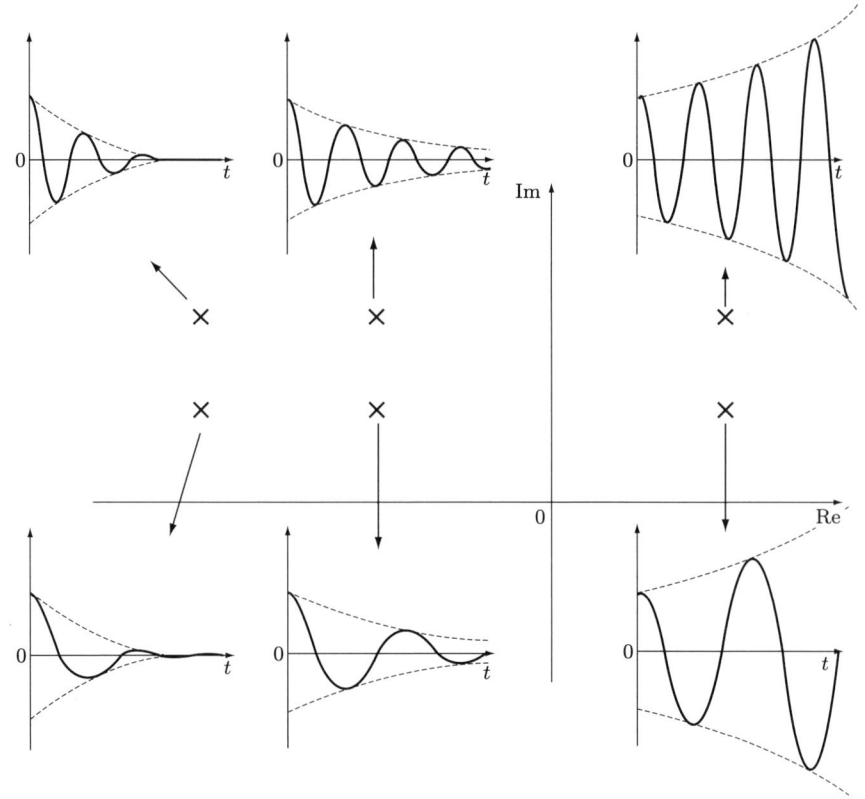

図 **2.2** 固有値の位置と時間応答

あることがすぐにわかる．また，固有値の実部である α の値によって，指数関数的に減衰あるいは発散する速度が定まること，および，固有値の虚部である β の値で振動の周期が定まることがわかる．固有値が共役複素数 λ_1，λ_2 のときの，固有値の位置と時間応答 $x(t) = v_1 e^{\lambda_1 t} + v_2 e^{\lambda_2 t}$ を図 2.2 に示す．

以上の議論から，すべての初期値 $x(0)$ に対して

$$\lim_{t \to \infty} x(t) = 0 \tag{2.5.11}$$

となるための必要十分条件は，行列 A のすべての固有値 λ の実部が負となることである．これを式で

$$\mathrm{Re}(\lambda_i) < 0, \quad \forall i \tag{2.5.12}$$

と書く．また，式 (2.5.11) となるとき，システム (2.1.3) は漸近安定もしくは単に安定であるという．

行列 A の固有値のうち，$\mathrm{Re}(\lambda_i) > 0$ の固有値が一つでもあれば，$\lim_{t\to\infty} e^{\lambda_i t} = \infty$ となるので，ある初期値 $x(0)$ に対して $\lim_{t\to\infty} x(t) = \infty$ となる．このとき，システムは不安定であるという．また，安定と不安定の境界である，複素平面における虚軸上に固有値がある場合は，減衰も発散もしない振幅一定の振動を持続する．このとき，システムはリアプノフの意味で安定であるということもあるが，通常，制御系設計では不安定とみなす．

■**演習問題**

2.1 状態遷移行列の性質の一つである $(e^{At})^{-1} = e^{-At}$ を数値例で確認せよ．ここで，$A = \begin{pmatrix} 0 & 1 \\ -3 & -4 \end{pmatrix}$ とする．

2.2 システム $\dot{x}(t) = \begin{pmatrix} 0 & 1 \\ -3 & -4 \end{pmatrix} x(t)$, $x(0) = \begin{pmatrix} 2 \\ 0 \end{pmatrix}$ の解をモード展開せよ．

2.3 例題 2.1 で扱ったのと同じ行列

$$A = \begin{pmatrix} 0 & 1 \\ -3 & -4 \end{pmatrix} \tag{2.3.7 再掲}$$

の状態遷移行列 e^{At} を，例題 2.3 の結果を使って求めよ．

3 座標変換

状態方程式でシステムを表現する際に，内部の状態量のどれを変数として扱うかは任意である．ある物理量を状態変数にとって状態方程式を構築した後に，座標変換によって状態変数を変換しても入力から出力までの特性は変わらない．その意味で，システムの表現式は無数にあるといえる．本章では，線形システムの座標変換と正準形を学ぶ．

3.1 座標変換とは

1 入力 1 出力 n 次元線形システムは，つぎの二式で表現される．

$$\dot{x}(t) = Ax(t) + bu(t) \tag{1.1.12 再掲}$$

$$y(t) = cx(t) \tag{1.1.13 再掲}$$

ここで，式 (1.1.12) は，入力 $u(t)$ が内部の状態を表す変数 $x(t)$ に及ぼす影響を，そして式 (1.1.13) は，状態変数 $x(t)$ がどのように出力 $y(t)$ にかかわっているかを，表現している．第 1 章では，システムを上式のような形で表現するための一つの方法として，物理的現象に則した接近法を紹介した．すなわち，電気回路においては物理量である電荷 $q(t)$，電流 $i(t)$ を，また，機械振動系では同じく台車の位置 $x(t)$，速度 $\dot{x}(t)$ を状態変数に選んだ．さらには，電動機においても物理量である回転角 $\theta(t)$，回転角速度 $\dot{\theta}(t)$，電機子電流 $i_a(t)$ を状態変数に選んで状態方程式を導出した．しかし，入力の影響が出力にどのように現れるかを考えるとき，状態変数としてなにを選んだかは問題でなくなる．本節では，状態変数を $x(t)$ から $z(t)$ に変換することを説明する．

正則な $n \times n$ 定数行列 T を用いて座標変換

$$x(t) = Tz(t) \tag{3.1.1}$$

をシステム (1.1.12), (1.1.13) に施して状態変数を $z(t)$ にしたときの表現式を求めよう．行列 T は定数行列なので，

$$\dot{x}(t) = T\dot{z}(t) \tag{3.1.2}$$

である．式 (3.1.1) と式 (3.1.2) を式 (1.1.12), (1.1.13) に代入すると，

$$T\dot{z}(t) = ATz(t) + bu(t) \tag{3.1.3}$$

$$y(t) = cTz(t) \tag{3.1.4}$$

となる．式 (3.1.3) の両辺に左から T^{-1} を掛けて

$$\dot{z}(t) = \tilde{A}z(t) + \tilde{b}u(t) \tag{3.1.5}$$

$$y(t) = \tilde{c}z(t) \tag{3.1.6}$$

を得る．ただし，

$$\tilde{A} = T^{-1}AT, \qquad \tilde{b} = T^{-1}b, \qquad \tilde{c} = cT \tag{3.1.7}$$

である．式 (3.1.5)，(3.1.6) が，座標変換後の状態変数 $z(t)$ が満たす状態方程式と出力方程式である．システム (1.1.12)，(1.1.13) とシステム (3.1.5)，(3.1.6) は，相似あるいは等価であるという．図 3.1 に二つのシステムの関係を示す．

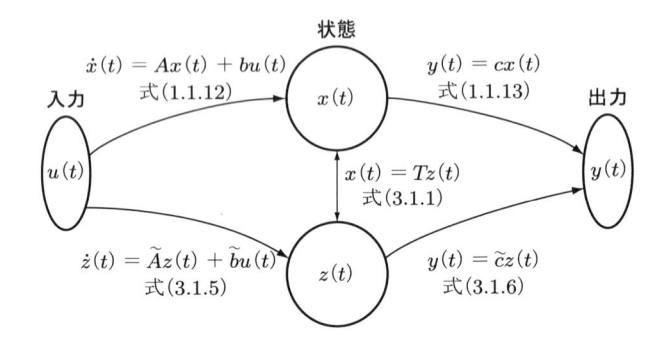

図 3.1 座標変換による相似なシステム

正則な座標変換行列 T は無数に選ぶことができるので，あるシステムと相似なシステムは無数に存在する．

【例題 3.1】 システム

$$\dot{x}(t) = \begin{pmatrix} -3 & 8 \\ -3 & 7 \end{pmatrix} x(t) + \begin{pmatrix} 1 \\ 0 \end{pmatrix} u(t) \tag{3.1.8}$$

$$y(t) = \begin{pmatrix} 1 & 1 \end{pmatrix} x(t) \tag{3.1.9}$$

を行列

$$T = \begin{pmatrix} 0 & 1 \\ 1 & 1 \end{pmatrix} \tag{3.1.10}$$

で座標変換せよ.

解　まず, T の逆行列を計算する.

$$T^{-1} = \begin{pmatrix} 0 & 1 \\ 1 & 1 \end{pmatrix}^{-1} = \frac{1}{-1}\begin{pmatrix} 1 & -1 \\ -1 & 0 \end{pmatrix} = \begin{pmatrix} -1 & 1 \\ 1 & 0 \end{pmatrix} \tag{3.1.11}$$

式 (3.1.7) に基づいて, $\tilde{A}$, $\tilde{b}$, $\tilde{c}$ を求める.

$$\tilde{A} = T^{-1}AT = \begin{pmatrix} -1 & 1 \\ 1 & 0 \end{pmatrix}\begin{pmatrix} -3 & 8 \\ -3 & 7 \end{pmatrix}\begin{pmatrix} 0 & 1 \\ 1 & 1 \end{pmatrix} = \begin{pmatrix} -1 & -1 \\ 8 & 5 \end{pmatrix} \tag{3.1.12}$$

$$\tilde{b} = T^{-1}b = \begin{pmatrix} -1 & 1 \\ 1 & 0 \end{pmatrix}\begin{pmatrix} 1 \\ 0 \end{pmatrix} = \begin{pmatrix} -1 \\ 1 \end{pmatrix} \tag{3.1.13}$$

$$\tilde{c} = cT = \begin{pmatrix} 1 & 1 \end{pmatrix}\begin{pmatrix} 0 & 1 \\ 1 & 1 \end{pmatrix} = \begin{pmatrix} 1 & 2 \end{pmatrix} \tag{3.1.14}$$

したがって, 座標変換 (3.1.1) を施すことでつぎのように表現できる.

$$\dot{z}(t) = \begin{pmatrix} -1 & -1 \\ 8 & 5 \end{pmatrix}z(t) + \begin{pmatrix} -1 \\ 1 \end{pmatrix}u(t) \tag{3.1.15}$$

$$y(t) = \begin{pmatrix} 1 & 2 \end{pmatrix}z(t) \tag{3.1.16}$$

◀

さて, 上述の座標変換によってシステム (3.1.8), (3.1.15) の固有値と固有ベクトルはどのようになっただろうか. $|sI - A| = 0$ を解くことで, 行列 A の固有値を求めることができる.

$$|sI - A| = \begin{vmatrix} s+3 & -8 \\ 3 & s-7 \end{vmatrix} = (s+3)(s-7) + 24 = s^2 - 4s + 3$$
$$= (s-1)(s-3) \tag{3.1.17}$$

変換後の固有値は, $|sI - \tilde{A}| = 0$ を解いて得る.

$$|sI - \tilde{A}| = \begin{vmatrix} s+1 & 1 \\ -8 & s-5 \end{vmatrix} = (s+1)(s-5) + 8 = s^2 - 4s + 3$$
$$= (s-1)(s-3) \tag{3.1.18}$$

以上から, 二つの固有値 $\lambda_1 = 1$, $\lambda_2 = 3$ は座標変換によって変わらなかった. つぎに, 固有ベクトルを計算する. $\lambda_1 = 1$ に対応する行列 A の固有ベクトル v_1 は, $(\lambda_1 I - A)v_1 = 0$ を満たすゼロでないベクトルとして得られる.

$$\left\{\begin{pmatrix} 1 & 0 \\ 0 & 1 \end{pmatrix} - \begin{pmatrix} -3 & 8 \\ -3 & 7 \end{pmatrix}\right\}\begin{pmatrix} v_{11} \\ v_{12} \end{pmatrix} = 0 \tag{3.1.19}$$

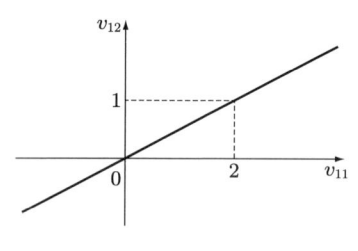

図 3.2 v_{11} - v_{12} 平面

上式は，連立方程式

$$4v_{11} - 8v_{12} = 0 \tag{3.1.20}$$

$$3v_{11} - 6v_{12} = 0 \tag{3.1.21}$$

となり，二式はともに図 3.2 のような直線となる．

式 (3.1.20) と式 (3.1.21) の連立解は唯一解ではなく，無数に存在して，図 3.2 の直線

$$v_{12} = \frac{1}{2} v_{11} \tag{3.1.22}$$

として表される．すなわち，$\lambda_1 = 1$ に対応する行列 A の固有ベクトル v_1 は，その方向だけが定まり，大きさは（逆の方向も含めて）任意である．そこで，解の一つとして

$$v_1 = \begin{pmatrix} v_{11} \\ v_{12} \end{pmatrix} = \begin{pmatrix} 2 \\ 1 \end{pmatrix} \tag{3.1.23}$$

を選択しよう．同様に，$\lambda_2 = 3$ に対応する行列 A の固有ベクトル v_2 は，$(\lambda_2 I - A)v_2 = 0$ を満たすゼロでないベクトルとして得られる．

$$\left\{ \begin{pmatrix} 3 & 0 \\ 0 & 3 \end{pmatrix} - \begin{pmatrix} -3 & 8 \\ -3 & 7 \end{pmatrix} \right\} \begin{pmatrix} v_{21} \\ v_{22} \end{pmatrix} = 0 \tag{3.1.24}$$

上式は

$$6v_{21} - 8v_{22} = 0 \tag{3.1.25}$$

$$3v_{21} - 4v_{22} = 0 \tag{3.1.26}$$

であるから，どちらも

$$v_{22} = \frac{3}{4} v_{21} \tag{3.1.27}$$

を表しており，図 3.3 の直線上のすべてが解である．ここでは，

図 3.3 v_{21} - v_{22} 平面

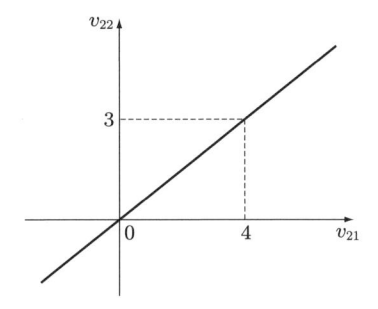

$$v_2 = \begin{pmatrix} v_{21} \\ v_{22} \end{pmatrix} = \begin{pmatrix} 4 \\ 3 \end{pmatrix} \tag{3.1.28}$$

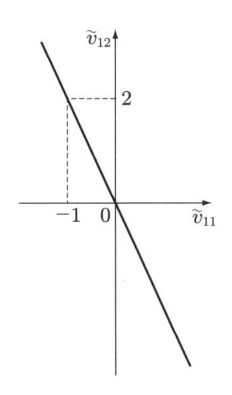

を選ぶ.

座標変換後のシステムに関しても同じように計算する．固有値は変化しなかったので，$\lambda_1 = 1$ に対応する行列 $\tilde{A}$ の固有ベクトル $\tilde{v}_1$ を求めるには，$(\lambda_1 I - \tilde{A})\tilde{v}_1 = 0$ を解けばよい．

$$\left\{ \begin{pmatrix} 1 & 0 \\ 0 & 1 \end{pmatrix} - \begin{pmatrix} -1 & -1 \\ 8 & 5 \end{pmatrix} \right\} \begin{pmatrix} \tilde{v}_{11} \\ \tilde{v}_{12} \end{pmatrix} = 0 \tag{3.1.29}$$

上式は，図 3.4 の直線

$$\tilde{v}_{12} = -2\tilde{v}_{11} \tag{3.1.30}$$

となるので，解として

$$\tilde{v}_1 = \begin{pmatrix} \tilde{v}_{11} \\ \tilde{v}_{12} \end{pmatrix} = \begin{pmatrix} -1 \\ 2 \end{pmatrix} \tag{3.1.31}$$

図 3.4 $\tilde{v}_{11}$ - $\tilde{v}_{12}$ 平面

を選ぶ.

$\lambda_2 = 3$ に対応する行列 $\tilde{A}$ の固有ベクトル $\tilde{v}_2$ を求めるには，$(\lambda_2 I - \tilde{A})\tilde{v}_2 = 0$ を解けばよい．

$$\left\{ \begin{pmatrix} 3 & 0 \\ 0 & 3 \end{pmatrix} - \begin{pmatrix} -1 & -1 \\ 8 & 5 \end{pmatrix} \right\} \begin{pmatrix} \tilde{v}_{21} \\ \tilde{v}_{22} \end{pmatrix} = 0 \tag{3.1.32}$$

上式は，図 3.5 の直線

$$\tilde{v}_{22} = -4\tilde{v}_{21} \tag{3.1.33}$$

となるので，解として

$$\tilde{v}_2 = \begin{pmatrix} \tilde{v}_{21} \\ \tilde{v}_{22} \end{pmatrix} = \begin{pmatrix} 1 \\ -4 \end{pmatrix} \tag{3.1.34}$$

を選ぶ．

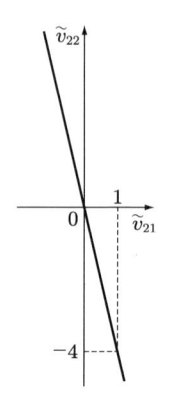

図 3.5 $\tilde{v}_{21}$ - $\tilde{v}_{22}$ 平面

数値例を用いたこれまでの考察から，座標変換によって固有値は変わらないが，固有ベクトルは変わることがわかった．一般的にそうであるかを調べよう．座標変換後のシステム行列 $\tilde{A}$ の固有値を求める特性方程式は $|sI - \tilde{A}| = 0$ である．この式の左辺に関係式 (3.1.7) を代入して行列式の性質を用いると，つぎのようになる．

$$\begin{aligned} |sI - \tilde{A}| &= |sI - T^{-1}AT| = |T^{-1}(sI - A)T| \\ &= |T^{-1}| \, |(sI - A)| \, |T| \\ &= |T^{-1}| \, |T| \, |(sI - A)| \\ &= |sI - A| \end{aligned} \tag{3.1.35}$$

上式から，特性方程式は座標変換によって不変であることがわかる．したがって，システムの固有値（特性根，極）も座標変換によって不変で，安定性も変わらない．座標変換前の行列 A の固有値 λ_i とそれに対応する固有ベクトル v_i にはつぎの関係があった．

$$Av_i = \lambda_i v_i, \quad i = 1, \ldots, n \tag{2.4.3 再掲}$$

上式の両辺に左から T^{-1} を掛ける．

$$T^{-1}Av_i = T^{-1}\lambda_i v_i, \quad i = 1, \ldots, n \tag{3.1.36}$$

$I = TT^{-1}$ を左辺に代入するとともに，右辺の λ_i がスカラであることから上式は

$$T^{-1}ATT^{-1}v_i = \lambda_i T^{-1}v_i, \quad i = 1, \ldots, n \tag{3.1.37}$$

となる．関係式 (3.1.7) を式 (3.1.37) に適用する．これにより，座標変換後の行列 $\tilde{A}$ の固有ベクトル $\tilde{v}_i$ は v_i とつぎの関係であることがわかる．

$$\tilde{v}_i = T^{-1}v_i, \quad i = 1, \ldots, n \tag{3.1.38}$$

【例題 3.2】 上述の数値例において，式 (3.1.38) の関係が成り立っていることを確認せよ．

解 まず，

$$\tilde{v}_1 = T^{-1}v_1 \tag{3.1.39}$$

の成立を調べる．式 (3.1.11) と式 (3.1.23) から，上式の右辺は

$$T^{-1}v_1 = \begin{pmatrix} -1 & 1 \\ 1 & 0 \end{pmatrix} \begin{pmatrix} 2 \\ 1 \end{pmatrix} = \begin{pmatrix} -1 \\ 2 \end{pmatrix} \tag{3.1.40}$$

となる．この値は，式 (3.1.31) の $\tilde{v}_1$ そのものである．したがって，式 (3.1.39) は成立している．つぎに，

$$\tilde{v}_2 = T^{-1}v_2 \tag{3.1.41}$$

が成り立っているかどうかを調べる．上と同様に計算すると，

$$T^{-1}v_2 = \begin{pmatrix} -1 & 1 \\ 1 & 0 \end{pmatrix} \begin{pmatrix} 4 \\ 3 \end{pmatrix} = \begin{pmatrix} -1 \\ 4 \end{pmatrix} \tag{3.1.42}$$

となる．固有ベクトルを求めた際に，定数倍の任意性を残して解であることを確かめている．上式と式 (3.1.34) から

$$T^{-1}v_2 = \begin{pmatrix} -1 \\ 4 \end{pmatrix} = -\begin{pmatrix} 1 \\ -4 \end{pmatrix} = -\tilde{v}_2 \tag{3.1.43}$$

なので，式 (3.1.41) の成立を確認できた．◀

最後に，座標変換によって入力から出力までの特性が変わらないことを確認しておこう．システム (3.1.8)，(3.1.9) の伝達関数は，つぎのようになる．

$$G(s) = c(sI-A)^{-1}b = \begin{pmatrix} 1 & 1 \end{pmatrix} \begin{pmatrix} s+3 & -8 \\ 3 & s-7 \end{pmatrix}^{-1} \begin{pmatrix} 1 \\ 0 \end{pmatrix}$$

$$= \begin{pmatrix} 1 & 1 \end{pmatrix} \frac{1}{s^2-4s+3} \begin{pmatrix} s-7 & 8 \\ -3 & s+3 \end{pmatrix} \begin{pmatrix} 1 \\ 0 \end{pmatrix}$$

$$= \frac{1}{s^2-4s+3} \begin{pmatrix} 1 & 1 \end{pmatrix} \begin{pmatrix} s-7 \\ -3 \end{pmatrix}$$

$$= \frac{1}{s^2-4s+3}(s-10) = \frac{s-10}{s^2-4s+3} \tag{3.1.44}$$

同様に，システム (3.1.15)，(3.1.16) の伝達関数は，

$$\tilde{G}(s) = \tilde{c}(sI-\tilde{A})^{-1}\tilde{b} = \begin{pmatrix} 1 & 2 \end{pmatrix} \begin{pmatrix} s+1 & 1 \\ -8 & s-5 \end{pmatrix}^{-1} \begin{pmatrix} -1 \\ 1 \end{pmatrix}$$

$$= \begin{pmatrix} 1 & 2 \end{pmatrix} \frac{1}{s^2-4s+3} \begin{pmatrix} s-5 & -1 \\ 8 & s+1 \end{pmatrix} \begin{pmatrix} -1 \\ 1 \end{pmatrix}$$

$$= \frac{1}{s^2-4s+3} \begin{pmatrix} 1 & 2 \end{pmatrix} \begin{pmatrix} -s+4 \\ s-7 \end{pmatrix}$$

$$= \frac{1}{s^2-4s+3}(s-10) = \frac{s-10}{s^2-4s+3} \tag{3.1.45}$$

と計算されるので，$G(s) = \tilde{G}(s)$ であることがわかる．

3.2 対角正準形に変換する

行列 $A = \begin{pmatrix} -3 & 8 \\ -3 & 7 \end{pmatrix}$ を使った線形変換を考える．この変換は，ベクトル $\begin{pmatrix} x_1 \\ x_2 \end{pmatrix}$ を $\begin{pmatrix} -3x_1+8x_2 \\ -3x_1+7x_2 \end{pmatrix}$ に写像する．たとえば，$\begin{pmatrix} 1 \\ 0 \end{pmatrix}$ は $\begin{pmatrix} -3 \\ -3 \end{pmatrix}$ に，$\begin{pmatrix} -1 \\ -1 \end{pmatrix}$ は $\begin{pmatrix} -5 \\ -4 \end{pmatrix}$ に写像される．この関係を図にすると図 3.6 のようになり，変換前のベクトルと変換後のベクトルの方向は異なっている．

ところが，ベクトル $\begin{pmatrix} 2 \\ 1 \end{pmatrix}$ と $\begin{pmatrix} 4 \\ 3 \end{pmatrix}$ では，

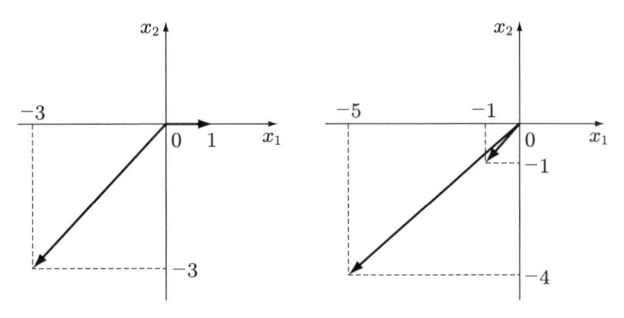

3.2 対角正準形に変換する

(a) ベクトル $\begin{pmatrix} 1 \\ 0 \end{pmatrix}$ の線形変換　(b) ベクトル $\begin{pmatrix} -1 \\ -1 \end{pmatrix}$ の線形変換

図 **3.6**　線形変換前後のベクトル

$$A\begin{pmatrix} 2 \\ 1 \end{pmatrix} = \begin{pmatrix} -3 & 8 \\ -3 & 7 \end{pmatrix}\begin{pmatrix} 2 \\ 1 \end{pmatrix} = \begin{pmatrix} -6+8 \\ -6+7 \end{pmatrix} = \begin{pmatrix} 2 \\ 1 \end{pmatrix} \tag{3.2.1}$$

$$A\begin{pmatrix} 4 \\ 3 \end{pmatrix} = \begin{pmatrix} -3 & 8 \\ -3 & 7 \end{pmatrix}\begin{pmatrix} 4 \\ 3 \end{pmatrix} = \begin{pmatrix} -12+24 \\ -12+21 \end{pmatrix} = \begin{pmatrix} 12 \\ 9 \end{pmatrix} = 3\begin{pmatrix} 4 \\ 3 \end{pmatrix} \tag{3.2.2}$$

となり，定数倍されるだけで方向は変わらない．このように，変換後にも同じ方向を向くようなベクトルを固有ベクトル，定数倍の値を固有値といい，それぞれを v, λ で表す．また，式 (3.2.1)，(3.2.2) から，固有ベクトルは定数倍の任意性を有していることがわかる．

さて，ベクトル $\begin{pmatrix} 1 \\ 0 \end{pmatrix}$ と $\begin{pmatrix} 0 \\ 1 \end{pmatrix}$ は正規直交基底とよばれる．この基底に上記の写像を施すと，

$$A\begin{pmatrix} 1 \\ 0 \end{pmatrix} = \begin{pmatrix} -3 & 8 \\ -3 & 7 \end{pmatrix}\begin{pmatrix} 1 \\ 0 \end{pmatrix} = \begin{pmatrix} -3 \\ -3 \end{pmatrix} \tag{3.2.3}$$

$$A\begin{pmatrix} 0 \\ 1 \end{pmatrix} = \begin{pmatrix} -3 & 8 \\ -3 & 7 \end{pmatrix}\begin{pmatrix} 0 \\ 1 \end{pmatrix} = \begin{pmatrix} 8 \\ 7 \end{pmatrix} \tag{3.2.4}$$

と表すことができる．また，任意のベクトル $\begin{pmatrix} x_1 \\ x_2 \end{pmatrix}$ については，

$$\begin{aligned}A\begin{pmatrix} x_1 \\ x_2 \end{pmatrix} &= \begin{pmatrix} -3 & 8 \\ -3 & 7 \end{pmatrix}\begin{pmatrix} x_1 \\ x_2 \end{pmatrix} = \begin{pmatrix} -3 & 8 \\ -3 & 7 \end{pmatrix}\left\{x_1\begin{pmatrix} 1 \\ 0 \end{pmatrix} + x_2\begin{pmatrix} 0 \\ 1 \end{pmatrix}\right\} \\ &= x_1\begin{pmatrix} -3 & 8 \\ -3 & 7 \end{pmatrix}\begin{pmatrix} 1 \\ 0 \end{pmatrix} + x_2\begin{pmatrix} -3 & 8 \\ -3 & 7 \end{pmatrix}\begin{pmatrix} 0 \\ 1 \end{pmatrix} \\ &= x_1\begin{pmatrix} -3 \\ -3 \end{pmatrix} + x_2\begin{pmatrix} 8 \\ 7 \end{pmatrix} \end{aligned} \tag{3.2.5}$$

と書くことができるので，任意のベクトルに対する写像の振る舞いは，基底に対する振

る舞いで決定される．したがって，ある基底のもとで任意のベクトルに対する写像の振る舞いを考察するには，この基底に対する写像の振る舞いをみればよいことになる．

さて，基底としてベクトル $v_1 = \begin{pmatrix} 0 \\ 1 \end{pmatrix}$, $v_2 = \begin{pmatrix} 1 \\ 1 \end{pmatrix}$ を考えよう．これらに写像を施すとつぎのようになる．

$$Av_1 = \begin{pmatrix} -3 & 8 \\ -3 & 7 \end{pmatrix} \begin{pmatrix} 0 \\ 1 \end{pmatrix} = \begin{pmatrix} 8 \\ 7 \end{pmatrix} = -1 \begin{pmatrix} 0 \\ 1 \end{pmatrix} + 8 \begin{pmatrix} 1 \\ 1 \end{pmatrix} \tag{3.2.6}$$

$$Av_2 = \begin{pmatrix} -3 & 8 \\ -3 & 7 \end{pmatrix} \begin{pmatrix} 1 \\ 1 \end{pmatrix} = \begin{pmatrix} 5 \\ 4 \end{pmatrix} = -1 \begin{pmatrix} 0 \\ 1 \end{pmatrix} + 5 \begin{pmatrix} 1 \\ 1 \end{pmatrix} \tag{3.2.7}$$

このように，v_1 方向成分は，v_1 方向成分を -1 倍したものと v_2 方向成分を 8 倍したものを足し合わせたものに写像され，v_2 方向成分は，v_1 方向成分を -1 倍したものと v_2 方向成分を 5 倍したものを足し合わせたものに写像される．

ここで，正規直交基底 $\begin{pmatrix} 1 \\ 0 \end{pmatrix}$, $\begin{pmatrix} 0 \\ 1 \end{pmatrix}$ を上記の基底 v_1, v_2 に変換する行列を考える．所望の行列が $T = \begin{pmatrix} v_1 & v_2 \end{pmatrix} = \begin{pmatrix} 0 & 1 \\ 1 & 1 \end{pmatrix}$ であることは，

$$T \begin{pmatrix} 1 \\ 0 \end{pmatrix} = \begin{pmatrix} 0 & 1 \\ 1 & 1 \end{pmatrix} \begin{pmatrix} 1 \\ 0 \end{pmatrix} = \begin{pmatrix} 0 \\ 1 \end{pmatrix} = v_1 \tag{3.2.8}$$

$$T \begin{pmatrix} 0 \\ 1 \end{pmatrix} = \begin{pmatrix} 0 & 1 \\ 1 & 1 \end{pmatrix} \begin{pmatrix} 0 \\ 1 \end{pmatrix} = \begin{pmatrix} 1 \\ 1 \end{pmatrix} = v_2 \tag{3.2.9}$$

より確認できる．この T を使って $T^{-1}AT$ の計算をしてみると，

$$T^{-1}AT = \begin{pmatrix} -1 & 1 \\ 1 & 0 \end{pmatrix} \begin{pmatrix} -3 & 8 \\ -3 & 7 \end{pmatrix} \begin{pmatrix} 0 & 1 \\ 1 & 1 \end{pmatrix} = \begin{pmatrix} -1 & -1 \\ 8 & 5 \end{pmatrix} \tag{3.2.10}$$

となる．上式の $T^{-1}AT$ という行列は，つぎの三つの線形変換を順次施すことを表している．

(A) T：正規直交基底を v_1, v_2 に変換する．

(B) A：新しい基底 v_1, v_2 のもとで，行列 A による写像を施す．

(C) T^{-1}：基底を正規直交基底に戻す．

このことを確かめるために，行列 $T^{-1}AT$ の正規直交基底に対する振る舞いをみてみよう．

$$T^{-1}AT \begin{pmatrix} 1 \\ 0 \end{pmatrix} = \begin{pmatrix} -1 & -1 \\ 8 & 5 \end{pmatrix} \begin{pmatrix} 1 \\ 0 \end{pmatrix} = \begin{pmatrix} -1 \\ 8 \end{pmatrix} = -1 \begin{pmatrix} 1 \\ 0 \end{pmatrix} + 8 \begin{pmatrix} 0 \\ 1 \end{pmatrix} \tag{3.2.11}$$

$$T^{-1}AT \begin{pmatrix} 0 \\ 1 \end{pmatrix} = \begin{pmatrix} -1 & -1 \\ 8 & 5 \end{pmatrix} \begin{pmatrix} 0 \\ 1 \end{pmatrix} = \begin{pmatrix} -1 \\ 5 \end{pmatrix} = -1 \begin{pmatrix} 1 \\ 0 \end{pmatrix} + 5 \begin{pmatrix} 0 \\ 1 \end{pmatrix} \tag{3.2.12}$$

式 (3.2.6), (3.2.7) と式 (3.2.11), (3.2.12) を比べると，対応している式において右辺の係数が同じになっている．すなわち，基底を v_1, v_2 としたときの行列 A による写像と，基底を正規直交基底にしたときの行列 $T^{-1}AT$ による写像の振る舞いが同一であることがわかる．このことは，基底すなわち座標の取り方を変えただけで，写像そのものは変わっていないことを意味する．

これまでの考察において，例題 3.1 の数値を用いた．以下において，固有ベクトルを基底に選ぶ．これにより，写像の本質がみえてくる．行列 $A = \begin{pmatrix} -3 & 8 \\ -3 & 7 \end{pmatrix}$ の固有値と固有ベクトルはそれぞれ

$$\lambda_1 = 1, \quad \lambda_2 = 3, \quad v_1 = \begin{pmatrix} 2 \\ 1 \end{pmatrix}, \quad v_2 = \begin{pmatrix} 4 \\ 3 \end{pmatrix} \tag{3.2.13}$$

である．行列 A によって表される写像を，基底 v_1, v_2 のもとでみることにしよう．まず，正規直交基底から v_1, v_2 に変換する行列は $T = \begin{pmatrix} v_1 & v_2 \end{pmatrix} = \begin{pmatrix} 2 & 4 \\ 1 & 3 \end{pmatrix}$ である．よって，$T^{-1}AT$ はつぎのように計算される．

$$\begin{aligned} T^{-1}AT &= \begin{pmatrix} 2 & 4 \\ 1 & 3 \end{pmatrix}^{-1} \begin{pmatrix} -3 & 8 \\ -3 & 7 \end{pmatrix} \begin{pmatrix} 2 & 4 \\ 1 & 3 \end{pmatrix} = \frac{1}{2} \begin{pmatrix} 3 & -4 \\ -1 & 2 \end{pmatrix} \begin{pmatrix} 2 & 12 \\ 1 & 9 \end{pmatrix} \\ &= \begin{pmatrix} 1 & 0 \\ 0 & 3 \end{pmatrix} = \begin{pmatrix} \lambda_1 & 0 \\ 0 & \lambda_2 \end{pmatrix} \end{aligned} \tag{3.2.14}$$

【例題 3.3】 式 (3.2.14) が 36 ページの三つの線形変換 (A), (B), (C) を順次施していることを確かめよ．

解 (A) 正規直交基底を v_1, v_2 に変換することは，

$$T \begin{pmatrix} 1 \\ 0 \end{pmatrix} = \begin{pmatrix} 2 & 4 \\ 1 & 3 \end{pmatrix} \begin{pmatrix} 1 \\ 0 \end{pmatrix} = \begin{pmatrix} 2 \\ 1 \end{pmatrix} = v_1 \tag{3.2.15}$$

$$T \begin{pmatrix} 0 \\ 1 \end{pmatrix} = \begin{pmatrix} 2 & 4 \\ 1 & 3 \end{pmatrix} \begin{pmatrix} 0 \\ 1 \end{pmatrix} = \begin{pmatrix} 4 \\ 3 \end{pmatrix} = v_2 \tag{3.2.16}$$

から確かめられる．
(B) 新しい基底 v_1, v_2 のもとで，行列 A による写像を施す．

$$A \begin{pmatrix} 2 \\ 1 \end{pmatrix} = \begin{pmatrix} -3 & 8 \\ -3 & 7 \end{pmatrix} \begin{pmatrix} 2 \\ 1 \end{pmatrix} = \begin{pmatrix} -6+8 \\ -6+7 \end{pmatrix} = \begin{pmatrix} 2 \\ 1 \end{pmatrix} = \lambda_1 \begin{pmatrix} 2 \\ 1 \end{pmatrix} \tag{3.2.17}$$

$$A \begin{pmatrix} 4 \\ 3 \end{pmatrix} = \begin{pmatrix} -3 & 8 \\ -3 & 7 \end{pmatrix} \begin{pmatrix} 4 \\ 3 \end{pmatrix} = \begin{pmatrix} -12+24 \\ -12+21 \end{pmatrix} = \begin{pmatrix} 12 \\ 9 \end{pmatrix} = 3 \begin{pmatrix} 4 \\ 3 \end{pmatrix} = \lambda_2 \begin{pmatrix} 4 \\ 3 \end{pmatrix} \tag{3.2.18}$$

(C) T^{-1} によって基底を正規直交基底に戻すことは,行列 $T^{-1}AT$ の正規直交基底に対する振る舞いをみることで確認できる.

$$T^{-1}AT\begin{pmatrix}1\\0\end{pmatrix} = \begin{pmatrix}1 & 0\\0 & 3\end{pmatrix}\begin{pmatrix}1\\0\end{pmatrix} = \begin{pmatrix}1\\0\end{pmatrix} = \lambda_1\begin{pmatrix}1\\0\end{pmatrix} \tag{3.2.19}$$

$$T^{-1}AT\begin{pmatrix}0\\1\end{pmatrix} = \begin{pmatrix}1 & 0\\0 & 3\end{pmatrix}\begin{pmatrix}0\\1\end{pmatrix} = 3\begin{pmatrix}0\\1\end{pmatrix} = \lambda_2\begin{pmatrix}0\\1\end{pmatrix} \tag{3.2.20}$$

式 (3.2.17), (3.2.18) と式 (3.2.19), (3.2.20) を比べると,対応している式において右辺の係数が同じになっている.すなわち,基底を v_1, v_2 としたときの行列 A による写像と,基底を正規直交基底にしたときの行列 $T^{-1}AT$ による写像の振る舞いが同一であることがわかる.

◀

固有ベクトルを基底にした座標系で行列 A による線形変換をみると,基底それぞれを固有値倍する簡単な写像となる.さらに,式 (3.2.5) で示したように,任意のベクトルに対する写像の振る舞いにおいても同様である.このことから,式 (3.1.1) の座標変換行列を固有ベクトルで構成することで,式 (3.1.7) の $\tilde{A}$ を対角化できることに気づく.

式 (3.1.1) の T を

$$T = \begin{pmatrix} v_1 & v_2 & \cdots & v_n \end{pmatrix} \tag{3.2.21}$$

とすると,式 (3.1.7) の $\tilde{A}$ は,

$$\tilde{A} = T^{-1}AT = \begin{pmatrix} \lambda_1 & & & \\ & \lambda_2 & & \\ & & \ddots & \\ & & & \lambda_n \end{pmatrix} \tag{3.2.22}$$

のように固有値を対角要素とする対角行列になる.したがって,式 (3.1.5), (3.1.6) は

$$\begin{pmatrix}\dot{z}_1(t)\\ \dot{z}_2(t)\\ \vdots \\ \dot{z}_n(t)\end{pmatrix} = \begin{pmatrix}\lambda_1 & & & \\ & \lambda_2 & & \\ & & \ddots & \\ & & & \lambda_n\end{pmatrix}\begin{pmatrix}z_1(t)\\ z_2(t)\\ \vdots \\ z_n(t)\end{pmatrix} + \begin{pmatrix}\tilde{b}_1\\ \tilde{b}_2\\ \vdots \\ \tilde{b}_n\end{pmatrix}u(t) \tag{3.2.23}$$

$$y(t) = \begin{pmatrix}\tilde{c}_1 & \tilde{c}_2 & \cdots & \tilde{c}_n\end{pmatrix}\begin{pmatrix}z_1(t)\\ z_2(t)\\ \vdots \\ z_n(t)\end{pmatrix} \tag{3.2.24}$$

となる.この表現形式を対角正準形といい,分解すると以下の式となる.

$$\dot{z}_1(t) = \lambda_1 z_1(t) + \tilde{b}_1 u(t) \tag{3.2.25}$$

$$\dot{z}_2(t) = \lambda_2 z_2(t) + \tilde{b}_2 u(t) \tag{3.2.26}$$

$$\vdots$$

$$\dot{z}_n(t) = \lambda_n z_n(t) + \tilde{b}_n u(t) \tag{3.2.27}$$

$$y(t) = \tilde{c}_1 z_1(t) + \tilde{c}_2 z_2(t) + \cdots + \tilde{c}_n z_n(t) \tag{3.2.28}$$

これらの関係をブロック線図に表すと図 3.7 のようになる．

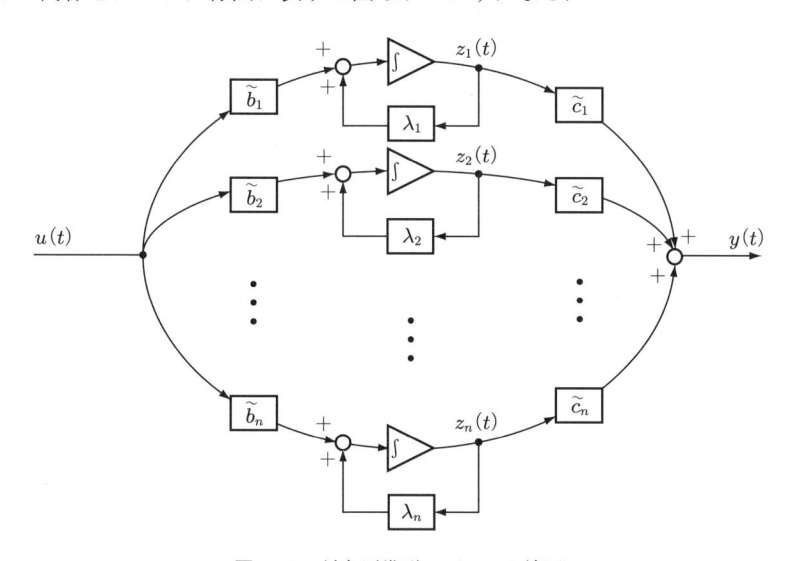

図 **3.7** 対角正準形のブロック線図

【例題 3.4】 つぎの行列の n 乗を求めよ．
$$A = \begin{pmatrix} 3 & 1 \\ -4 & -2 \end{pmatrix} \tag{3.2.29}$$

解 対角化してから n 乗する．特性方程式 $|sI - A| = 0$ は

$$s^2 - s - 2 = (s+1)(s-2) = 0 \tag{3.2.30}$$

となるので，行列 A の固有値は，$\lambda_1 = -1$，$\lambda_2 = 2$ である．固有値 $\lambda_1 = -1$ に対応する固有ベクトル v_1 を求めるための方程式 $(\lambda_1 I - A)v_1 = 0$ は，つぎの連立方程式となる．

$$-4v_{11} - v_{12} = 0 \tag{3.2.31}$$

$$4v_{11} + v_{12} = 0 \tag{3.2.32}$$

これらより，$v_1 = k_1 \begin{pmatrix} -1 \\ 4 \end{pmatrix}$, $k_1 \neq 0$ と求められる．同様に，固有値 $\lambda_2 = 2$ に対応する固有ベクトル v_2 は，$v_2 = k_2 \begin{pmatrix} -1 \\ 1 \end{pmatrix}$, $k_2 \neq 0$ となる．そこで座標変換行列を

$$T = \begin{pmatrix} -1 & -1 \\ 4 & 1 \end{pmatrix} \tag{3.2.33}$$

としよう．このとき，

$$T^{-1}AT = \frac{1}{3}\begin{pmatrix} 1 & 1 \\ -4 & -1 \end{pmatrix}\begin{pmatrix} 3 & 1 \\ -4 & -2 \end{pmatrix}\begin{pmatrix} -1 & -1 \\ 4 & 1 \end{pmatrix} = \begin{pmatrix} -1 & 0 \\ 0 & 2 \end{pmatrix} \tag{3.2.34}$$

となるから，

$$T^{-1}A^n T = (T^{-1}AT)^n = \begin{pmatrix} -1 & 0 \\ 0 & 2 \end{pmatrix}^n = \begin{pmatrix} (-1)^n & 0 \\ 0 & 2^n \end{pmatrix} \tag{3.2.35}$$

である．したがって，

$$\begin{aligned}
A^n &= T\begin{pmatrix} (-1)^n & 0 \\ 0 & 2^n \end{pmatrix}T^{-1} \\
&= \frac{1}{3}\begin{pmatrix} -1 & -1 \\ 4 & 1 \end{pmatrix}\begin{pmatrix} (-1)^n & 0 \\ 0 & 2^n \end{pmatrix}\begin{pmatrix} 1 & 1 \\ -4 & -1 \end{pmatrix} \\
&= \frac{1}{3}\begin{pmatrix} -(-1)^n + 4\times 2^n & -(-1)^n + 2^n \\ 4(-1)^n - 4\times 2^n & 4(-1)^n - 2^n \end{pmatrix}
\end{aligned} \tag{3.2.36}$$

と求められる．◀

【例題 3.5】 つぎの行列を対角化せよ．

$$A = \begin{pmatrix} -7 & 0 & 6 \\ 0 & 5 & 0 \\ 6 & 0 & 2 \end{pmatrix} \tag{3.2.37}$$

解 固有値を計算する．

$$|sI - A| = \begin{vmatrix} s+7 & 0 & -6 \\ 0 & s-5 & 0 \\ -6 & 0 & s-2 \end{vmatrix} = (s+10)(s-5)^2 \tag{3.2.38}$$

したがって，$(s+10)(s-5)^2 = 0$ から，固有値は $\lambda_1 = -10$, $\lambda_{2,3} = 5$ と求められる．これから，式 (3.2.37) の行列は，重根をもつ対称行列であることがわかった．まず，固有値 $\lambda_1 = -10$ に対応する固有ベクトルを求める．$(\lambda_1 I - A)v_1 = 0$ から

$$\begin{pmatrix} -3 & 0 & -6 \\ 0 & -15 & 0 \\ -6 & 0 & -12 \end{pmatrix}\begin{pmatrix} v_{11} \\ v_{12} \\ v_{13} \end{pmatrix} = 0 \tag{3.2.39}$$

となる．これを連立方程式に書き直す．

$$v_{11} + 2v_{13} = 0 \tag{3.2.40}$$

$$v_{12} = 0 \tag{3.2.41}$$

これらから，ノルムを 1 に正規化したベクトルとしてつぎのように選ぼう．

$$v_1 = k_1 \begin{pmatrix} 2 \\ 0 \\ -1 \end{pmatrix} = \frac{1}{\sqrt{5}} \begin{pmatrix} 2 \\ 0 \\ -1 \end{pmatrix} \tag{3.2.42}$$

固有値 $\lambda_{2,3} = 5$ に対応する固有ベクトルは，

$$\begin{pmatrix} 12 & 0 & -6 \\ 0 & 0 & 0 \\ -6 & 0 & 3 \end{pmatrix} \begin{pmatrix} v_{21} \\ v_{22} \\ v_{23} \end{pmatrix} = 0 \tag{3.2.43}$$

を解くことで得られる．これを連立方程式に書き直すと

$$2v_{21} - v_{23} = 0 \tag{3.2.44}$$

となり，未知数が 3 個に対して方程式は 1 本しかない．このようなときは，線形独立な固有ベクトルを 2 本選ぶことができる．

$$v_2 = k_2 \begin{pmatrix} 1 \\ 0 \\ 2 \end{pmatrix} = \frac{1}{\sqrt{5}} \begin{pmatrix} 1 \\ 0 \\ 2 \end{pmatrix}, \quad v_3 = k_3 \begin{pmatrix} 0 \\ 1 \\ 0 \end{pmatrix} = \begin{pmatrix} 0 \\ 1 \\ 0 \end{pmatrix} \tag{3.2.45}$$

座標変換行列を構成する．

$$T = \frac{1}{\sqrt{5}} \begin{pmatrix} 2 & 1 & 0 \\ 0 & 0 & \sqrt{5} \\ -1 & 2 & 0 \end{pmatrix} \tag{3.2.46}$$

行列 A は対称行列であるから，次式で対角化することができる．

$$\begin{aligned} T^T A T &= \frac{1}{\sqrt{5}} \begin{pmatrix} 2 & 0 & -1 \\ 1 & 0 & 2 \\ 0 & \sqrt{5} & 0 \end{pmatrix} \begin{pmatrix} -7 & 0 & 6 \\ 0 & 5 & 0 \\ 6 & 0 & 2 \end{pmatrix} \frac{1}{\sqrt{5}} \begin{pmatrix} 2 & 1 & 0 \\ 0 & 0 & \sqrt{5} \\ -1 & 2 & 0 \end{pmatrix} \\ &= \frac{1}{5} \begin{pmatrix} 2 & 0 & -1 \\ 1 & 0 & 2 \\ 0 & \sqrt{5} & 0 \end{pmatrix} \begin{pmatrix} -20 & 5 & 0 \\ 0 & 0 & 5\sqrt{5} \\ 10 & 10 & 0 \end{pmatrix} = \begin{pmatrix} -10 & & \\ & 5 & \\ & & 5 \end{pmatrix} \end{aligned} \tag{3.2.47}$$

◀

【例題 3.6】 つぎの行列を対角化せよ．

$$A = \begin{pmatrix} 1 & -9 \\ 1 & -5 \end{pmatrix} \tag{3.2.48}$$

解 固有値を計算する．

$$|sI - A| = \begin{vmatrix} s-1 & 9 \\ -1 & s+5 \end{vmatrix} = s^2 + 4s + 4 = (s+2)^2 \tag{3.2.49}$$

から，重根 $\lambda_{1,2} = -2$ をもつ．この固有値に対応する固有ベクトルを求めるには，$(\lambda_1 I - A)v_1 = 0$ を解けばよい．

$$\begin{pmatrix} -3 & 9 \\ -1 & 3 \end{pmatrix} \begin{pmatrix} v_{11} \\ v_{12} \end{pmatrix} = 0 \tag{3.2.50}$$

これは，次式と同じである．

$$-v_{11} + 3v_{12} = 0 \tag{3.2.51}$$

上式の解は $v_1 = k_1 \begin{pmatrix} 3 \\ 1 \end{pmatrix}$，$k_1 \neq 0$ となる．しかし，もう一本，重根 $\lambda_{1,2} = -2$ に対応する固有ベクトルを，ベクトル v_1 に線形独立なベクトルとして見つけだすことはできない．よって，式 (3.2.48) の行列は対角化することはできない．

このような場合，対角化に近い形までなら変換することができる．まず，$k_1 = 1$ として，$|v_1 \; y| \neq 0$ を満たす適当な y を選ぶ．この y を使って $v_0 = (A - \lambda I)y$ から v_0 を計算し，座標変換行列を $T = \begin{pmatrix} v_0 & y \end{pmatrix}$ とする．これに沿って，具体的に計算してみよう．

たとえば，$y = \begin{pmatrix} 1 \\ 0 \end{pmatrix}$ は，$|v_1 \; y| = \begin{vmatrix} 3 & 1 \\ 1 & 0 \end{vmatrix} = -1 \neq 0$ なので条件を満たしている．したがって，v_0 はつぎのように計算できる．

$$v_0 = \left\{ \begin{pmatrix} 1 & -9 \\ 1 & -5 \end{pmatrix} - \begin{pmatrix} -2 & 0 \\ 0 & -2 \end{pmatrix} \right\} \begin{pmatrix} 1 \\ 0 \end{pmatrix} = \begin{pmatrix} 3 \\ 1 \end{pmatrix} \tag{3.2.52}$$

これから，座標変換行列は

$$T = \begin{pmatrix} v_0 & y \end{pmatrix} = \begin{pmatrix} 3 & 1 \\ 1 & 0 \end{pmatrix} \tag{3.2.53}$$

と得られる．そしてこの行列 T を使って $T^{-1}AT$ を計算すると，

$$\begin{aligned} T^{-1}AT &= \begin{pmatrix} 0 & 1 \\ 1 & -3 \end{pmatrix} \begin{pmatrix} 1 & -9 \\ 1 & -5 \end{pmatrix} \begin{pmatrix} 3 & 1 \\ 1 & 0 \end{pmatrix} \\ &= \begin{pmatrix} 0 & 1 \\ 1 & -3 \end{pmatrix} \begin{pmatrix} -6 & 1 \\ -2 & 1 \end{pmatrix} = \begin{pmatrix} -2 & 1 \\ 0 & -2 \end{pmatrix} \end{aligned} \tag{3.2.54}$$

となる．上式の表現形式をジョルダン標準形という．また，対角正準形も含めて，ジョルダン標準形ということがある． ◀

行列 A の固有値がすべて相異なるとき，対応する固有ベクトルは互いに線形独立となる．その固有ベクトルを用いて式 (3.2.21) で構成される座標変換行列 T は正則となり，式 (3.2.22) に示したように対角化することができる．

行列 A の固有値に重根が含まれるときは，対角化できる場合とそうでない場合がある．例題 3.5 では，2 重根に対応する固有ベクトルとして線形独立なベクトルが 2 本存在した．それにより，対角化に成功している．これとは逆に，例題 3.6 においては，2 重根に対応する固有ベクトルとして線形独立なベクトルが 2 本存在しなかった．そこで，ジョルダン標準形とよばれる形 $\begin{pmatrix} \lambda & 1 \\ 0 & \lambda \end{pmatrix}$ に変換した．

3.3 可制御正準形に変換する

1 入力 1 出力 n 次元線形システム

$$\dot{x}(t) = Ax(t) + bu(t) \qquad (1.1.12\,\text{再掲})$$
$$y(t) = cx(t) \qquad (1.1.13\,\text{再掲})$$

を座標変換することで

$$\begin{pmatrix} \dot{z}_1(t) \\ \dot{z}_2(t) \\ \vdots \\ \dot{z}_{n-1}(t) \\ \dot{z}_n(t) \end{pmatrix} = \begin{pmatrix} 0 & 1 & 0 & \cdots & 0 \\ 0 & 0 & 1 & & 0 \\ \vdots & & & \ddots & \vdots \\ 0 & 0 & 0 & & 1 \\ -a_0 & -a_1 & -a_2 & \cdots & -a_{n-1} \end{pmatrix} \begin{pmatrix} z_1(t) \\ z_2(t) \\ \vdots \\ z_{n-1}(t) \\ z_n(t) \end{pmatrix} + \begin{pmatrix} 0 \\ 0 \\ \vdots \\ 0 \\ 1 \end{pmatrix} u(t) \qquad (3.3.1)$$

$$y(t) = \begin{pmatrix} \tilde{c}_1 & \tilde{c}_2 & \cdots & \tilde{c}_{n-1} & \tilde{c}_n \end{pmatrix} \begin{pmatrix} z_1(t) \\ z_2(t) \\ \vdots \\ z_{n-1}(t) \\ z_n(t) \end{pmatrix} \qquad (3.3.2)$$

と表せるとき，この表現形式を可制御正準形という．以下において，どのようにして可制御正準形を求めるかを考えよう．

まず，式 (1.1.12) の係数 A と b を使ってつぎの行列を構成する．

$$U_c = \begin{pmatrix} b & Ab & A^2b & \cdots & A^{n-1}b \end{pmatrix} \qquad (3.3.3)$$

この行列は，$n \times n$ 次元の正方行列であって可制御性行列とよばれる．可制御性行列については，4.3 節で詳しく扱う．U_c が正則行列であるとき，逆行列 U_c^{-1} が存在する．そこでこの逆行列 U_c^{-1} の第 i 行のベクトルを e_i と定義して，第 n 行のベクトル e_n を用いて

$$T^{-1} = \begin{pmatrix} e_n \\ e_n A \\ e_n A^2 \\ \vdots \\ e_n A^{n-1} \end{pmatrix} \tag{3.3.4}$$

を構成する．一方，特性方程式 $|sI - A| = 0$ は n 次の方程式であるから，これを

$$s^n + a_{n-1} s^{n-1} + \cdots + a_1 s + a_0 = 0 \tag{3.3.5}$$

と表しておく．これにケーリー・ハミルトンの定理を適用すると，

$$A^n + a_{n-1} A^{n-1} + \cdots + a_1 A + a_0 I = 0 \tag{3.3.6}$$

となるので，

$$a_0 I + a_1 A + \cdots + a_{n-1} A^{n-1} = -A^n \tag{3.3.7}$$

が成り立つ．上式を以下の変形において用いる．座標変換して可制御正準形になった式 (3.3.1) のシステム行列 $\tilde{A}$ と式 (3.3.4) の座標変換行列 T^{-1} を掛け，つぎのように変形する．

$$\begin{aligned}
\tilde{A} T^{-1} &= \begin{pmatrix} 0 & 1 & 0 & \cdots & 0 \\ 0 & 0 & 1 & & 0 \\ \vdots & & & \ddots & \vdots \\ 0 & 0 & 0 & & 1 \\ -a_0 & -a_1 & -a_2 & \cdots & -a_{n-1} \end{pmatrix} \begin{pmatrix} e_n \\ e_n A \\ e_n A^2 \\ \vdots \\ e_n A^{n-1} \end{pmatrix} \\
&= \begin{pmatrix} e_n A \\ e_n A^2 \\ \vdots \\ e_n A^{n-1} \\ -e_n (a_0 I + a_1 A + \cdots + a_{n-1} A^{n-1}) \end{pmatrix} = \begin{pmatrix} e_n \\ e_n A \\ e_n A^2 \\ \vdots \\ e_n A^{n-1} \end{pmatrix} A = T^{-1} A
\end{aligned} \tag{3.3.8}$$

よって，$\tilde{A} T^{-1} = T^{-1} A$ が成立していることが確認できた．上式の両辺に右から T を掛けて

$$\tilde{A} = T^{-1} A T \tag{3.3.9}$$

を得る．すなわち，式 (3.3.4) で定義される座標変換行列を用いて式 (3.3.9) の座標変換を施すと，式 (3.3.1) のシステム行列 $\tilde{A}$ になることがわかった．

3.3 可制御正準形に変換する

つぎに，$T^{-1}b$ を計算する．

$$T^{-1}b = \begin{pmatrix} e_n \\ e_n A \\ e_n A^2 \\ \vdots \\ e_n A^{n-1} \end{pmatrix} b = \begin{pmatrix} e_n b \\ e_n A b \\ e_n A^2 b \\ \vdots \\ e_n A^{n-1} b \end{pmatrix} \tag{3.3.10}$$

上式において，e_n はサイズが $1 \times n$ の横ベクトル，b は $n \times 1$ の縦ベクトルであるから，それらの積 $e_n b$ はスカラとなる．同様に，他の要素 $e_n A^i b$, $i = 1, \ldots, n-1$ もすべてスカラである．よって，各要素を転置しても同値であることから，上式はつぎのように変形することができる．

$$T^{-1}b = \begin{pmatrix} (e_n b)^T \\ (e_n A b)^T \\ (e_n A^2 b)^T \\ \vdots \\ (e_n A^{n-1} b)^T \end{pmatrix} = \begin{pmatrix} (b)^T \\ (Ab)^T \\ (A^2 b)^T \\ \vdots \\ (A^{n-1} b)^T \end{pmatrix} e_n{}^T \tag{3.3.11}$$

ところで，式 (3.3.3) の可制御性行列 U_c の転置行列は

$$U_c{}^T = \begin{pmatrix} b & Ab & A^2 b & \cdots & A^{n-1} b \end{pmatrix}^T = \begin{pmatrix} (b)^T \\ (Ab)^T \\ (A^2 b)^T \\ \vdots \\ (A^{n-1} b)^T \end{pmatrix} \tag{3.3.12}$$

であるから，これを式 (3.3.11) に代入すると次式が得られる．

$$T^{-1}b = U_c{}^T e_n{}^T = (e_n U_c)^T \tag{3.3.13}$$

ここまでで，$T^{-1}b$ をかなり簡単な形にまで変形することができた．

先に，可制御性行列 U_c の逆行列 $U_c{}^{-1}$ の第 i 行のベクトルを e_i と定義したので，$U_c{}^{-1}$ をつぎのように表現することができる．

$$U_c{}^{-1} = \begin{pmatrix} e_1 \\ e_2 \\ \vdots \\ e_n \end{pmatrix} \tag{3.3.14}$$

また，$U_c{}^{-1}$ と U_c の積は単位行列である．

$$U_c^{-1}U_c = I_n = \begin{pmatrix} 1 & & & \\ & 1 & & \\ & & \ddots & \\ & & & 1 \end{pmatrix} \tag{3.3.15}$$

したがって，式 (3.3.14) と式 (3.3.15) から

$$U_c^{-1}U_c = \begin{pmatrix} e_1 \\ e_2 \\ \vdots \\ e_n \end{pmatrix} U_c = \begin{pmatrix} e_1 U_c \\ e_2 U_c \\ \vdots \\ e_n U_c \end{pmatrix} = \begin{pmatrix} 1 & & & \\ & 1 & & \\ & & \ddots & \\ & & & 1 \end{pmatrix} \tag{3.3.16}$$

なので，

$$e_n U_c = \begin{pmatrix} 0 & \cdots & 0 & 1 \end{pmatrix} \tag{3.3.17}$$

であることがわかる．したがって，式 (3.3.13) は

$$T^{-1}b = \begin{pmatrix} 0 \\ 0 \\ \vdots \\ 0 \\ 1 \end{pmatrix} \tag{3.3.18}$$

となる．しかし，$\tilde{c} = cT$ は特別な形にはならない．可制御正準形 (3.3.1)，(3.3.2) を分解すると次式が得られる．

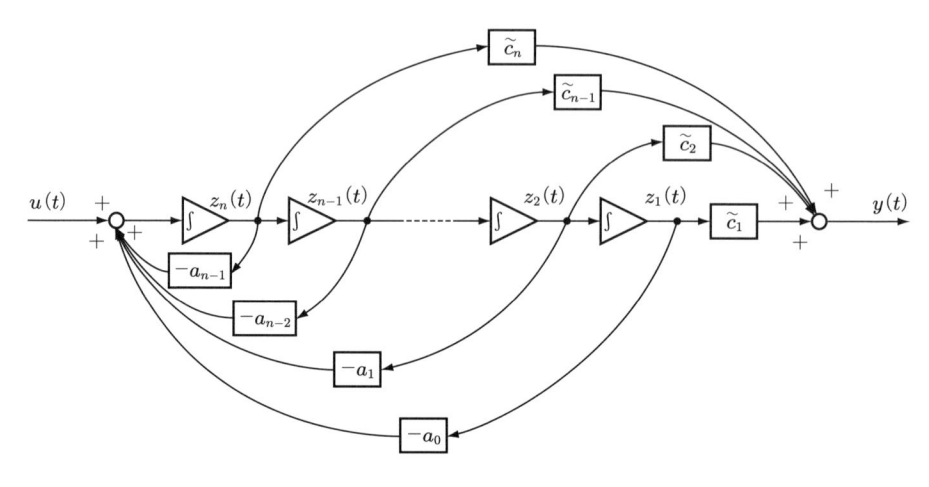

図 **3.8** 可制御正準形のブロック線図

$$\dot{z}_1(t) = z_2(t) \tag{3.3.19}$$

$$\dot{z}_2(t) = z_3(t) \tag{3.3.20}$$

$$\vdots$$

$$\dot{z}_{n-1}(t) = z_n(t) \tag{3.3.21}$$

$$\dot{z}_n(t) = -a_0 z_1(t) - a_1 z_2(t) - \cdots - a_{n-1} z_n(t) + u(t) \tag{3.3.22}$$

$$y(t) = \tilde{c}_1 z_1(t) + \tilde{c}_2 z_2(t) + \cdots + \tilde{c}_n z_n(t) \tag{3.3.23}$$

これらの関係をブロック線図で表すと図 3.8 のようになる.

> 【例題 3.7】 つぎのシステムの可制御正準形を求めよ．また，座標変換の前と後のシステムの構造をブロック線図で示せ．
> $$\dot{x}(t) = \begin{pmatrix} -3 & 4 \\ -1 & 5 \end{pmatrix} x(t) + \begin{pmatrix} 1 \\ 0 \end{pmatrix} u(t) \tag{3.3.24}$$
> $$y(t) = \begin{pmatrix} 0 & 2 \end{pmatrix} x(t) \tag{3.3.25}$$

解 まず，可制御性行列 (3.3.3) を計算する．$Ab = \begin{pmatrix} -3 & 4 \\ -1 & 5 \end{pmatrix}\begin{pmatrix} 1 \\ 0 \end{pmatrix} = \begin{pmatrix} -3 \\ -1 \end{pmatrix}$ なので，

$$U_c = \begin{pmatrix} b & Ab \end{pmatrix} = \begin{pmatrix} 1 & -3 \\ 0 & -1 \end{pmatrix} \tag{3.3.26}$$

となる．これの逆行列を求める．

$$U_c^{-1} = \begin{pmatrix} 1 & -3 \\ 0 & -1 \end{pmatrix}^{-1} = \frac{1}{-1}\begin{pmatrix} -1 & 3 \\ 0 & 1 \end{pmatrix} = \begin{pmatrix} 1 & -3 \\ 0 & -1 \end{pmatrix} \tag{3.3.27}$$

U_c^{-1} の最後の行のベクトル e_2 は，

$$e_2 = \begin{pmatrix} 0 & -1 \end{pmatrix} \tag{3.3.28}$$

となる．$e_2 A = \begin{pmatrix} 0 & -1 \end{pmatrix}\begin{pmatrix} -3 & 4 \\ -1 & 5 \end{pmatrix} = \begin{pmatrix} 1 & -5 \end{pmatrix}$ であるから，式 (3.3.4) より，座標変換行列 T^{-1} はつぎのように求められる．

$$T^{-1} = \begin{pmatrix} e_2 \\ e_2 A \end{pmatrix} = \begin{pmatrix} 0 & -1 \\ 1 & -5 \end{pmatrix} \tag{3.3.29}$$

よって，行列 T は

$$T = \begin{pmatrix} 0 & -1 \\ 1 & -5 \end{pmatrix}^{-1} = \begin{pmatrix} -5 & 1 \\ -1 & 0 \end{pmatrix} \tag{3.3.30}$$

である．$\tilde{A} = T^{-1}AT$, $\tilde{b} = T^{-1}b$, $\tilde{c} = cT$ を計算すると，

$$\tilde{A} = T^{-1}AT = \begin{pmatrix} 0 & -1 \\ 1 & -5 \end{pmatrix} \begin{pmatrix} -3 & 4 \\ -1 & 5 \end{pmatrix} \begin{pmatrix} -5 & 1 \\ -1 & 0 \end{pmatrix}$$

$$= \begin{pmatrix} 0 & -1 \\ 1 & -5 \end{pmatrix} \begin{pmatrix} 11 & -3 \\ 0 & -1 \end{pmatrix} = \begin{pmatrix} 0 & 1 \\ 11 & 2 \end{pmatrix} \tag{3.3.31}$$

$$\tilde{b} = T^{-1}b = \begin{pmatrix} 0 & -1 \\ 1 & -5 \end{pmatrix} \begin{pmatrix} 1 \\ 0 \end{pmatrix} = \begin{pmatrix} 0 \\ 1 \end{pmatrix} \tag{3.3.32}$$

$$\tilde{c} = cT = \begin{pmatrix} 0 & 2 \end{pmatrix} \begin{pmatrix} -5 & 1 \\ -1 & 0 \end{pmatrix} = \begin{pmatrix} -2 & 0 \end{pmatrix} \tag{3.3.33}$$

と求められるので，システム (3.3.24), (3.3.25) の可制御正準形は以下のようになる．

$$\dot{z}(t) = \begin{pmatrix} 0 & 1 \\ 11 & 2 \end{pmatrix} z(t) + \begin{pmatrix} 0 \\ 1 \end{pmatrix} u(t) \tag{3.3.34}$$

$$y(t) = \begin{pmatrix} -2 & 0 \end{pmatrix} z(t) \tag{3.3.35}$$

座標変換する前のシステム (3.3.24), (3.3.25) はつぎのように書き直すことができる．

$$\dot{x}_1(t) = -3x_1(t) + 4x_2(t) + u(t) \tag{3.3.36}$$

$$\dot{x}_2(t) = -x_1(t) + 5x_2(t) \tag{3.3.37}$$

$$y(t) = 2x_2(t) \tag{3.3.38}$$

同様に，座標変換後のシステム (3.3.34), (3.3.35) はつぎのようになる．

$$\dot{z}_1(t) = z_2(t) \tag{3.3.39}$$

$$\dot{z}_2(t) = 11z_1(t) + 2z_2(t) + u(t) \tag{3.3.40}$$

$$y(t) = -2z_1(t) \tag{3.3.41}$$

図 3.9 と図 3.10 に，座標変換をする前と後のシステム構造のブロック線図を示す．

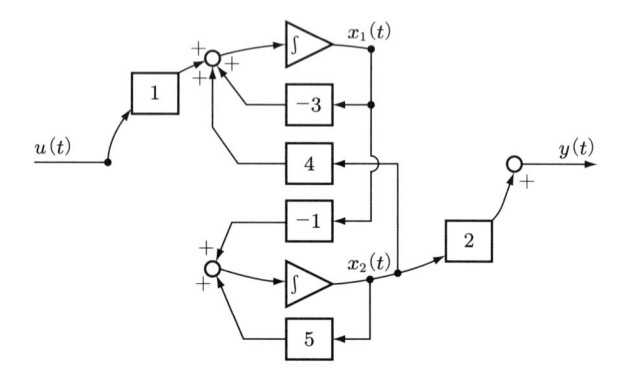

図 3.9 座標変換前のシステム構造のブロック線図

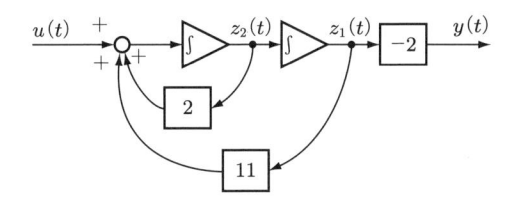

図 **3.10** 座標変換後のシステム構造のブロック線図 ◀

図 3.9 と図 3.10 を比べると，明らかに後者のほうがシステム内部の信号の流れが見やすく，種々の理論的な考察や設計が容易である．

【例題 3.8】 例題 3.7 の数値例において，座標変換をする前と後のシステムで固有値が変わらないことを確認せよ．また，座標変換によって入力から出力までの特性が変わらないことも併せて確かめよ．

解 行列 A の固有値を求めるための特性方程式は，$|sI - A| = 0$ である．

$$|sI - A| = \begin{vmatrix} s+3 & -4 \\ 1 & s-5 \end{vmatrix} = (s+3)(s-5) + 4 = s^2 - 2s - 11 \quad (3.3.42)$$

上式を特性多項式という．同様に，行列 $\tilde{A}$ については，

$$|sI - \tilde{A}| = \begin{vmatrix} s & -1 \\ -11 & s-2 \end{vmatrix} = s(s-2) - 11 = s^2 - 2s - 11 \quad (3.3.43)$$

が特性多項式である．特性多項式が変化しないので，固有値も変化しない．

システム (3.3.24), (3.3.25) の伝達関数は，つぎのようになる．

$$\begin{aligned} G(s) &= c(sI-A)^{-1}b = \begin{pmatrix} 0 & 2 \end{pmatrix} \begin{pmatrix} s+3 & -4 \\ 1 & s-5 \end{pmatrix}^{-1} \begin{pmatrix} 1 \\ 0 \end{pmatrix} \\ &= \begin{pmatrix} 0 & 2 \end{pmatrix} \frac{1}{s^2 - 2s - 11} \begin{pmatrix} s-5 & 4 \\ -1 & s+3 \end{pmatrix} \begin{pmatrix} 1 \\ 0 \end{pmatrix} = \frac{1}{s^2 - 2s - 11} \begin{pmatrix} 0 & 2 \end{pmatrix} \begin{pmatrix} s-5 \\ -1 \end{pmatrix} \\ &= \frac{-2}{s^2 - 2s - 11} \end{aligned} \quad (3.3.44)$$

同様に，システム (3.3.34), (3.3.35) の伝達関数は，

$$\begin{aligned} \tilde{G}(s) &= \tilde{c}(sI-\tilde{A})^{-1}\tilde{b} = \begin{pmatrix} -2 & 0 \end{pmatrix} \begin{pmatrix} s & -1 \\ -11 & s-2 \end{pmatrix}^{-1} \begin{pmatrix} 0 \\ 1 \end{pmatrix} \\ &= \begin{pmatrix} -2 & 0 \end{pmatrix} \frac{1}{s^2 - 2s - 11} \begin{pmatrix} s-2 & 1 \\ 11 & s \end{pmatrix} \begin{pmatrix} 0 \\ 1 \end{pmatrix} = \frac{1}{s^2 - 2s - 11} \begin{pmatrix} -2 & 0 \end{pmatrix} \begin{pmatrix} 1 \\ s \end{pmatrix} \\ &= \frac{-2}{s^2 - 2s - 11} \end{aligned} \quad (3.3.45)$$

と計算できるので，$G(s) = \tilde{G}(s)$ であることがわかる． ◀

可制御正準形に座標変換するために，まずは可制御性行列 U_c を構成してその逆行列 U_c^{-1} を計算する．逆行列が存在するためには，行列 U_c が正則でなくてはならない．この条件を満足するシステムを可制御であるという．すなわち，システムが可制御であるとき，そしてそのときに限って，可制御正準形に座標変換することができる．可制御性に関しては，第 4 章で詳しく述べる．

■演習問題
3.1 例題 3.4 で選んだ固有ベクトルと違う固有ベクトルであっても，同じ結果となることを示せ．
3.2 例題 3.5 では座標変換行列が直交行列となるので，$\tilde{A} = T^T A T$ で対角化することができた．$\tilde{A} = T^{-1} A T$ でも対角化できることを示せ．
3.3 例題 3.6 では，$y = \begin{pmatrix} 1 \\ 0 \end{pmatrix}$ とした．これとは違う値を選んでジョルダン標準形を導け．
3.4 つぎの行列を対角化せよ．
$$A = \begin{pmatrix} 10 & 3 \\ -12 & -2 \end{pmatrix} \tag{3.4.1}$$
3.5 つぎの行列を対角化せよ．
$$A = \begin{pmatrix} 1 & -1 \\ 8 & -3 \end{pmatrix} \tag{3.4.2}$$

4 可制御性

システムを思いとおりに「制し御する」ことがいつでもできるかというと，実はそうではない．うまく操ることができるシステムと，どんなに努力，あるいは工夫してもどうにもならないシステムがある．このことは，所望の制御系を設計できるためにシステムに課せられる条件と捉えることができる．本章においては，可制御性という概念を導入してシステムの解析を行う．

4.1 可制御性とは

対角正準形 (3.2.23), (3.2.24) をブロック線図で表したのが図 3.7 であった．図において，たとえば $\tilde{b}_2$ がゼロであるとき，操作量 $u(t)$ を操作することによってモード $z_2(t)$ に影響を及ぼすことはできない．つまり $z_2(t)$ を制御することができない．これは，騎手が自分の意思を馬に手綱を通して伝えるのと同じである．馬の手綱，車のハンドル，飛行機の操縦桿がなければ，それらの動きを操ることはできない．図のシステムを操作するには，モードが操作量 $u(t)$ とゼロでない伝達係数でつながっているか否かが重要である．つながっている場合，そのモードは可制御であるといい，そうでない場合，不可制御であるという．すべての $\tilde{b}_i$ がゼロでないとき，システムは可制御であるという．

上の可制御性の定義は対角正準形に対してであり，一般のシステム (1.1.12), (1.1.13) においてはつぎのように定義する．

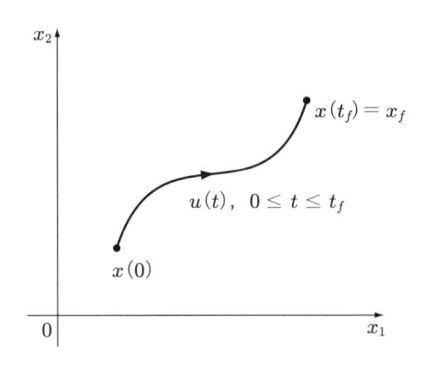

図 **4.1** 操作量 $u(t)$ による状態 $x(t)$ の遷移

> 「すべての初期状態 $x(0)$ を，ある有限な時刻 t_f の間に，任意に与えられた状態 x_f に移すような操作量 $u(t), 0 \leq t \leq t_f$ が存在し，$x(t_f) = x_f$ とできるとき，システムは可制御であるという．また，そうでないとき，不可制御であるという．」

これを絵で表したのが図 4.1 である．

4.2 可制御性グラム行列

つぎの式を可制御性グラム行列という．

$$W_c(t) = \int_0^t (e^{-A\tau}b)(e^{-A\tau}b)^T d\tau \tag{4.2.1}$$

一般のシステム (1.1.12), (1.1.13) において，可制御性グラム行列が時刻 $t = t_f > 0$ で正則であるとき，$x(t_f) = x_f$ とできることを示そう．

初期値を $x(0)$ とするときの式 (1.1.12) の解が

$$x(t) = e^{At}x(0) + \int_0^t e^{A(t-\tau)}bu(\tau)d\tau \tag{4.2.2}$$

となることは 2.1 節で学んだ．題意より，時刻 $t = t_f$ で $W_c(t)$ が正則なので，$W_c(t_f)$ の逆行列を使って，つぎのような入力をつくる．

$$u(t) = -(e^{-At}b)^T W_c^{-1}(t_f)(x(0) - e^{-At_f}x_f) \tag{4.2.3}$$

この入力に対するシステムの時間応答は，

$$\begin{aligned}
x(t_f) &= e^{At_f}x(0) + \int_0^{t_f} e^{A(t_f-\tau)}bu(\tau)d\tau \\
&= e^{At_f}x(0) - \int_0^{t_f} e^{A(t_f-\tau)}b(e^{-A\tau}b)^T W_c^{-1}(t_f)(x(0) - e^{-At_f}x_f)d\tau \\
&= e^{At_f}x(0) - e^{At_f}\int_0^{t_f}(e^{-A\tau}b)(e^{-A\tau}b)^T d\tau\, W_c^{-1}(t_f)(x(0) - e^{-At_f}x_f) \\
&= e^{At_f}x(0) - e^{At_f}(x(0) - e^{-At_f}x_f) \\
&= x_f
\end{aligned} \tag{4.2.4}$$

となり，初期状態 $x(0)$ から，$t = t_f$ において x_f に移すことができた．すなわち，システムは可制御である．

つぎに上記の逆を示そう．すなわち，システムが可制御ならば，式 (4.2.1) の可制御

性グラム行列 $W_c(t)$ が正則となる時刻 $t = t_f > 0$ が存在することを示す．これには背理法を用いて，システムが可制御であるにもかかわらず，$W_c(t)$ がすべての $t > 0$ で正則でないと仮定して矛盾を導く．

$W_c(t)$ が正則でないということは，$W_c(t)$ を構成する n 本の列ベクトルは線形従属であるから，すべての $t > 0$ で

$$W_c(t)x = 0 \tag{4.2.5}$$

とする，ゼロでない n 次元ベクトル x が存在する．上式の左辺は，$n \times n$ 行列と $n \times 1$ ベクトルの積であり，右辺は $n \times 1$ の大きさのゼロベクトルである．

$W_c(t)x$ がすべての t でゼロベクトルであるから，これに左から x^T を掛けてもやはりゼロとなる．すなわち，すべての $t > 0$ で

$$x^T W_c(t)x = 0 \tag{4.2.6}$$

である．上式の $W_c(t)$ に式 (4.2.1) を代入すると，つぎのようになる．

$$\begin{aligned} x^T W_c(t)x &= x^T \int_0^t (e^{-A\tau}b)(e^{-A\tau}b)^T \, d\tau \, x \\ &= \int_0^t (x^T e^{-A\tau}b)(x^T e^{-A\tau}b)^T \, d\tau \\ &= \int_0^t (x^T e^{-A\tau}b)^2 \, d\tau = 0 \end{aligned} \tag{4.2.7}$$

$(x^T e^{-A\tau}b)^2 \geq 0$ を時刻 0 から時刻 t まで積分した結果がゼロであるので，すべての $t > 0$ に対して

$$x^T e^{-A\tau}b = 0, \quad 0 \leq \tau \leq t \tag{4.2.8}$$

であることになる．上式は，すべての $t \geq 0$ に対して

$$x^T e^{-At}b = 0 \tag{4.2.9}$$

と読むこともできる．

一方，システムは可制御であるから，式 (4.2.5) で導入したゼロでないベクトル x で与えられる初期状態から，ある有限な時刻 t_f で $x_f = 0$ に移すような操作量 $u(t)$，$0 \leq t \leq t_f$ が存在して，$x(t_f) = x_f$ とできる．すなわち，

$$0 = e^{At_f}x + \int_0^{t_f} e^{A(t_f - \tau)}bu(\tau) \, d\tau \tag{4.2.10}$$

が成立する．上式の両辺に左から e^{-At_f} を掛けると，

$$x = -\int_0^{t_f} e^{-A\tau} bu(\tau)\, d\tau \tag{4.2.11}$$

を得る．上式からノルム $\|x\|$ の 2 乗を計算するとつぎのようになる．

$$\|x\|^2 = x^T x = -\int_0^{t_f} x^T e^{-A\tau} bu(\tau)\, d\tau \tag{4.2.12}$$

上式の積分は，式 (4.2.9) からゼロ，すなわち，

$$\|x\| = 0 \tag{4.2.13}$$

となる．ノルムがゼロのベクトルはゼロベクトルしかないので，x を式 (4.2.5) でゼロベクトルでないとしたことに矛盾する．すなわち，$W_c(t)$ がすべての $t > 0$ で正則でないと仮定したことが間違いであった．

これまでの話をまとめると，可制御であるための条件をつぎのように書くことができる．

> 「システム (1.1.12)，(1.1.13) が可制御であるための必要十分条件は，可制御性グラム行列
>
> $$W_c(t) = \int_0^t (e^{-A\tau} b)(e^{-A\tau} b)^T\, d\tau \tag{4.2.1 再掲}$$
>
> が正則となる時刻 $t = t_f > 0$ が存在することである．」

可制御性グラム行列 $W_c(t)$ は，それが正則となる時刻 $t = t_f > 0$ が存在するならば，すべての時刻 $t > 0$ で正則である．この事実は，背理法によって，$x^T e^{-At} b$ が解析関数であることを用いて示すことができる．

このように，システムが可制御であれば，任意の t_f に対して可制御性グラム行列 $W_c(t)$ が正則になるので，任意の時間区間 $0 \leq t \leq t_f$ で，任意の状態 $x(0)$ から任意の状態 $x(t_f) = x_f$ に移動できることになる．

4.3　可制御性行列

これまで，可制御に関して議論してきた．4.1 節では，可制御とは何かを述べた．操作量 $u(t)$ の影響を受けることのできるモードを可制御なモードといい，すべてのモードが可制御であるとき，そのシステムを可制御であるという．これを式で表すと，

$$\text{可制御} \Leftrightarrow \tilde{b}_i \neq 0,\ \forall i \tag{4.3.1}$$

となる．ここで，$\tilde{b}_i$ はシステムの表現形式を対角正準形にしたときの操作量の係数である．

また，任意に与えられた x_f に状態を移動することができるとき，可制御であるという．これを式で表すと，

$$可制御 \Leftrightarrow \exists u(t), \quad x(t_f) = x_f \tag{4.3.2}$$

となる．初期状態 $x(0)$ から状態 x_f に有限時間で移すような操作量 $u(t), 0 \leq t \leq t_f$ の実現を考えたのが 4.2 節である．可制御性グラム行列 $W_c(t)$ が時刻 $t = t_f > 0$ で正則であるとき，式 (4.2.3) の操作量によって $x(t_f) = x_f$ とできる，すなわち可制御であることを示した．そして，この逆も成り立つことを示した．これを式で表すと，

$$可制御 \Leftrightarrow \exists t_f > 0, \quad |W_c(t_f)| \neq 0 \tag{4.3.3}$$

となる．

本節では，あらたに可制御性行列を導入して，システムが可制御であるための必要十分条件を探ろう．以下において，$n \times n$ 正方行列

$$U_c = \begin{pmatrix} b & Ab & A^2b & \cdots & A^{n-1}b \end{pmatrix} \tag{4.3.4}$$

が正則ならば，システム (1.1.12)，(1.1.13) が可制御であることを示す．ここで，U_c を可制御性行列という．

この証明には背理法を用いる．いま，式 (4.3.4) の可制御性行列 U_c が正則であるにもかかわらずシステムが不可制御であるとして矛盾を導く．

システムが不可制御であるならば，4.2 節における検討から，可制御性グラム行列 $W_c(t)$ がすべての $t > 0$ で正則でなくなる．したがって，すべての $t \geq 0$ に対して

$$x^T e^{-At} b = 0 \tag{4.2.9 再掲}$$

が成り立つゼロでないベクトル x が存在する．式 (4.2.9) の関係を時間 t に関して繰り返し微分してから $t = 0$ とおくことで，つぎのような等式が得られる．

$$x^T b = 0 \tag{4.3.5}$$

$$x^T Ab = 0 \tag{4.3.6}$$

$$x^T A^2 b = 0 \tag{4.3.7}$$

$$\vdots$$

$$x^T A^{n-1} b = 0 \tag{4.3.8}$$

これらをまとめて表現すると，

$$x^T \begin{pmatrix} b & Ab & A^2b & \cdots & A^{n-1}b \end{pmatrix} = 0 \tag{4.3.9}$$

となる．ゼロでないベクトル x に対して上の関係が成立するということは，可制御性行列 $\begin{pmatrix} b & Ab & A^2b & \cdots & A^{n-1}b \end{pmatrix}$ が正則でないことを意味する．これで矛盾を導くことができた．すなわち，システムが不可制御であると仮定したことが間違いであった．

続いて，上記の逆，すなわち，システム (1.1.12)，(1.1.13) が可制御であるとき，可制御性行列 U_c は正則となることを証明する．

これも背理法を用いる．システムは可制御であるのに，式 (4.3.4) の可制御性行列 U_c が正則でないと仮定する．このとき，式 (4.3.9) を満たすゼロでないベクトル x が存在する．これは

$$x^T b = 0, \quad x^T Ab = 0, \quad x^T A^2 b = 0, \quad \ldots, \quad x^T A^{n-1} b = 0 \tag{4.3.10}$$

と等価である．

ところで，状態遷移行列 e^{At} は，2.2 節の式 (2.2.2) で示したように，行列 A の無限級数で定義したので，e^{-At} は

$$e^{-At} = I - At + \frac{1}{2!}A^2 t^2 - \frac{1}{3!}A^3 t^3 + \cdots \tag{4.3.11}$$

となる．ここで，ケーリー・ハミルトンの定理から，$A^k, k \geq n$ は，$I, A, A^2, \ldots, A^{n-1}$ の線形結合で与えられるので，式 (4.3.11) は

$$e^{-At} = \sum_{k=0}^{n-1} a_k(t) A^k \tag{4.3.12}$$

と書くことができ，上式に左から x^T を，右から b を掛けて次式を得る．

$$x^T e^{-At} b = \sum_{k=0}^{n-1} a_k(t) x^T A^k b \tag{4.3.13}$$

上式の右辺に式 (4.3.10) を代入すると，すべての $t \geq 0$ に対して

$$x^T e^{-At} b = 0 \tag{4.3.14}$$

となる．したがって，

$$\int_0^t (x^T e^{-A\tau} b)(x^T e^{-A\tau} b)^T \, d\tau = x^T W_c(t) x \tag{4.3.15}$$

がすべての $t \geq 0$ に対してゼロとなる．

システムは可制御であるから，可制御性グラム行列 $W_c(t)$ が正則となる時刻 $t = t_f > 0$ が存在する．すなわち，$x^T W_c(t_f) x$ はゼロではない．よって，式 (4.3.15) が

すべての $t \geq 0$ に対してゼロとなるという結論はこれと矛盾しており，可制御性行列 U_c が正則でないと仮定したことが間違いであった．

可制御性行列に関するこれまでの議論から，可制御であるための条件をつぎのように書くことができる．

> 「システム (1.1.12)，(1.1.13) が可制御であるための必要十分条件は，可制御性行列 U_c が正則となることである．」

上記の定理は，可制御性グラム行列を使って証明した．このことは，対角正準形を使って示すこともできる．

システム (1.1.12)，(1.1.13) が可制御である必要十分条件は，対角正準形においてすべての $\tilde{b}_i$ がゼロでないことであった．このことと，対角正準形における可制御性行列の関係を考えてみよう．対角正準形 (3.2.23)，(3.2.24) を

$$\dot{z}(t) = \tilde{A}z(t) + \tilde{b}u(t) \tag{4.3.16}$$

$$y(t) = \tilde{c}z(t) \tag{4.3.17}$$

で表すとき，可制御性行列はつぎのようになる．

$$\tilde{U}_c = \begin{pmatrix} \tilde{b} & \tilde{A}\tilde{b} & \tilde{A}^2\tilde{b} & \cdots & \tilde{A}^{n-1}\tilde{b} \end{pmatrix} \tag{4.3.18}$$

上式の第 1 列は

$$\tilde{b} = \begin{pmatrix} \tilde{b}_1 \\ \tilde{b}_2 \\ \vdots \\ \tilde{b}_n \end{pmatrix} \tag{4.3.19}$$

である．第 2 列，第 3 列はつぎのように計算できる．

$$\tilde{A}\tilde{b} = \begin{pmatrix} \lambda_1 & & & \\ & \lambda_2 & & \\ & & \ddots & \\ & & & \lambda_n \end{pmatrix} \begin{pmatrix} \tilde{b}_1 \\ \tilde{b}_2 \\ \vdots \\ \tilde{b}_n \end{pmatrix} = \begin{pmatrix} \lambda_1 \tilde{b}_1 \\ \lambda_2 \tilde{b}_2 \\ \vdots \\ \lambda_n \tilde{b}_n \end{pmatrix} \tag{4.3.20}$$

$$\tilde{A}^2\tilde{b} = \tilde{A}(\tilde{A}\tilde{b}) = \begin{pmatrix} \lambda_1 & & & \\ & \lambda_2 & & \\ & & \ddots & \\ & & & \lambda_n \end{pmatrix} \begin{pmatrix} \lambda_1 \tilde{b}_1 \\ \lambda_2 \tilde{b}_2 \\ \vdots \\ \lambda_n \tilde{b}_n \end{pmatrix} = \begin{pmatrix} \lambda_1^2 \tilde{b}_1 \\ \lambda_2^2 \tilde{b}_2 \\ \vdots \\ \lambda_n^2 \tilde{b}_n \end{pmatrix} \tag{4.3.21}$$

したがって，式 (4.3.18) は

$$\tilde{U}_c = \begin{pmatrix} \tilde{b}_1 & \lambda_1 \tilde{b}_1 & \lambda_1{}^2 \tilde{b}_1 & \cdots & \lambda_1{}^{n-1} \tilde{b}_1 \\ \tilde{b}_2 & \lambda_2 \tilde{b}_2 & \lambda_2{}^2 \tilde{b}_2 & \cdots & \lambda_2{}^{n-1} \tilde{b}_2 \\ \vdots & \vdots & \vdots & & \vdots \\ \tilde{b}_n & \lambda_n \tilde{b}_n & \lambda_n{}^2 \tilde{b}_n & \cdots & \lambda_n{}^{n-1} \tilde{b}_n \end{pmatrix} \tag{4.3.22}$$

となるので，つぎのように書き直すことができる．

$$\tilde{U}_c = \begin{pmatrix} \tilde{b}_1 & & & \\ & \tilde{b}_2 & & \\ & & \ddots & \\ & & & \tilde{b}_n \end{pmatrix} \begin{pmatrix} 1 & \lambda_1 & \lambda_1{}^2 & \cdots & \lambda_1{}^{n-1} \\ 1 & \lambda_2 & \lambda_2{}^2 & \cdots & \lambda_2{}^{n-1} \\ \vdots & \vdots & \vdots & & \vdots \\ 1 & \lambda_n & \lambda_n{}^2 & \cdots & \lambda_n{}^{n-1} \end{pmatrix} \tag{4.3.23}$$

上式右辺の右の行列はバンデルモンド行列とよばれ，本章末の演習問題で学ぶように，すべての固有値 λ_i が相異なるとき正則となる．3.2 節において対角正準形に座標変換できる条件としてすべての固有値が相異なるとしたので，$\tilde{b}_i \neq 0, \forall i$ であることと $\tilde{U}_c$ が正則であることが等価となる．また，可制御性行列の正則性は座標変換によって不変である．よって，$\tilde{b}_i \neq 0, \forall i$ と $|U_c| \neq 0$ が等価となる．以上から，可制御であるための条件をつぎにように書くことができる．

> 「システム (1.1.12), (1.1.13) が可制御であるための必要十分条件は，可制御性行列 U_c が正則となることである．」

これを式で表すと，

$$\text{可制御} \Leftrightarrow |U_c| \neq 0 \tag{4.3.24}$$

となる．

■演習問題

4.1 つぎのバンデルモンド行列

$$V_n = \begin{pmatrix} 1 & \lambda_1 & \lambda_1{}^2 & \cdots & \lambda_1{}^{n-1} \\ 1 & \lambda_2 & \lambda_2{}^2 & \cdots & \lambda_2{}^{n-1} \\ \vdots & \vdots & \vdots & & \vdots \\ 1 & \lambda_n & \lambda_n{}^2 & \cdots & \lambda_n{}^{n-1} \end{pmatrix} \tag{4.4.1}$$

の行列式は，

$$\det V_n = \prod_{1 \leq i < j \leq n} (\lambda_j - \lambda_i) \tag{4.4.2}$$

で与えられることを示せ．

5 可観測性

本章では可観測性の概念を紹介する．状態を直接観測できない場合は，システムの入出力情報を用いて内部の状態を知る必要が生じる．これを保証するのが可観測性である．可制御性と可観測性は，システムの構造に固有の性質であり，システム構造理論の中核をなしている．

5.1 可観測性とは

対角正準形 (3.2.23), (3.2.24) のブロック線図 3.7 において，たとえば $\tilde{c}_1$ がゼロであるとき，出力 $y(t)$ をどんなに注意深く観測してもモード $z_1(t)$ の情報を知ることはできない．図のシステムを観測するには，モードが出力 $y(t)$ とゼロでない伝達係数でつながっているか否かが重要である．つながっている場合，そのモードは可観測であるといい，そうでない場合，不可観測であるという．すべての $\tilde{c}_i$ がゼロでないとき，システムは可観測であるという．

上の可観測性の定義は対角正準形に対してであり，一般のシステム (1.1.12), (1.1.13) においてはつぎのように定義する．

> 「ある有限な時刻 t_f があり，$0 \leq t \leq t_f$ の間の $y(t)$ と $u(t)$ から初期状態 $x(0)$ を一意に決定できるとき，システムは可観測であるという．また，そうでないとき，不可観測であるという．」

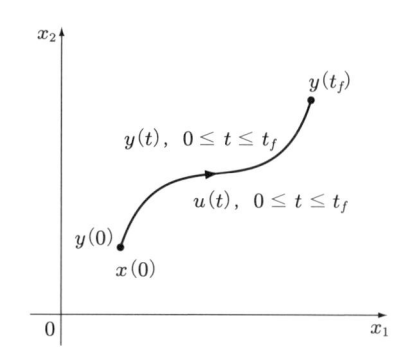

図 **5.1** 入出力データ $u(t)$, $y(t)$ と状態の初期値 $x(0)$

初期状態 $x(0)$ を一意に求めることができるとき,入力 $u(t), t \geq 0$ が既知であることから,状態 $x(t), t \geq 0$ を知ることができる.これを絵で表したのが図 5.1 である.

5.2　可観測性グラム行列

一般のシステム (1.1.12),(1.1.13) において,可観測性グラム行列

$$W_o(t) = \int_0^t (ce^{A\tau})^T (ce^{A\tau}) \, d\tau \tag{5.2.1}$$

が時刻 $t = t_f > 0$ で正則であるとき,初期状態 $x(0)$ を一意に決定できることを示そう.

システムの出力は,

$$y(t) = ce^{At}x(0) + \int_0^t ce^{A(t-\tau)}bu(\tau) \, d\tau \tag{5.2.2}$$

である.この両辺に左から $(ce^{At})^T$ を掛けると,

$$(ce^{At})^T (ce^{At})x(0) = (ce^{At})^T \left\{ y(t) - \int_0^t ce^{A(t-\tau)}bu(\tau) \, d\tau \right\} \tag{5.2.3}$$

になる.上式の両辺をそれぞれ 0 から t_f まで積分する.

$$\int_0^{t_f} (ce^{At})^T (ce^{At}) \, dt \, x(0) = \int_0^{t_f} (ce^{At})^T \left\{ y(t) - \int_0^t ce^{A(t-\tau)}bu(\tau) \, d\tau \right\} dt \tag{5.2.4}$$

ここで,可観測性グラム行列

$$\int_0^{t_f} (ce^{A\tau})^T (ce^{A\tau}) \, d\tau = W_o(t_f) \tag{5.2.5}$$

は題意より正則であるから,初期状態 $x(0)$ はつぎのように決定することができる.

$$x(0) = W_o^{-1}(t_f) \int_0^{t_f} (ce^{At})^T \left\{ y(t) - \int_0^t ce^{A(t-\tau)}bu(\tau) \, d\tau \right\} dt \tag{5.2.6}$$

つぎに上記の逆を示そう.すなわち,システムが可観測であるなら,可観測性グラム行列

$$W_o(t) = \int_0^t (ce^{A\tau})^T (ce^{A\tau}) \, d\tau \tag{5.2.1 再掲}$$

が,ある時刻 $t = t_f > 0$ で正則となることを示す.これには背理法を用いて,システムが可観測であるにもかかわらず,可観測性グラム行列 $W_o(t)$ がすべての $t > 0$ で正則でないと仮定して矛盾を導く.

正則でないならば，$W_o(t)$ の n 本の列ベクトルは線形従属であるから，すべての $t>0$ で

$$W_o(t)\xi = 0 \tag{5.2.7}$$

とする，ゼロでない n 次元の縦ベクトル ξ が存在する．さて，上式に左から ξ^T を掛けることで，すべての $t>0$ で

$$\xi^T W_o(t)\xi = 0 \tag{5.2.8}$$

が成り立つことがわかる．上式の $W_o(t)$ に式 (5.2.1) を代入すると，つぎのようになる．

$$\begin{aligned} 0 &= \xi^T W_o(t)\xi \\ &= \xi^T \int_0^t (ce^{A\tau})^T(ce^{A\tau})\,d\tau\,\xi \\ &= \int_0^t (ce^{A\tau}\xi)^T(ce^{A\tau}\xi)\,d\tau \\ &= \int_0^t (ce^{A\tau}\xi)^2\,d\tau \end{aligned} \tag{5.2.9}$$

よって，すべての $t>0$ に対して

$$ce^{A\tau}\xi = 0, \quad 0 \le \tau \le t \tag{5.2.10}$$

を得る．すなわち，すべての $t\ge 0$ に対して

$$ce^{At}\xi = 0 \tag{5.2.11}$$

である．

一方，出力 $y(t)$ は

$$y(t) = ce^{At}x(0) + \int_0^t ce^{A(t-\tau)}bu(\tau)\,d\tau \tag{5.2.2 再掲}$$

で表される．ここで，もしも初期状態が式 (5.2.7) で導入したゼロでない n 次元の縦ベクトル ξ，すなわち $x(0)=\xi$ ならば，すべての $t\ge 0$ に対して

$$ce^{At}\xi = 0 \tag{5.2.11 再掲}$$

となる．また，初期状態が $x(0)=0$ の場合も，すべての $t\ge 0$ に対して

$$ce^{At}x(0) = 0 \tag{5.2.12}$$

となる．すなわち，式 (5.2.2) の初期状態に関する右辺第 1 項の情報がすべての $t\ge 0$

に対してゼロであり,この情報から,初期状態がゼロでない n 次元の縦ベクトル ξ であるのか,それともゼロのベクトルなのか区別できないことになる.このことは,システムが可観測であることに反する.これは,システムが可観測であるにもかかわらず,可観測性グラム行列 $W_o(t)$ がすべての $t>0$ で正則でないと仮定したことが間違いであった.

以上のことから,可観測であるための条件は,可観測性グラム行列 $W_o(t)$ を用いてつぎのように書くことができる.

> 「システム (1.1.12), (1.1.13) が可観測であるための必要十分条件は,$n \times n$ 正方行列である可観測性グラム行列
> $$W_o(t) = \int_0^t (ce^{A\tau})^T (ce^{A\tau}) \, d\tau \tag{5.2.1 再掲}$$
> が時刻 $t=t_f>0$ で(したがって,すべての $t>0$ で)正則となることである.」

5.3 可観測性行列

一般のシステム (1.1.12), (1.1.13) における可観測性行列を次式で定義する.

$$U_o = \begin{pmatrix} c \\ cA \\ cA^2 \\ \vdots \\ cA^{n-1} \end{pmatrix} \tag{5.3.1}$$

本節では,可観測性行列を使って,システムが可観測であるための必要十分条件をまとめる.対角正準形において,可観測であるための必要十分条件は,すべての $\tilde{c}_i$ がゼロでないことであった.このことと,対角正準形における可観測性行列の関係を考えてみよう.

可観測性行列は,

$$\tilde{U}_o = \begin{pmatrix} \tilde{c} \\ \tilde{c}\tilde{A} \\ \tilde{c}\tilde{A}^2 \\ \vdots \\ \tilde{c}\tilde{A}^{n-1} \end{pmatrix} \tag{5.3.2}$$

である．上式に式 (3.2.23)，(3.2.24) を代入すると，第 2 行，第 3 行はつぎのように計算できる．

$$\tilde{c}\tilde{A} = \begin{pmatrix} \tilde{c}_1 & \tilde{c}_2 & \cdots & \tilde{c}_n \end{pmatrix} \begin{pmatrix} \lambda_1 & & & \\ & \lambda_2 & & \\ & & \ddots & \\ & & & \lambda_n \end{pmatrix} = \begin{pmatrix} \lambda_1\tilde{c}_1 & \lambda_2\tilde{c}_2 & \cdots & \lambda_n\tilde{c}_n \end{pmatrix} \quad (5.3.3)$$

$$\tilde{c}\tilde{A}^2 = \begin{pmatrix} \lambda_1\tilde{c}_1 & \lambda_2\tilde{c}_2 & \cdots & \lambda_n\tilde{c}_n \end{pmatrix} \begin{pmatrix} \lambda_1 & & & \\ & \lambda_2 & & \\ & & \ddots & \\ & & & \lambda_n \end{pmatrix} = \begin{pmatrix} \lambda_1^2\tilde{c}_1 & \lambda_2^2\tilde{c}_2 & \cdots & \lambda_n^2\tilde{c}_n \end{pmatrix}$$
(5.3.4)

したがって，可観測性行列はつぎのようになる．

$$\begin{aligned}
\tilde{U}_o &= \begin{pmatrix} \tilde{c}_1 & \tilde{c}_2 & \cdots & \tilde{c}_n \\ \lambda_1\tilde{c}_1 & \lambda_2\tilde{c}_2 & \cdots & \lambda_n\tilde{c}_n \\ \lambda_1^2\tilde{c}_1 & \lambda_2^2\tilde{c}_2 & \cdots & \lambda_n^2\tilde{c}_n \\ \vdots & \vdots & & \vdots \\ \lambda_1^{n-1}\tilde{c}_1 & \lambda_2^{n-1}\tilde{c}_2 & \cdots & \lambda_n^{n-1}\tilde{c}_n \end{pmatrix} \\
&= \begin{pmatrix} 1 & 1 & \cdots & 1 \\ \lambda_1 & \lambda_2 & \cdots & \lambda_n \\ \lambda_1^2 & \lambda_2^2 & \cdots & \lambda_n^2 \\ \vdots & \vdots & & \vdots \\ \lambda_1^{n-1} & \lambda_2^{n-1} & \cdots & \lambda_n^{n-1} \end{pmatrix} \begin{pmatrix} \tilde{c}_1 & & & \\ & \tilde{c}_2 & & \\ & & \tilde{c}_3 & \\ & & & \ddots & \\ & & & & \tilde{c}_n \end{pmatrix}
\end{aligned} \quad (5.3.5)$$

上式右辺の左の行列はバンデルモンド行列であり，すべての λ_i が相異なるとき正則である．対角正準形の変換できる条件としてシステムのすべての固有値が相異なるとしたことから，$\tilde{c}_i \neq 0, \forall i$ であることと，$\tilde{U}_o$ が正則であることが等価となる．

$\tilde{U}_o$ は，$\tilde{A} = T^{-1}AT$, $\tilde{c} = cT$ を使って，

$$\tilde{U}_o = \begin{pmatrix} \tilde{c} \\ \tilde{c}\tilde{A} \\ \tilde{c}\tilde{A}^2 \\ \vdots \\ \tilde{c}\tilde{A}^{n-1} \end{pmatrix} = \begin{pmatrix} cT \\ cTT^{-1}AT \\ cTT^{-1}ATT^{-1}AT \\ \vdots \\ cTT^{-1}ATT^{-1}AT\cdots \end{pmatrix} = \begin{pmatrix} cT \\ cAT \\ cA^2T \\ \vdots \\ cA^{n-1}T \end{pmatrix} = \begin{pmatrix} c \\ cA \\ cA^2 \\ \vdots \\ cA^{n-1} \end{pmatrix} T$$
$$= U_o T \quad (5.3.6)$$

と書き直すことができる．上式において T は正則であるから，$|\tilde{U}_o| \neq 0$ と $|U_o| \neq 0$

は等価であることがわかる．

したがって，システムが可観測であるための必要十分条件は，式 (5.3.1) で定義した可観測性行列 U_o が正則となることである．

■演習問題

5.1 例題 2.2 で扱ったシステム

$$\dot{x}(t) = \begin{pmatrix} 0 & 1 \\ -3 & -4 \end{pmatrix} x(t) + \begin{pmatrix} 0 \\ 1 \end{pmatrix} u(t) \tag{2.3.18 再掲}$$

を不可観測とするように

$$y(t) = cx(t) \tag{1.1.13 再掲}$$

の観測行列 c を定めよ．

5.2 演習問題 5.1 で求めた観測行列 c のとき，可観測性グラム行列

$$W_o(t) = \int_0^t (ce^{A\tau})^T (ce^{A\tau}) \, d\tau \tag{5.2.1 再掲}$$

が正則でなくなることを確かめよ．

6 行列のランク

システムが可制御であるかどうかを調べる方法の一つとして，4.3 節では可制御性行列を定義し，それが正則であることが可制御である必要十分条件となっていることを示した．可制御性行列は，式 (4.3.4) から明らかなように，$n \times n$ の正方行列である．これは，そのときに扱ったシステムが 1 入力であるからで，もしも 2 入力である場合は $n \times 2n$ の大きさとなるため，この行列が正則であるかどうかを調べることができなくなる．そこで，多入力システムの可制御性の判定法について簡単に触れておこう．

6.1　行列のランクとは

システムが可制御であるための必要十分条件は，システムを表現する行列のうち A と b を用いて

$$U_c = \begin{pmatrix} b & Ab & A^2b & \cdots & A^{n-1}b \end{pmatrix} \qquad (4.3.4\,\text{再掲})$$

で定義する可制御性行列が正則となることである．1 入力システムを扱う限りにおいては b はベクトルであるが，入力数が m の場合は，$n \times m$ の大きさの行列 B となる．この場合も，可制御の定義「すべての初期状態 $x(0)$ を，ある有限な時刻 t_f の間に，任意に与えられた状態 x_f に移すような操作量 $u(t), 0 \leq t \leq t_f$ が存在し，$x(t_f) = x_f$ とできるとき，システムは可制御であるという」は，同じである．また，可制御性行列も式 (4.3.4) と同じように，

$$U_c = \begin{pmatrix} B & AB & A^2B & \cdots & A^{n-1}B \end{pmatrix} \qquad (6.1.1)$$

で定義される．すなわち，ベクトル b が行列 B となったため，$n \times mn$ の大きさになっただけである．しかし，もはや正方行列ではないので，可制御であるための必要十分条件は，

$$\operatorname{rank} U_c = n \qquad (6.1.2)$$

となる．$\operatorname{rank} U_c$ は，行列 U_c のランクを指している．ランクは階数ともいう．以下において，ランクとは何かを考えてみよう．

3×2 の大きさの行列

$$M = \begin{pmatrix} 1 & 2 \\ 2 & 4 \\ 3 & 6 \end{pmatrix} \tag{6.1.3}$$

を考える．この行列には 2 本の列ベクトル

$$v_1 = \begin{pmatrix} 1 \\ 2 \\ 3 \end{pmatrix}, \quad v_2 = \begin{pmatrix} 2 \\ 4 \\ 6 \end{pmatrix} \tag{6.1.4}$$

がある．これらは互いに線形従属であるから，独立な列ベクトルは 1 本しかない．また，式 (6.1.3) の行列 M は 3 本の行ベクトル

$$w_1 = \begin{pmatrix} 1 & 2 \end{pmatrix}, \quad w_2 = \begin{pmatrix} 2 & 4 \end{pmatrix}, \quad w_3 = \begin{pmatrix} 3 & 6 \end{pmatrix} \tag{6.1.5}$$

で構成されているとみることもできる．このようにみた場合も，独立な行ベクトルは 1 本しかないことはすぐにわかる．このとき，行列 M のランクは 1 であるといい，

$$\operatorname{rank} M = 1 \tag{6.1.6}$$

と書く．すなわち，ランクは行列が有する独立なベクトルの本数を表している．

つぎに，

$$M = \begin{pmatrix} 1 & 2 \\ 2 & 0 \\ 3 & 4 \end{pmatrix} \tag{6.1.7}$$

では，どうなるだろうか．2 本の列ベクトルは

$$v_1 = \begin{pmatrix} 1 \\ 2 \\ 3 \end{pmatrix}, \quad v_2 = \begin{pmatrix} 2 \\ 0 \\ 4 \end{pmatrix} \tag{6.1.8}$$

であるから，v_2 を v_1 のスカラ倍で表すことはできない．すなわち，2 本の列ベクトル v_1 と v_2 は線形独立である．よって，独立な列ベクトルは 2 本ある．また，この行列を 3 本の行ベクトル

$$w_1 = \begin{pmatrix} 1 & 2 \end{pmatrix}, \quad w_2 = \begin{pmatrix} 2 & 0 \end{pmatrix}, \quad w_3 = \begin{pmatrix} 3 & 4 \end{pmatrix} \tag{6.1.9}$$

に分けてみると，w_2 は w_1 のスカラ倍で表すことはできず，これらは線形独立である．w_3 は，w_1 の 2 倍と w_2 の 1/2 倍の和で表されるので，w_3 は w_1 と w_2 の線形従属である．したがって，独立な行ベクトルは 2 本あることがわかる．したがって，

$$\operatorname{rank} M = 2 \tag{6.1.10}$$

である.

　ここでは，3 × 2 の大きさの行列を扱った．もともと列ベクトルは 2 本なので，独立な列ベクトルの本数は高々 2 本である．また，行ベクトルは 3 本あるが，それらは 2 次元ベクトルなので，これも独立な行ベクトルの本数は高々 2 本である．このことから，$m \times n$ 行列 M に対して

$$\operatorname{rank} M \leq \min(m, n) \tag{6.1.11}$$

であることがわかる．また，ランクは独立なベクトルの本数であることから

$$\operatorname{rank} M^T = \operatorname{rank} M \tag{6.1.12}$$

であることもわかる.

6.2　ランクを求めよう

　$m \times n$ 行列 M について，つぎの四つの条件は同値である.
(1) つぎに示す行列の基本操作によって，r 段の階段行列に変形できる.
　　・行（列）の順序を変える
　　・ある行（列）にゼロでない実数を掛ける
　　・ある行（列）の実数倍を他の行（列）に加える
(2) 行列 M からいくつかの行と列を除いた残りの要素でつくった $r \times r$ の大きさの正方行列の行列式を，r 次元の行列式とよぶ．r 次元の行列式の中にゼロでないものがあり，かつ $r + 1$ 次元の行列式がすべてゼロである.
(3) 行列 M の m 本の行ベクトルの中に r 本の線形独立な行ベクトルが存在し，残りの $m - r$ 本の行ベクトルはこれらの線形結合として表すことができる.
(4) 行列 M の n 本の列ベクトルの中に r 本の線形独立な列ベクトルが存在し，残りの $n - r$ 本の列ベクトルはこれらの線形結合として表すことができる.

上記の同値条件のどれかを満足するとき，行列 M のランクは r である．6.1 節では，3×2 の大きさの行列

$$M = \begin{pmatrix} 1 & 2 \\ 2 & 4 \\ 3 & 6 \end{pmatrix} \tag{6.1.3 再掲}$$

について，条件 (3) と (4) を調べた．ここでは，まず条件 (1) を調べてみよう．2 本の列ベクトルに基本操作を施すことによって 1 本をゼロベクトルに，また，3 本の行ベ

クトルに基本操作を施すことによって 2 本をゼロベクトルにすることができる．よって，階段は 1 段であるので，ランクは 1 である．

つぎに，条件 (2) を調べる．順番に行を除いて 2 次元の小行列式を計算すると，つぎのようになる．

$$\begin{vmatrix} 1 & 2 \\ 2 & 4 \end{vmatrix} = 0, \quad \begin{vmatrix} 1 & 2 \\ 3 & 6 \end{vmatrix} = 0, \quad \begin{vmatrix} 2 & 4 \\ 3 & 6 \end{vmatrix} = 0 \tag{6.2.1}$$

これらはすべてゼロになった．また，これらの三つ以外に 2 次元の小行列式はつくれない．しかし，1 次元の小行列式は，行列 M の各要素のことであるから，六つあり，明らかにゼロでないものが存在する．よって，ランクは 1 である．

同様に，

$$M = \begin{pmatrix} 1 & 2 \\ 2 & 0 \\ 3 & 4 \end{pmatrix} \tag{6.1.7 再掲}$$

でも調べてみよう．式 (6.1.8) で定義した 2 本の列ベクトルを使って，$v_2 - 2v_1$ の基本操作を施すと，

$$M = \begin{pmatrix} 1 & 0 \\ 2 & -4 \\ 3 & -2 \end{pmatrix} \tag{6.2.2}$$

となり，2 段の階段行列に変形できた．よって，ランクは 2 である．また，式 (6.1.9) で定義した 3 本の行ベクトルを使って，式 (6.1.7) の行列 M に $w_3 - 2w_1 - \frac{1}{2}w_2$ の基本操作を施すと，

$$M = \begin{pmatrix} 1 & 2 \\ 2 & 0 \\ 0 & 0 \end{pmatrix} \tag{6.2.3}$$

となる．第 1 行と第 3 行を入れ替える基本操作を施せば，

$$M = \begin{pmatrix} 0 & 0 \\ 2 & 0 \\ 1 & 2 \end{pmatrix} \tag{6.2.4}$$

となり，2 段の階段行列に変形できた．よって，ランクは 2 である．

つぎに，条件 (2) を調べる．2 次元の小行列式は三つある．このうち，たとえば，

$$\begin{vmatrix} 1 & 2 \\ 2 & 0 \end{vmatrix} = -4 \tag{6.2.5}$$

なので，ゼロでないものが存在している．$\mathrm{rank}\, M \leq \min(3,2)$ なので，ランクは 2 である．

最後に，

$$M = \begin{pmatrix} 1 & 2 & 0 \\ 2 & 0 & 0 \\ 3 & 4 & 6 \end{pmatrix} \tag{6.2.6}$$

に関しては，3 本の列ベクトルは

$$v_1 = \begin{pmatrix} 1 \\ 2 \\ 3 \end{pmatrix}, \quad v_2 = \begin{pmatrix} 2 \\ 0 \\ 4 \end{pmatrix}, \quad v_3 = \begin{pmatrix} 0 \\ 0 \\ 6 \end{pmatrix} \tag{6.2.7}$$

となり，どの 1 本のベクトルも他の 2 本のベクトルの線形結合で表現することができない．したがって，3 本の列ベクトル v_1, v_2, v_3 は線形独立である．同じように，3 本の行ベクトルが線形独立であることを確認することができ，この行列のランクは 3 である．

式 (6.2.7) で定義した列ベクトルを使って，$v_2 - 2v_1$ の基本操作を施すと，

$$M = \begin{pmatrix} 1 & 0 & 0 \\ 2 & -4 & 0 \\ 3 & -2 & 6 \end{pmatrix} \tag{6.2.8}$$

となり，3 段の階段行列となる．これ以上，階段を減らすことはできないので，ランクは 3 である．式 (6.2.6) の行列は 3×3 の大きさであるから，ランクは高々 3 である．行，列を除くことなく 3 次元の小行列式を計算すると，

$$M = \begin{vmatrix} 1 & 2 & 0 \\ 2 & 0 & 0 \\ 3 & 4 & 6 \end{vmatrix} = -24 \tag{6.2.9}$$

となり，ゼロでないので，$\mathrm{rank}\, M = 3$ である．この例からわかるように，$n \times n$ 正方行列の場合，ランクが n であることと，正則であることは等価である．

> 【例題 6.1】 つぎの行列のランクを求めよ．
> $$M = \begin{pmatrix} 1 & -1 & -2 \\ 2 & x-2 & -4 \\ 3 & 4 & x-3 \\ 5 & 1 & -10 \end{pmatrix} \tag{6.2.10}$$

解 列ベクトルを

$$v_1 = \begin{pmatrix} 1 \\ 2 \\ 3 \\ 5 \end{pmatrix}, \quad v_2 = \begin{pmatrix} -1 \\ x-2 \\ 4 \\ 1 \end{pmatrix}, \quad v_3 = \begin{pmatrix} -2 \\ -4 \\ x-3 \\ -10 \end{pmatrix} \tag{6.2.11}$$

として，式 (6.2.10) の行列 M に $v_2 + v_1$ と $v_3 + 2v_1$ の基本操作を施すと，

$$M = \begin{pmatrix} 1 & 0 & 0 \\ 2 & x & 0 \\ 3 & 7 & x+3 \\ 5 & 6 & 0 \end{pmatrix} \tag{6.2.12}$$

となる．さらに，第 3 行と第 4 行を入れ替える基本操作を施して次式を得る．

$$M = \begin{pmatrix} 1 & 0 & 0 \\ 2 & x & 0 \\ 5 & 6 & 0 \\ 3 & 7 & x+3 \end{pmatrix} \tag{6.2.13}$$

上式から

$$x = -3 \quad \text{のとき} \quad \operatorname{rank} M = 2 \tag{6.2.14}$$

$$x \neq -3 \quad \text{のとき} \quad \operatorname{rank} M = 3 \tag{6.2.15}$$

である． ◀

■演習問題

6.1 つぎの行列のランクを求めよ．

$$M = \begin{pmatrix} 1 & x & x \\ x & 1 & x \\ x & x & 1 \end{pmatrix} \tag{6.3.1}$$

6.2 つぎの行列のランクを求めよ．

$$M = \begin{pmatrix} x & 1 & 0 \\ 1 & x & 1 \\ 0 & 1 & x \end{pmatrix} \tag{6.3.2}$$

7 双対性の定理

可制御性と可観測性には双対性とよばれる非常に興味深い関係がある．不安定なシステムであっても可制御ならば安定にすることができる．安定にするための制御系設計法は，第 8 章～第 10 章において解説する．また，システムの状態を直接観測できなくても可観測ならばすべての状態を再現する状態観測器を設計することができる．この状態観測器の設計に第 8 章～第 10 章で学んだ各種設計法を流用することができるのは，双対性の定理のお蔭である．この定理がなければ，状態観測器のための設計法が別途必要になる．本章では，双対性の定理について説明しよう．

7.1 双対性とは

第 4 章で可制御性を，第 5 章で可観測性を説明した．この過程において，両者の間に非常にはっきりとした対応関係があることに気づく．いま，二つのシステムを考える．

$$\Sigma_1: \quad \dot{x}(t) = Ax(t) + bu(t) \qquad (1.1.12\,\text{再掲})$$

$$y(t) = cx(t) \qquad (1.1.13\,\text{再掲})$$

$$\Sigma_2: \quad \dot{\tilde{x}}(t) = -A^T \tilde{x}(t) + c^T \tilde{u}(t) \qquad (7.1.1)$$

$$\tilde{y}(t) = b^T \tilde{x}(t) \qquad (7.1.2)$$

このとき，システム Σ_1 が可制御（可観測）であることと，システム Σ_2 が可観測（可制御）であることは等価になる．

このことを示すために，まず，システム Σ_2 の可観測性グラム行列がシステム Σ_1 の可制御性グラム行列と同じであることを導く．可観測性グラム行列は式 (5.2.1) であるから，システム Σ_2 については，

$$\begin{aligned} W_{2o}(t) &= \int_0^t (b^T e^{-A^T \tau})^T (b^T e^{-A^T \tau})\, d\tau \\ &= \int_0^t (e^{-A\tau} b)(e^{-A\tau} b)^T\, d\tau \end{aligned} \qquad (7.1.3)$$

となる．上式は，システム Σ_1 の可制御性グラム行列 (4.2.1) と一致している．同様に，システム Σ_2 の可制御性グラム行列は

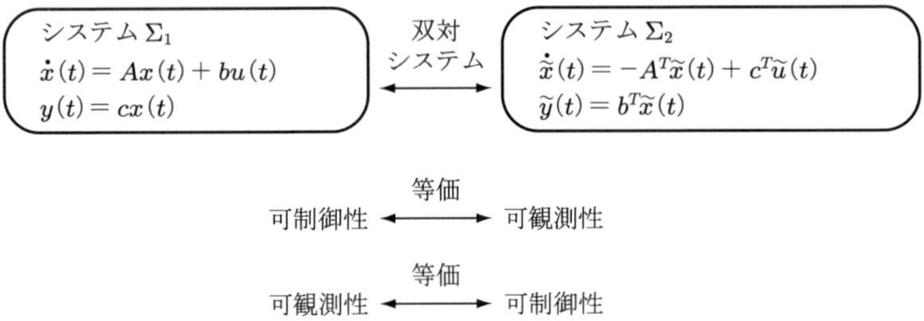

```
          システム Σ₁              双対         システム Σ₂
          ẋ(t) = Ax(t) + bu(t)   システム      ẋ̃(t) = -Aᵀx̃(t) + cᵀũ(t)
          y(t) = cx(t)           ⟷            ỹ(t) = bᵀx̃(t)
```

            等価
    可制御性 ⟷ 可観測性

            等価
    可観測性 ⟷ 可制御性

図 7.1 双対なシステム

$$W_{2c}(t) = \int_0^t (e^{A^T\tau}c^T)(e^{A^T\tau}c^T)^T d\tau$$
$$= \int_0^t (ce^{A\tau})^T(ce^{A\tau}) d\tau \tag{7.1.4}$$

となるから,システム Σ_1 の可観測性グラム行列 (5.2.1) と一致していることが確認できる.システム Σ_1 と Σ_2 の可制御性と可観測性の図 7.1 のような対応関係を双対であるという.また,システム Σ_1 と Σ_2 を,可制御性と可観測性に関して双対なシステムであるという.

同じことを,可制御性行列,可観測性行列から調べてみよう.システム Σ_2 の可観測性行列は,式 (5.3.1) から

$$U_{2o} = \begin{pmatrix} b^T \\ b^T(-A^T) \\ b^T(-A^T)^2 \\ \vdots \\ b^T(-A^T)^{n-1} \end{pmatrix} = \begin{pmatrix} b^T \\ -b^TA^T \\ b^T(A^T)^2 \\ \vdots \\ (-1)^{n-1}b^T(A^T)^{n-1} \end{pmatrix} \tag{7.1.5}$$

となる.一方,システム Σ_1 の可制御性行列 (4.3.4) を転置すると,

$$U_{1c}{}^T = \begin{pmatrix} b & Ab & A^2b & \cdots & A^{n-1}b \end{pmatrix}^T = \begin{pmatrix} b^T \\ b^TA^T \\ b^T(A^T)^2 \\ \vdots \\ b^T(A^T)^{n-1} \end{pmatrix} \tag{7.1.6}$$

となる.ランクの性質として,ある行にゼロでない実数を掛けてもランクは不変であり,また,行列を転置してもランクは不変である.したがって,式 (7.1.5) と式 (7.1.6) から

$$\text{rank}\, U_{2o} = \text{rank}\, U_{1c} \tag{7.1.7}$$

が成り立ち，システム Σ_1 の可制御性とシステム Σ_2 の可観測性が等価であることがわかる．同様に，システム Σ_2 の可制御性行列は，

$$U_{2c} = \begin{pmatrix} c^T & -A^T c^T & (A^T)^2 c^T & \cdots & (-1)^{n-1}(A^T)^{n-1} c^T \end{pmatrix}$$
$$= \begin{pmatrix} c \\ -cA \\ cA^2 \\ \vdots \\ (-1)^{n-1} cA^{n-1} \end{pmatrix}^T \tag{7.1.8}$$

となる．一方，システム Σ_1 の可観測性行列は

$$U_{1o} = \begin{pmatrix} c \\ cA \\ cA^2 \\ \vdots \\ cA^{n-1} \end{pmatrix} \tag{7.1.9}$$

であるから，

$$\operatorname{rank} U_{2c} = \operatorname{rank} U_{1o} \tag{7.1.10}$$

が成り立ち，システム Σ_1 の可観測性とシステム Σ_2 の可制御性が等価であることがわかる．

7.2　可制御性と可観測性の判定

システムの可制御性と可観測性を調べるにはいくつかの方法がある．たとえば，対角正準形に座標変換してパラメータにゼロがあるかどうかを調べる，あるいは，可制御性行列，可観測性行列のランクを調べる方法などである．その他に，伝達関数を計算することでも可制御性と可観測性を調べることができる．

まずは，対角正準形の伝達関数を計算して，パラメータがどのように関係しているか考察する．対角正準形が次式で与えられることは，3.2 節で述べた．

$$\begin{pmatrix} \dot{z}_1(t) \\ \dot{z}_2(t) \\ \vdots \\ \dot{z}_n(t) \end{pmatrix} = \begin{pmatrix} \lambda_1 & & & \\ & \lambda_2 & & \\ & & \ddots & \\ & & & \lambda_n \end{pmatrix} \begin{pmatrix} z_1(t) \\ z_2(t) \\ \vdots \\ z_n(t) \end{pmatrix} + \begin{pmatrix} \tilde{b}_1 \\ \tilde{b}_2 \\ \vdots \\ \tilde{b}_n \end{pmatrix} u(t) \quad \text{(3.2.23 再掲)}$$

$$y(t) = \begin{pmatrix} \tilde{c}_1 & \tilde{c}_2 & \cdots & \tilde{c}_n \end{pmatrix} \begin{pmatrix} z_1(t) \\ z_2(t) \\ \vdots \\ z_n(t) \end{pmatrix} \quad (3.2.24\,\text{再掲})$$

伝達関数を計算すると，

$$\begin{aligned}
\tilde{G}(s) &= \tilde{c}(sI - \tilde{A})^{-1}\tilde{b} \\
&= \begin{pmatrix} \tilde{c}_1 & \tilde{c}_2 & \cdots & \tilde{c}_n \end{pmatrix} \begin{pmatrix} (s-\lambda_1)^{-1} & & & \\ & (s-\lambda_2)^{-1} & & \\ & & \ddots & \\ & & & (s-\lambda_n)^{-1} \end{pmatrix} \begin{pmatrix} \tilde{b}_1 \\ \tilde{b}_2 \\ \vdots \\ \tilde{b}_n \end{pmatrix} \\
&= \begin{pmatrix} \dfrac{\tilde{c}_1}{s-\lambda_1} & \dfrac{\tilde{c}_2}{s-\lambda_2} & \cdots & \dfrac{\tilde{c}_n}{s-\lambda_n} \end{pmatrix} \begin{pmatrix} \tilde{b}_1 \\ \tilde{b}_2 \\ \vdots \\ \tilde{b}_n \end{pmatrix} \\
&= \frac{\tilde{c}_1 \tilde{b}_1}{s-\lambda_1} + \frac{\tilde{c}_2 \tilde{b}_2}{s-\lambda_2} + \cdots + \frac{\tilde{c}_n \tilde{b}_n}{s-\lambda_n} \quad (7.2.1)
\end{aligned}$$

となる．このあとの例題 7.1 で示すように，伝達関数は座標変換によって不変であることから，式 (7.2.1) は一般表現形式で表されるシステム (1.1.12)，(1.1.13) の伝達関数でもある．したがって，システム (1.1.12)，(1.1.13) の伝達関数を 1 次因子に展開したときの係数が対角正準形 (3.2.23)，(3.2.24) のパラメータに対応していることがわかる．

対角正準形において，すべての $\tilde{b}_i$ がゼロでないとき，システムは可制御，また，すべての $\tilde{c}_i$ がゼロでないとき，システムは可観測である．よって，システムが可制御かつ可観測のときは，伝達関数を計算したときに式 (7.2.1) の n 個の項のすべてが存在し，1 個たりとも欠落することはない．また逆に，式 (7.2.1) の n 個の項のすべてが存在するとき，システムは可制御かつ可観測であると判定できる．

【例題 7.1】 座標変換することによって伝達関数はどのように変わるかを調べよ．

解 座標変換後のシステムの伝達関数は

$$\tilde{G}(s) = \tilde{c}(sI - \tilde{A})^{-1}\tilde{b} \quad (7.2.2)$$

であるから，上式に関係式

を代入してみると，

$$\tilde{G}(s) = cT(sI - T^{-1}AT)^{-1}T^{-1}b$$
$$= cT(sT^{-1}T - T^{-1}AT)^{-1}T^{-1}b$$
$$= cT\left[T^{-1}(sI - A)T\right]^{-1}T^{-1}b \tag{7.2.3}$$

となる．$(MN)^{-1} = N^{-1}M^{-1}$ であるから，上式を

$$\tilde{G}(s) = cTT^{-1}(sI - A)^{-1}TT^{-1}b = c(sI - A)^{-1}b \tag{7.2.4}$$

と変形することができる．一般表現形式で表されたシステムの伝達関数は $G(s) = c(sI - A)^{-1}b$ であるから，座標変換の前後で伝達関数は不変であることがわかる． ◀

以下において，つぎのシステムの可制御性と可観測性をいろいろな方法で調べることにする．

$$\dot{x}(t) = \begin{pmatrix} -1 & -3 & -5 \\ 0 & -5 & -6 \\ 0 & 3 & 4 \end{pmatrix} x(t) + \begin{pmatrix} 4 \\ 2 \\ -1 \end{pmatrix} u(t) \tag{7.2.5}$$

$$y(t) = \begin{pmatrix} 2 & 1 & 4 \end{pmatrix} x(t) \tag{7.2.6}$$

(a) 伝達関数を計算する

$$(sI - A)^{-1} = \begin{pmatrix} s+1 & 3 & 5 \\ 0 & s+5 & 6 \\ 0 & -3 & s-4 \end{pmatrix}^{-1}$$
$$= \frac{1}{|sI - A|} \begin{pmatrix} (s-1)(s+2) & -3(s+1) & -(5s+7) \\ 0 & (s+1)(s-4) & -6(s+1) \\ 0 & 3(s+1) & (s+1)(s+5) \end{pmatrix} \tag{7.2.7}$$

ただし，

$$|sI - A| = (s+1)(s-1)(s+2) \tag{7.2.8}$$

なので，伝達関数はつぎのように計算できる．

$$G(s) = c(sI-A)^{-1}b$$

$$= \frac{1}{|sI-A|} \begin{pmatrix} 2 & 1 & 4 \end{pmatrix} \begin{pmatrix} (s-1)(s+2) & -3(s+1) & -(5s+7) \\ 0 & (s+1)(s-4) & -6(s+1) \\ 0 & 3(s+1) & (s+1)(s+5) \end{pmatrix} \begin{pmatrix} 4 \\ 2 \\ -1 \end{pmatrix}$$

$$= \frac{1}{|sI-A|} \begin{pmatrix} 2(s-1)(s+2) & (s+1)(s+2) & 4s(s+2) \end{pmatrix} \begin{pmatrix} 4 \\ 2 \\ -1 \end{pmatrix}$$

$$= \frac{6(s-1)(s+2)}{(s+1)(s-1)(s+2)} \tag{7.2.9}$$

このシステム (7.2.5),(7.2.6) は 3 次であるから,伝達関数で表現した場合,その分母多項式の次数は 3 となる.式 (7.2.9) から,このシステムが二つの安定な極と一つの不安定な極を有することがわかる.伝達関数の分子に着目すれば,零点は二つ存在し,それらは極の値とまったく同じである.すなわち,極零相殺が起こっている.式 (7.2.9) はつぎのように書くこともできる.

$$G(s) = \frac{6(s-1)(s+2)}{(s+1)(s-1)(s+2)} = \frac{6}{(s+1)} + \frac{0}{(s-1)} + \frac{0}{(s+2)} \tag{7.2.10}$$

もしも,極零相殺が起こっていなければ,このシステムは可制御かつ可観測であった.しかし,極零相殺が起こり,二つのモードが伝達関数から欠落している.したがって,このシステムは,不可制御または不可観測,あるいはその両方であるといえる.

(b) 可制御性行列を計算する

$$Ab = \begin{pmatrix} -1 & -3 & -5 \\ 0 & -5 & -6 \\ 0 & 3 & 4 \end{pmatrix} \begin{pmatrix} 4 \\ 2 \\ -1 \end{pmatrix} = \begin{pmatrix} -5 \\ -4 \\ 2 \end{pmatrix} \tag{7.2.11}$$

$$A^2b = \begin{pmatrix} -1 & -3 & -5 \\ 0 & -5 & -6 \\ 0 & 3 & 4 \end{pmatrix} \begin{pmatrix} -5 \\ -4 \\ 2 \end{pmatrix} = \begin{pmatrix} 7 \\ 8 \\ -4 \end{pmatrix} \tag{7.2.12}$$

なので,

$$U_c = \begin{pmatrix} b & Ab & A^2b \end{pmatrix} = \begin{pmatrix} 4 & -5 & 7 \\ 2 & -4 & 8 \\ -1 & 2 & -4 \end{pmatrix} \tag{7.2.13}$$

を得る.この行列式を計算すると,

$$|U_c| = \begin{vmatrix} 4 & -5 & 7 \\ 2 & -4 & 8 \\ -1 & 2 & -4 \end{vmatrix} = 64 + 40 + 28 - 28 - 64 - 40 = 0 \tag{7.2.14}$$

となり，不可制御であると判断できる．

(c) **可観測性行列を計算する**

$$U_o = \begin{pmatrix} c \\ cA \\ cA^2 \end{pmatrix} = \begin{pmatrix} 2 & 1 & 4 \\ -2 & 1 & 0 \\ 2 & 1 & 4 \end{pmatrix} \tag{7.2.15}$$

この行列式を計算すると $|U_o| = 0$ となるので，不可観測である．

以上より，このシステムは，不可制御かつ不可観測であることがわかった．

(d) **対角正準形に座標変換する**

これにより，さらに詳しく知ることができる．

$$|sI - A| = (s+1)(s-1)(s+2) \tag{7.2.8 再掲}$$

であるから，三つの固有値を $\lambda_1 = -1$, $\lambda_2 = 1$, $\lambda_3 = -2$ とおく．以下において，それぞれの固有値に対応する固有ベクトルを求める．

まず，

$$(\lambda_1 I - A)v_1 = \left\{ \begin{pmatrix} -1 & 0 & 0 \\ 0 & -1 & 0 \\ 0 & 0 & -1 \end{pmatrix} - \begin{pmatrix} -1 & -3 & -5 \\ 0 & -5 & -6 \\ 0 & 3 & 4 \end{pmatrix} \right\} \begin{pmatrix} v_{11} \\ v_{12} \\ v_{13} \end{pmatrix}$$
$$= 0 \tag{7.2.16}$$

より，

$$\begin{pmatrix} 0 & 3 & 5 \\ 0 & 4 & 6 \\ 0 & -3 & -5 \end{pmatrix} \begin{pmatrix} v_{11} \\ v_{12} \\ v_{13} \end{pmatrix} = 0 \tag{7.2.17}$$

となるから，つぎの連立方程式を得る．

$$3v_{12} + 5v_{13} = 0 \tag{7.2.18}$$

$$4v_{12} + 6v_{13} = 0 \tag{7.2.19}$$

$$-3v_{12} - 5v_{13} = 0 \tag{7.2.20}$$

式 (7.2.18) と式 (7.2.20) は同一の式である．式 (7.2.18) と式 (7.2.19) を連立して解くと，$v_{12} = 0$, $v_{13} = 0$ と求められる．v_1 がゼロベクトルとなるのを避けさえすれば v_{11} は任意でよいので，ここでは $v_{11} = 1$ とおく．これにより，固有値 $\lambda_1 = -1$ に対応する固有ベクトル v_1 は，

$$v_1 = \begin{pmatrix} 1 \\ 0 \\ 0 \end{pmatrix} \tag{7.2.21}$$

と求められる．

つぎに，

$$(\lambda_2 I - A)v_2 = \left\{ \begin{pmatrix} 1 & 0 & 0 \\ 0 & 1 & 0 \\ 0 & 0 & 1 \end{pmatrix} - \begin{pmatrix} -1 & -3 & -5 \\ 0 & -5 & -6 \\ 0 & 3 & 4 \end{pmatrix} \right\} \begin{pmatrix} v_{21} \\ v_{22} \\ v_{23} \end{pmatrix}$$
$$= 0 \tag{7.2.22}$$

より，

$$\begin{pmatrix} 2 & 3 & 5 \\ 0 & 6 & 6 \\ 0 & -3 & -3 \end{pmatrix} \begin{pmatrix} v_{21} \\ v_{22} \\ v_{23} \end{pmatrix} = 0 \tag{7.2.23}$$

となるから，つぎの連立方程式を得る．

$$2v_{21} + 3v_{22} + 5v_{23} = 0 \tag{7.2.24}$$
$$6v_{22} + 6v_{23} = 0 \tag{7.2.25}$$
$$-3v_{22} - 3v_{23} = 0 \tag{7.2.26}$$

式 (7.2.25) と式 (7.2.26) は同一の式であり，どちらも $v_{22} = -v_{23}$ である．これを式 (7.2.24) に代入し，$v_{21} = 1$ とおくと，

$$2 - 3v_{23} + 5v_{23} = 0 \tag{7.2.27}$$

となるから，これを解いて，$v_{23} = -1$ となる．よって，固有値 $\lambda_2 = 1$ に対応する固有ベクトル v_2 は，

$$v_2 = \begin{pmatrix} 1 \\ 1 \\ -1 \end{pmatrix} \tag{7.2.28}$$

と求められる．

最後に，

$$(\lambda_3 I - A)v_3 = \left\{ \begin{pmatrix} -2 & 0 & 0 \\ 0 & -2 & 0 \\ 0 & 0 & -2 \end{pmatrix} - \begin{pmatrix} -1 & -3 & -5 \\ 0 & -5 & -6 \\ 0 & 3 & 4 \end{pmatrix} \right\} \begin{pmatrix} v_{31} \\ v_{32} \\ v_{33} \end{pmatrix}$$
$$= 0 \tag{7.2.29}$$

より，
$$\begin{pmatrix} -1 & 3 & 5 \\ 0 & 3 & 6 \\ 0 & -3 & -6 \end{pmatrix} \begin{pmatrix} v_{31} \\ v_{32} \\ v_{33} \end{pmatrix} = 0 \tag{7.2.30}$$

となるから，つぎの連立方程式を得る．

$$-v_{31} + 3v_{32} + 5v_{33} = 0 \tag{7.2.31}$$
$$3v_{32} + 6v_{33} = 0 \tag{7.2.32}$$
$$-3v_{32} - 6v_{33} = 0 \tag{7.2.33}$$

式 (7.2.32) と式 (7.2.33) は同一の式であって，これらは $v_{32} = -2v_{33}$ である．これを式 (7.2.31) に代入し，$v_{31} = 1$ とおくと，

$$-1 - 6v_{33} + 5v_{33} = 0 \tag{7.2.34}$$

となるから，これを解いて，$v_{33} = -1$ となる．よって，固有値 $\lambda_3 = -2$ に対応する固有ベクトル v_3 は，

$$v_3 = \begin{pmatrix} 1 \\ 2 \\ -1 \end{pmatrix} \tag{7.2.35}$$

と求められる．

以上において求めた 3 本の固有ベクトルを並べることで対角変換行列をつぎのように構成する．

$$T = \begin{pmatrix} v_1 & v_2 & v_3 \end{pmatrix} = \begin{pmatrix} 1 & 1 & 1 \\ 0 & 1 & 2 \\ 0 & -1 & -1 \end{pmatrix} \tag{7.2.36}$$

この行列の逆行列を計算して

$$T^{-1} = \begin{pmatrix} 1 & 0 & 1 \\ 0 & -1 & -2 \\ 0 & 1 & 1 \end{pmatrix} \tag{7.2.37}$$

となる．座標変換を施すと，

$$\tilde{A} = T^{-1}AT$$
$$= \begin{pmatrix} 1 & 0 & 1 \\ 0 & -1 & -2 \\ 0 & 1 & 1 \end{pmatrix} \begin{pmatrix} -1 & -3 & -5 \\ 0 & -5 & -6 \\ 0 & 3 & 4 \end{pmatrix} \begin{pmatrix} 1 & 1 & 1 \\ 0 & 1 & 2 \\ 0 & -1 & -1 \end{pmatrix}$$
$$= \begin{pmatrix} 1 & 0 & 1 \\ 0 & -1 & -2 \\ 0 & 1 & 1 \end{pmatrix} \begin{pmatrix} -1 & 1 & -2 \\ 0 & 1 & -4 \\ 0 & -1 & 2 \end{pmatrix} = \begin{pmatrix} -1 & 0 & 0 \\ 0 & 1 & 0 \\ 0 & 0 & -2 \end{pmatrix} \quad (7.2.38)$$

$$\tilde{b} = T^{-1}b = \begin{pmatrix} 1 & 0 & 1 \\ 0 & -1 & -2 \\ 0 & 1 & 1 \end{pmatrix} \begin{pmatrix} 4 \\ 2 \\ -1 \end{pmatrix} = \begin{pmatrix} 3 \\ 0 \\ 1 \end{pmatrix} \quad (7.2.39)$$

$$\tilde{c} = cT = \begin{pmatrix} 2 & 1 & 4 \end{pmatrix} \begin{pmatrix} 1 & 1 & 1 \\ 0 & 1 & 2 \\ 0 & -1 & -1 \end{pmatrix} = \begin{pmatrix} 2 & -1 & 0 \end{pmatrix} \quad (7.2.40)$$

となり，つぎの対角正準形を得る．

$$\dot{z}(t) = \begin{pmatrix} -1 & 0 & 0 \\ 0 & 1 & 0 \\ 0 & 0 & -2 \end{pmatrix} z(t) + \begin{pmatrix} 3 \\ 0 \\ 1 \end{pmatrix} u(t) \quad (7.2.41)$$

$$y(t) = \begin{pmatrix} 2 & -1 & 0 \end{pmatrix} z(t) \quad (7.2.42)$$

座標変換後のシステム構造を図 7.2 に示す．

安定なモード $z_1(t)$ は，$u(t)$, $y(t)$ の両方につながっている．したがって，このモードは可制御かつ可観測である．また，$\tilde{b}_2 = 0$ なので，$u(t)$ の影響をモード $z_2(t)$ は受けない．よって，この不安定なモードは不可制御かつ可観測である．そして，$\tilde{c}_3 = 0$

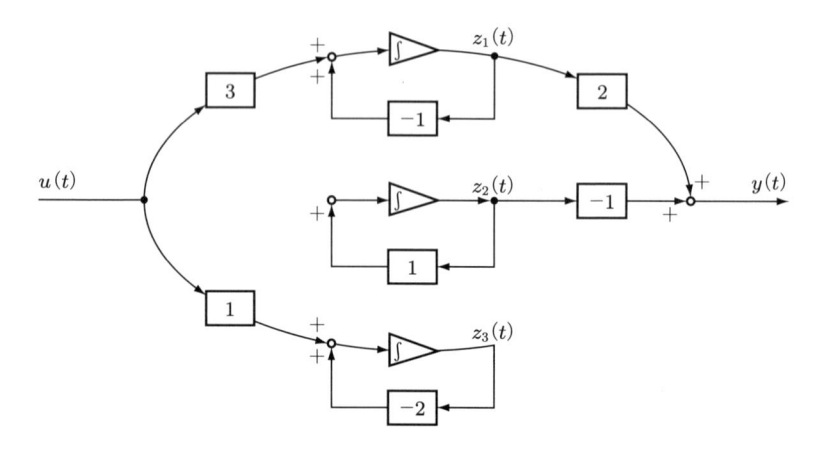

図 **7.2** 対角正準形による可制御性と可観測性の判定

である安定なモード $z_3(t)$ は可制御であるが不可観測である．もちろん，システム全体としては，不可制御かつ不可観測である．

このように対角正準形に変換することで，より詳しく内部の構造を知ることができる．

■演習問題

7.1 つぎのシステムの可制御性と可観測性をいろいろな方法で調べたい．

$$\dot{x}(t) = \begin{pmatrix} 4 & 6 \\ -3 & -5 \end{pmatrix} x(t) + \begin{pmatrix} 6 \\ -3 \end{pmatrix} u(t) \tag{7.3.1}$$

$$y(t) = \begin{pmatrix} -1 & 0 \end{pmatrix} x(t) \tag{7.3.2}$$

(1) 伝達関数を計算して吟味せよ．
(2) 可制御性行列を計算してシステムの可制御性を調べよ．
(3) 可観測性行列を計算してシステムの可観測性を調べよ．
(4) 対角正準形に座標変換して吟味せよ．

8 極配置法

第 2 章において，システムの安定と不安定，モード展開を解説した後，固有値の複素平面上の位置と時間応答についてまとめた．これにより，固有値の位置と応答の関係が明らかとなった．本章では，閉ループ系の固有値を指定する位置に一つひとつ正確に配置するフィードバック制御系の設計法である極配置法の代表的な手法を習得する．

8.1　極配置法とは

制御対象は，1 入力 n 次元線形システム

$$\dot{x}(t) = Ax(t) + bu(t) \tag{1.1.12 再掲}$$

であり，状態 $x(t)$ を直接観測できるものとする．このシステムに状態フィードバック制御

$$u(t) = -fx(t) \tag{8.1.1}$$

を施してみよう．上式を式 (1.1.12) に代入すると，閉ループ系は

$$\dot{x}(t) = (A - bf)x(t) \tag{8.1.2}$$

となり，また，その解は

$$x(t) = \exp(A - bf)t \cdot x(0) \tag{8.1.3}$$

で与えられる．制御対象が可制御ならば閉ループ系の固有値を任意の位置に配置できることを利用して，好ましい応答を保障する位置をあらかじめ指定しておき，それを実現するフィードバック係数ベクトル f を求める設計手法を極配置法という．

【例題 8.1】 制御対象を

$$\dot{x}(t) = \begin{pmatrix} 2 & 0 \\ 0 & -5 \end{pmatrix} x(t) + \begin{pmatrix} 1 \\ -2 \end{pmatrix} u(t) \tag{8.1.4}$$

とする．閉ループ系の固有値を $-1, -2$ に配置するフィードバック係数ベクトル f を求めよ．

解 制御対象は対角正準形であって，操作量の係数にゼロがないので可制御であることがわかる．フィードバック係数ベクトルを $f = \begin{pmatrix} f_1 & f_2 \end{pmatrix}$ とおけば，閉ループ系のシステム行列 $A - bf$ はつぎのようになる．

$$A - bf = \begin{pmatrix} 2 & 0 \\ 0 & -5 \end{pmatrix} - \begin{pmatrix} 1 \\ -2 \end{pmatrix} \begin{pmatrix} f_1 & f_2 \end{pmatrix} = \begin{pmatrix} 2 - f_1 & -f_2 \\ 2f_1 & -5 + 2f_2 \end{pmatrix} \quad (8.1.5)$$

したがって，閉ループ系の特性多項式は次式となる．

$$|sI - A + bf| = \begin{vmatrix} s - 2 + f_1 & f_2 \\ -2f_1 & s + 5 - 2f_2 \end{vmatrix} = (s - 2 + f_1)(s + 5 - 2f_2) + 2f_1 f_2$$

$$= s^2 + (3 + f_1 - 2f_2)s + (-10 + 5f_1 + 4f_2) \quad (8.1.6)$$

ところで，閉ループ系の固有値を -1，-2 とする特性多項式 $P(s)$ は

$$P(s) = (s + 1)(s + 2) = s^2 + 3s + 2 \quad (8.1.7)$$

であるから，係数比較法によってつぎの連立方程式を導くことができる．

$$3 + f_1 - 2f_2 = 3 \quad (8.1.8)$$

$$-10 + 5f_1 + 4f_2 = 2 \quad (8.1.9)$$

これを解いて

$$f = \begin{pmatrix} f_1 & f_2 \end{pmatrix} = \begin{pmatrix} \dfrac{12}{7} & \dfrac{6}{7} \end{pmatrix} \quad (8.1.10)$$

を得る．

検算をしよう．求めた f_1，f_2 の値を式 (8.1.5) に代入する．

$$A - bf = \begin{pmatrix} 2 & 0 \\ 0 & -5 \end{pmatrix} - \begin{pmatrix} 1 \\ -2 \end{pmatrix} \begin{pmatrix} \dfrac{12}{7} & \dfrac{6}{7} \end{pmatrix} = \begin{pmatrix} 2 - \dfrac{12}{7} & -\dfrac{6}{7} \\ 2 \times \dfrac{12}{7} & -5 + 2 \times \dfrac{6}{7} \end{pmatrix} \quad (8.1.11)$$

閉ループ系の特性多項式は次式となる．

$$|sI - A + bf| = \begin{vmatrix} s - \dfrac{2}{7} & \dfrac{6}{7} \\ -\dfrac{24}{7} & s + \dfrac{23}{7} \end{vmatrix} = \left(s - \dfrac{2}{7}\right)\left(s + \dfrac{23}{7}\right) + \dfrac{144}{49}$$

$$= s^2 + \dfrac{21}{7} s + \dfrac{98}{49} = s^2 + 3s + 2 \quad (8.1.12)$$

これは式 (8.1.7) と一致する． ◀

例題 8.1 において，係数比較法によって導いた連立方程式 (8.1.8)，(8.1.9) は，二つの未知数に対して 2 本の独立した方程式となったため，その解を一意に求めること

ができた．制御対象が不可制御の場合はどのようになるかをつぎの例題において検証する．

> **【例題 8.2】** つぎの制御対象は不可制御である．
> $$\dot{x}(t) = \begin{pmatrix} 0 & 1 \\ 2 & -1 \end{pmatrix} x(t) + \begin{pmatrix} -1 \\ 2 \end{pmatrix} u(t) \tag{8.1.13}$$
> 極配置の可能性について吟味せよ．

解 フィードバック係数ベクトルを $f = \begin{pmatrix} f_1 & f_2 \end{pmatrix}$ とおけば，閉ループ系のシステム行列 $A - bf$ はつぎのようになる．

$$A - bf = \begin{pmatrix} 0 & 1 \\ 2 & -1 \end{pmatrix} - \begin{pmatrix} -1 \\ 2 \end{pmatrix} \begin{pmatrix} f_1 & f_2 \end{pmatrix} = \begin{pmatrix} f_1 & 1 + f_2 \\ 2 - 2f_1 & -1 - 2f_2 \end{pmatrix} \tag{8.1.14}$$

したがって，閉ループ系の特性多項式は次式となる．

$$\begin{aligned} |sI - A + bf| &= \begin{vmatrix} s - f_1 & -1 - f_2 \\ -2 + 2f_1 & s + 1 + 2f_2 \end{vmatrix} \\ &= s^2 + (1 - f_1 + 2f_2)s + (-2 + f_1 - 2f_2) \end{aligned} \tag{8.1.15}$$

ここでは，所望の特性多項式 $P(s)$ を次式で与える．

$$P(s) = s^2 + a_1 s + a_0 \tag{8.1.16}$$

式 (8.1.15) と式 (8.1.16) を恒等的に等しいとおいて

$$1 - f_1 + 2f_2 = a_1 \tag{8.1.17}$$

$$-2 + f_1 - 2f_2 = a_0 \tag{8.1.18}$$

を得る．上の二つの式をグラフとしてみたとき，傾きが同じである．したがって，軸切片が違うと解はなく，同じだと解は無限にある．これは，任意に与えられた固有値に配置できないことを意味する．

では，どのような拘束条件において極配置ができるのだろうか．式 (8.1.17) と式 (8.1.18) がまったく同じ式となるには，

$$1 - a_1 = 2 + a_0 \tag{8.1.19}$$

が成り立てばよい．この関係を式 (8.1.16) に代入する．

$$P(s) = s^2 + a_1 s - (a_1 + 1) \tag{8.1.20}$$

すなわち，特性方程式

$$s^2 + a_1 s - (a_1 + 1) = 0 \tag{8.1.21}$$

で表される固有値ならば配置することができる．具体的には，
$$\lambda = \frac{-a_1 \pm \sqrt{a_1{}^2 + 4(a_1 + 1)}}{2} \tag{8.1.22}$$
である．たとえば，$a_1 = 2$ とすれば，$\lambda = 1, -3$ となる．特性方程式 (8.1.21) は
$$s^2 + 2s - 3 = 0 \tag{8.1.23}$$
となり，連立方程式 (8.1.17)，(8.1.18) はつぎのようになる．
$$1 - f_1 + 2f_2 = 2 \tag{8.1.24}$$
$$-2 + f_1 - 2f_2 = -3 \tag{8.1.25}$$
この二式はいずれも
$$f_1 - 2f_2 = -1 \tag{8.1.26}$$
を表しているので，解をつぎのように書くことができる．
$$f_1 = 2k - 1 \tag{8.1.27}$$
$$f_2 = k \tag{8.1.28}$$
よって，閉ループ系の固有値を 1，-3 に配置するフィードバック係数ベクトルは，
$$f = \begin{pmatrix} f_1 & f_2 \end{pmatrix} = \begin{pmatrix} 2k - 1 & k \end{pmatrix} \tag{8.1.29}$$
となる．

式 (8.1.29) の値を式 (8.1.15) に代入して検算すると，
$$\begin{aligned} &s^2 + (1 - f_1 + 2f_2)s + (-2 + f_1 - 2f_2) \\ &= s^2 + (1 - 2k + 1 + 2k)s + (-2 + 2k - 1 - 2k) \\ &= s^2 + 2s - 3 \end{aligned} \tag{8.1.30}$$
となり，所望の特性多項式 (8.1.23) と一致していることがわかる． ◀

以上二つの例題を通して，制御対象が可制御ならば閉ループ系の固有値を任意の位置に配置できることと，不可制御ならば拘束条件のもとで極配置法を適用できるものの，閉ループ系の固有値を任意の位置に配置できないことがわかった．

8.2 可制御正準形による極配置

システムが可制御であれば，座標変換 $x(t) = Tz(t)$ によってつぎの可制御正準形に変換できることを 3.3 節で学んだ．

$$\dot{z}(t) = \tilde{A}z(t) + \tilde{b}u(t)$$
$$= \begin{pmatrix} 0 & 1 & 0 & \cdots & 0 \\ 0 & 0 & 1 & & 0 \\ \vdots & & & \ddots & \vdots \\ 0 & 0 & 0 & & 1 \\ -a_0 & -a_1 & -a_2 & \cdots & -a_{n-1} \end{pmatrix} z(t) + \begin{pmatrix} 0 \\ 0 \\ \vdots \\ 0 \\ 1 \end{pmatrix} u(t) \quad (8.2.1)$$

ここで，システム行列 $\tilde{A}$ の最後の行は特性方程式の係数であって，座標変換の前後で特性方程式は不変であることに注意する．このシステムに状態フィードバック制御

$$u(t) = -\tilde{f}z(t) = -\begin{pmatrix} \tilde{f}_1 & \tilde{f}_2 & \cdots & \tilde{f}_n \end{pmatrix} z(t) \quad (8.2.2)$$

を施すと，閉ループ系の特性多項式はつぎのようになる．

$$|sI - \tilde{A} + \tilde{b}\tilde{f}|$$
$$= \left| sI - \begin{pmatrix} 0 & 1 & 0 & \cdots & 0 \\ 0 & 0 & 1 & & 0 \\ \vdots & & & \ddots & \vdots \\ 0 & 0 & 0 & & 1 \\ -a_0 & -a_1 & -a_2 & \cdots & -a_{n-1} \end{pmatrix} + \begin{pmatrix} 0 \\ 0 \\ \vdots \\ 0 \\ 1 \end{pmatrix} \begin{pmatrix} \tilde{f}_1 & \tilde{f}_2 & \cdots & \tilde{f}_n \end{pmatrix} \right|$$
$$= \begin{vmatrix} s & -1 & 0 & \cdots & 0 \\ 0 & s & -1 & & 0 \\ \vdots & & & \ddots & \vdots \\ 0 & 0 & 0 & & -1 \\ a_0+\tilde{f}_1 & a_1+\tilde{f}_2 & a_2+\tilde{f}_3 & \cdots & s+a_{n-1}+\tilde{f}_n \end{vmatrix}$$
$$= s^n + (a_{n-1}+\tilde{f}_n)s^{n-1} + \cdots + (a_2+\tilde{f}_3)s^2 + (a_1+\tilde{f}_2)s + (a_0+\tilde{f}_1) \quad (8.2.3)$$

2.5 節で学んだ固有値の位置と応答特性の関係を考慮して，指定したい閉ループ系の固有値 $\mu_1, \mu_2, \ldots, \mu_n$ を与える．複素固有値を指定する場合はそれと共役な固有値も同時に指定するとフィードバック係数ベクトルは実数として求められる．これより，指定したい閉ループ系の固有値に基づいて特性多項式が決まる．

$$P(s) = (s-\mu_1)(s-\mu_2)\cdots(s-\mu_n)$$
$$= s^n + d_{n-1}s^{n-1} + \cdots + d_2s^2 + d_1s + d_0 \quad (8.2.4)$$

式 (8.2.3) と式 (8.2.4) の係数比較より，

$$a_i + \tilde{f}_{i+1} = d_i, \quad i = 0, \ldots, n-1 \quad (8.2.5)$$

であるから，

$$\tilde{f}_{i+1} = d_i - a_i, \quad i = 0, \ldots, n-1 \tag{8.2.6}$$

に決定すればよい．これを式 (8.2.2) に代入して，状態変数を $z(t)$ とするときのフィードバック制御 $u(t) = -\tilde{f}z(t)$ を求めることができた．座標変換する前の状態変数 $x(t)$ に基づくフィードバック制御 $u(t) = -fx(t)$ として表現するには，座標変換 $x(t) = Tz(t)$ の逆変換 $z(t) = T^{-1}x(t)$ をすればよい．これより，操作量 $u(t)$ は

$$u(t) = -\tilde{f}z(t) = -\tilde{f}T^{-1}x(t) \tag{8.2.7}$$

となるので，フィードバック係数ベクトルは

$$f = \tilde{f}T^{-1} \tag{8.2.8}$$

と計算できる．

【例題 8.3】 可制御正準形による極配置法を用いて例題 8.1 を解け．

解 制御対象は可制御であるから，閉ループ系の固有値を任意の位置に配置することができる．まず，制御対象の特性多項式 $P_o(s)$ と所望の特性多項式 $P(s)$ を計算する．制御対象は対角正準形なので，システム行列の対角要素は固有値である．よって，

$$P_o(s) = (s-2)(s+5) = s^2 + 3s - 10 \tag{8.2.9}$$

である．また，閉ループ系の固有値を $-1, -2$ と指定したので，

$$P(s) = (s+1)(s+2) = s^2 + 3s + 2 \tag{8.1.7 再掲}$$

である．上の二式から，$a_0 = -10, a_1 = 3, d_0 = 2, d_1 = 3$ であることがわかる．したがって，式 (8.2.6) から

$$\tilde{f} = \begin{pmatrix} d_0 - a_0 & d_1 - a_1 \end{pmatrix} = \begin{pmatrix} 2+10 & 3-3 \end{pmatrix} = \begin{pmatrix} 12 & 0 \end{pmatrix} \tag{8.2.10}$$

となる．

あとは，式 (8.2.8) を用いてフィードバック係数ベクトル f を計算するだけであるが，これには座標変換行列 T^{-1} が必要である．可制御性行列の逆行列は

$$U_c^{-1} = \begin{pmatrix} 1 & 2 \\ -2 & 10 \end{pmatrix}^{-1} = \frac{1}{14} \begin{pmatrix} 10 & -2 \\ 2 & 1 \end{pmatrix} \tag{8.2.11}$$

となり，最後の行ベクトルは $e_2 = \dfrac{1}{14}\begin{pmatrix} 2 & 1 \end{pmatrix}$ となる．よって，座標変換行列 T^{-1} は

$$T^{-1} = \begin{pmatrix} e_2 \\ e_2 A \end{pmatrix} = \frac{1}{14}\begin{pmatrix} 2 & 1 \\ 4 & -5 \end{pmatrix} \tag{8.2.12}$$

と求められる.

したがって，式 (8.2.8) より，$x(t)$ を状態とするフィードバック係数ベクトル f は，

$$f = \tilde{f} T^{-1} = \begin{pmatrix} 12 & 0 \end{pmatrix} \frac{1}{14}\begin{pmatrix} 2 & 1 \\ 4 & -5 \end{pmatrix} = \frac{1}{14}\begin{pmatrix} 24 & 12 \end{pmatrix} = \frac{1}{7}\begin{pmatrix} 12 & 6 \end{pmatrix} \tag{8.2.13}$$

と求めることができる．この結果は，例題 8.1 と同じである． ◀

最初から制御対象が可制御正準形で表されている場合は，例題 8.3 の式 (8.2.10) の計算をした時点でフィードバック係数ベクトルが決定される．制御対象が一般形で表現されているときは，座標変換行列 T^{-1} を求める必要がある．しかし，座標変換して可制御正準形まできっちりと計算することは無駄である．

前節で紹介した極配置の方法は，フィードバック係数ベクトルを直接計算する方法であって，連立方程式を解く必要があった．これに比べて，本節で紹介した可制御正準形による極配置では，フィードバック係数ベクトルを求める計算は

$$\tilde{f}_{i+1} = d_i - a_i, \quad i = 0, \ldots, n-1 \tag{8.2.6 再掲}$$

でわかるように，単純な引き算である．実際，例題 8.3 においては，

$$\tilde{f} = \begin{pmatrix} d_0 - a_0 & d_1 - a_1 \end{pmatrix} = \begin{pmatrix} 2+10 & 3-3 \end{pmatrix} = \begin{pmatrix} 12 & 0 \end{pmatrix} \tag{8.2.10 再掲}$$

であった．このことは，閉ループ系の固有値を任意の位置に指定しても，解は必ず存在することを意味している．すなわち，一般形で表現されている制御対象であっても，可制御正準形に座標変換することができれば，閉ループ系の固有値を任意の位置に配置できることになる．ここで，3.3 節で学んだように，可制御正準形に座標変換することができるための必要十分条件が可制御であることであった．以上のことから，つぎのことがいえる．

> 「システム (1.1.12)，(1.1.13) が可制御であることと，閉ループ系の固有値を任意の位置に配置できることは同値である．」

ただし，複素固有値を指定する場合はそれと共役な固有値も同時に指定する必要がある．このことは，フィードバック係数ベクトルを実数として求めるための条件である．

8.3 アッカーマン法による極配置

本節では，アッカーマン法による極配置を紹介する．制御対象は

8.3 アッカーマン法による極配置

$$\dot{x}(t) = Ax(t) + bu(t) \qquad (1.1.12\,\text{再掲})$$

で表され，可制御であるとする．まず，所望の閉ループ系特性多項式 $P(s)$ を与える．

$$P(s) = (s - \mu_1)(s - \mu_2)\cdots(s - \mu_n)$$
$$= s^n + d_{n-1}s^{n-1} + \cdots + d_2 s^2 + d_1 s + d_0 \qquad (8.2.4\,\text{再掲})$$

上式の s を制御対象のシステム行列 A で置き換えた関数 $P(A)$ を考える．

$$P(A) = A^n + d_{n-1}A^{n-1} + \cdots + d_2 A^2 + d_1 A + d_0 I \qquad (8.3.1)$$

このとき，指定の位置に閉ループ系の固有値を配置するフィードバック係数ベクトル f は，次式で与えられる．

$$f = \begin{pmatrix} 0 & \cdots & 0 & 1 \end{pmatrix} U_c^{-1} P(A) \qquad (8.3.2)$$

以下において，式 (8.3.2) を導出する．

制御対象 (1.1.12) を座標変換によってつぎの可制御正準形にすることができる．

$$\dot{z}(t) = \tilde{A}z(t) + \tilde{b}u(t)$$
$$= \begin{pmatrix} 0 & 1 & 0 & \cdots & 0 \\ 0 & 0 & 1 & & 0 \\ \vdots & & & \ddots & \vdots \\ 0 & 0 & 0 & & 1 \\ -a_0 & -a_1 & -a_2 & \cdots & -a_{n-1} \end{pmatrix} z(t) + \begin{pmatrix} 0 \\ 0 \\ \vdots \\ 0 \\ 1 \end{pmatrix} u(t) \qquad (8.2.1\,\text{再掲})$$

座標変換の前後で特性方程式は不変である．これを

$$s^n + a_{n-1}s^{n-1} + \cdots + a_2 s^2 + a_1 s + a_0 = 0 \qquad (3.3.5\,\text{再掲})$$

と記述しよう．これにケーリー・ハミルトンの定理を適用すると，

$$\tilde{A}^n + a_{n-1}\tilde{A}^{n-1} + \cdots + a_2 \tilde{A}^2 + a_1 \tilde{A} + a_0 I = 0 \qquad (8.3.3)$$

が成立する．ここで，式 (8.3.1) の A を $\tilde{A}$ で置き換えた，つぎの $P(\tilde{A})$ を考える．

$$P(\tilde{A}) = \tilde{A}^n + d_{n-1}\tilde{A}^{n-1} + \cdots + d_2 \tilde{A}^2 + d_1 \tilde{A} + d_0 I \qquad (8.3.4)$$

上式の右辺から式 (8.3.3) を引くとつぎのようになる．

$$P(\tilde{A}) = (d_{n-1} - a_{n-1})\tilde{A}^{n-1} + \cdots$$
$$+ (d_2 - a_2)\tilde{A}^2 + (d_1 - a_1)\tilde{A} + (d_0 - a_0)I \qquad (8.3.5)$$

上式をさらに変形するために少し準備をしよう．基底ベクトルと $\tilde{A}$ の間には興味深い関係があるので，それをまとめる．

基底ベクトルを $\varepsilon_1 = \begin{pmatrix} 1 & 0 & \cdots & 0 \end{pmatrix}, \varepsilon_2 = \begin{pmatrix} 0 & 1 & \cdots & 0 \end{pmatrix}, \cdots, \varepsilon_n = \begin{pmatrix} 0 & \cdots & 0 & 1 \end{pmatrix}$ として，ε_1 と $\tilde{A}$ を掛けると，

$$\begin{aligned}
\varepsilon_1 \tilde{A} &= \begin{pmatrix} 1 & 0 & \cdots & 0 \end{pmatrix} \begin{pmatrix} 0 & 1 & 0 & \cdots & 0 \\ 0 & 0 & 1 & & 0 \\ \vdots & & & \ddots & \vdots \\ 0 & 0 & 0 & & 1 \\ -a_0 & -a_1 & -a_2 & \cdots & -a_{n-1} \end{pmatrix} \\
&= \begin{pmatrix} 0 & 1 & \cdots & 0 \end{pmatrix} \\
&= \varepsilon_2
\end{aligned} \tag{8.3.6}$$

が成立する．この結果を用いて

$$\begin{aligned}
\varepsilon_1 \tilde{A}^2 &= (\varepsilon_1 \tilde{A})\tilde{A} \\
&= \varepsilon_2 \tilde{A} \\
&= \begin{pmatrix} 0 & 1 & \cdots & 0 \end{pmatrix} \begin{pmatrix} 0 & 1 & 0 & \cdots & 0 \\ 0 & 0 & 1 & & 0 \\ \vdots & & & \ddots & \vdots \\ 0 & 0 & 0 & & 1 \\ -a_0 & -a_1 & -a_2 & \cdots & -a_{n-1} \end{pmatrix} \\
&= \begin{pmatrix} 0 & 0 & 1 & 0 & \cdots & 0 \end{pmatrix} \\
&= \varepsilon_3
\end{aligned} \tag{8.3.7}$$

の成立が示され，以下同様にして

$$\varepsilon_1 \tilde{A}^{i-1} = \varepsilon_i, \quad i = 2, \ldots, n \tag{8.3.8}$$

であることが示される．そこで，式 (8.3.5) の両辺に左からベクトル ε_1 を掛けて，式 (8.3.8) を使うとつぎのようになる．

$$\begin{aligned}
\varepsilon_1 P(\tilde{A}) &= (d_{n-1}-a_{n-1})\varepsilon_1 \tilde{A}^{n-1} + \cdots \\
&\quad + (d_2-a_2)\varepsilon_1 \tilde{A}^2 + (d_1-a_1)\varepsilon_1 \tilde{A} + (d_0-a_0)\varepsilon_1 I \\
&= (d_{n-1}-a_{n-1})\varepsilon_n + \cdots + (d_2-a_2)\varepsilon_3 + (d_1-a_1)\varepsilon_2 + (d_0-a_0)\varepsilon_1 \\
&= [(d_0-a_0) \ (d_1-a_1) \ \cdots \ (d_{n-1}-a_{n-1})]
\end{aligned} \tag{8.3.9}$$

さらに，上式の右辺に，式 (8.2.6) と式 (8.2.8) を代入すると，

$$\varepsilon_1 P(\tilde{A}) = \begin{pmatrix} \tilde{f}_1 & \tilde{f}_2 & \cdots & \tilde{f}_n \end{pmatrix} = \tilde{f} = fT \tag{8.3.10}$$

であることがわかる．

また，式 (8.3.4) の右辺に $\tilde{A} = T^{-1}AT$ を代入すると，

$$\begin{aligned} P(\tilde{A}) &= (T^{-1}AT)^n + d_{n-1}(T^{-1}AT)^{n-1} + \cdots \\ &\quad + d_2(T^{-1}AT)^2 + d_1(T^{-1}AT) + d_0 I \\ &= T^{-1}A^n T + d_{n-1}T^{-1}A^{n-1}T + \cdots + d_2 T^{-1}A^2 T + d_1 T^{-1}AT + d_0 I \\ &= T^{-1}(A^n + d_{n-1}A^{n-1} + \cdots + d_2 A^2 + d_1 A + d_0 I)T \end{aligned} \tag{8.3.11}$$

となるので，式 (8.3.1) から

$$P(\tilde{A}) = T^{-1} P(A) T \tag{8.3.12}$$

の関係であることがわかる．式 (8.3.10) と式 (8.3.12) から

$$fT = \varepsilon_1 T^{-1} P(A) T \tag{8.3.13}$$

となり，所望のフィードバック係数ベクトル f は，つぎのようになる．

$$f = \varepsilon_1 T^{-1} P(A) \tag{8.3.14}$$

上式には可制御正準形に変換するために用いる座標変換行列 T^{-1} が含まれている．この T^{-1} は，3.3 節の式 (3.3.4) で計算することもできるが，$\varepsilon_1 T^{-1}$ ならばもう少しだけ効率良く求めることができる．以下においてそれを示そう．

$$T^{-1} = \begin{pmatrix} e_n \\ e_n A \\ e_n A^2 \\ \vdots \\ e_n A^{n-1} \end{pmatrix} \tag{3.3.4 再掲}$$

であるから，$\varepsilon_1 T^{-1}$ はつぎのようになる．

$$\varepsilon_1 T^{-1} = \begin{pmatrix} 1 & 0 & \cdots & 0 \end{pmatrix} \begin{pmatrix} e_n \\ e_n A \\ e_n A^2 \\ \vdots \\ e_n A^{n-1} \end{pmatrix} = e_n \tag{8.3.15}$$

ところで，e_n は可制御性行列の逆行列 U_c^{-1} の第 n 行のベクトルである．これを基底ベクトルを用いた式で書くと，

$$e_n = \begin{pmatrix} 0 & \cdots & 0 & 1 \end{pmatrix} U_c^{-1} = \varepsilon_n U_c^{-1} \tag{8.3.16}$$

なので，$\varepsilon_1 T^{-1} = \varepsilon_n U_c^{-1}$ であることがわかる．これを式 (8.3.14) に代入すると，結局，フィードバック係数ベクトル f は次式のように計算できる．

$$f = \varepsilon_n U_c^{-1} P(A) = \begin{pmatrix} 0 & \cdots & 0 & 1 \end{pmatrix} U_c^{-1} P(A) \tag{8.3.17}$$

このように，アッカーマン法によれば，可制御正準形をまったく意識しないで極配置を実現できる．

【例題 8.4】 アッカーマン法を用いて例題 8.1 を解け．

解 $P(s)$ は式 (8.1.7) で与えられているので，s に A を代入して $P(A)$ を計算する．

$$\begin{aligned} P(A) &= A^2 + 3A + 2I \\ &= \begin{pmatrix} 4 & 0 \\ 0 & 25 \end{pmatrix} + \begin{pmatrix} 6 & 0 \\ 0 & -15 \end{pmatrix} + \begin{pmatrix} 2 & 0 \\ 0 & 2 \end{pmatrix} = \begin{pmatrix} 12 & 0 \\ 0 & 12 \end{pmatrix} = 12I \end{aligned} \tag{8.3.18}$$

また，U_c^{-1} は，式 (8.2.11) で与えられている．よって，

$$U_c^{-1} P(A) = \frac{12}{14} \begin{pmatrix} 10 & -2 \\ 2 & 1 \end{pmatrix} = \frac{6}{7} \begin{pmatrix} 10 & -2 \\ 2 & 1 \end{pmatrix} \tag{8.3.19}$$

となる．これを式 (8.3.2) に代入してフィードバック係数ベクトル f を得る．

$$f = \begin{pmatrix} 0 & 1 \end{pmatrix} \frac{6}{7} \begin{pmatrix} 10 & -2 \\ 2 & 1 \end{pmatrix} = \frac{6}{7} \begin{pmatrix} 2 & 1 \end{pmatrix} \tag{8.3.20}$$

この結果は，例題 8.1 および例題 8.3 と同じである． ◀

■演習問題

8.1 つぎのシステムを制御対象とするとき，閉ループ系の固有値を $-2 \pm j$ とする状態フィードバック係数ベクトル f を，直接法を用いて求めよ．

$$\dot{x}(t) = \begin{pmatrix} 7 & -10 \\ 5 & -8 \end{pmatrix} x(t) + \begin{pmatrix} 1 \\ 0 \end{pmatrix} u(t) \tag{8.4.1}$$

8.2 可制御正準形による極配置法を用いて演習問題 8.1 を解け．
8.3 アッカーマン法を用いて演習問題 8.1 を解け．
8.4 つぎの制御対象は不可制御である．

$$\dot{x}(t) = \begin{pmatrix} 4 & 2 \\ -1 & 1 \end{pmatrix} x(t) + \begin{pmatrix} 2 \\ -1 \end{pmatrix} u(t) \tag{8.4.2}$$

極配置の可能性について吟味せよ.

8.5 つぎの制御対象は不可制御で不安定なシステムである.

$$\dot{x}(t) = \begin{pmatrix} -5 & -3 \\ 6 & 4 \end{pmatrix} x(t) + \begin{pmatrix} 1 \\ -2 \end{pmatrix} u(t) \tag{8.4.3}$$

$$y(t) = \begin{pmatrix} 3 & 2 \end{pmatrix} x(t) \tag{8.4.4}$$

安定化の可能性について吟味せよ.

9 最適レギュレータ

極配置法を用いると減衰特性，速応性など閉ループ系の動特性を直接指定できるが，極度に大きな操作量が必要となったり，制御対象のパラメータ変化に敏感になる可能性がある．この解決法の一つに，2次形式評価関数を用いて閉ループ系の過渡応答と操作量の使用量との間で妥協を図る最適レギュレータがある．この手法は，評価関数を最小にすることから，最適制御ともよばれる．

9.1 評価関数と重み行列

制御対象は，可制御の m 入力 r 出力 n 次元線形システム

$$\dot{x}(t) = Ax(t) + Bu(t) \tag{9.1.1}$$

$$y(t) = Cx(t) \tag{9.1.2}$$

であり，状態 $x_1(t) \sim x_n(t)$ は直接観測が可能であるとする．

ここで，スカラの評価関数

$$J = \frac{1}{2} x^T(t_f) M x(t_f) + \frac{1}{2} \int_0^{t_f} \left\{ x^T(t) Q x(t) + u^T(t) R u(t) \right\} dt \tag{9.1.3}$$

を導入する．ただし，M, Q は $n \times n$ 半正定対称行列，R は $m \times m$ 正定対称行列とする．この2次形式評価関数による最適制御問題は，線形システム理論のもっとも標準的な問題の一つとして知られている．

評価関数 (9.1.3) を最小にする制御は，状態フィードバック制御

$$u(t) = -R^{-1} B^T P(t) x(t) \tag{9.1.4}$$

で与えられる．ここで，$P(t)$ はリカッチ微分方程式とよばれる方程式

$$\dot{P}(t) = -A^T P(t) - P(t) A + P(t) B R^{-1} B^T P(t) - Q \tag{9.1.5}$$

$$P(t_f) = M \tag{9.1.6}$$

を満たす $n \times n$ 正定対称行列である．このとき，評価関数 J の最小値は次式で与えられる．

$$J_{\min} = \frac{1}{2} x^T(0) P(0) x(0) \tag{9.1.7}$$

式 (9.1.4)〜(9.1.7) の導出は次節で行う．$t_f \to \infty$ とするときの評価関数を次式で定義する．

$$J = \frac{1}{2} \int_0^\infty \left\{ x^T(t) Q x(t) + u^T(t) R u(t) \right\} dt \tag{9.1.8}$$

このとき，式 (9.1.5), (9.1.6) で $t_f \to \infty$ とした解 $P(t)$ は M と無関係に一定値 P に収束し，P は定常のリカッチ代数方程式

$$A^T P + PA + Q - PBR^{-1}B^T P = 0 \tag{9.1.9}$$

を満たす．評価関数 (9.1.8) を最小にする制御は，方程式 (9.1.9) を満たす正定対称な解を用いて，定係数の状態フィードバック制御

$$u(t) = -R^{-1} B^T P x(t) \tag{9.1.10}$$

で与えられる．

評価関数 (9.1.8) は，過渡応答を評価するものであり，その評価関数を最小にするという意味において最適制御を実現している．応答面積を評価するにあたり，図 9.1 に示すように，2 乗面積を採用することで後の計算を減らせることが大きな特徴である．

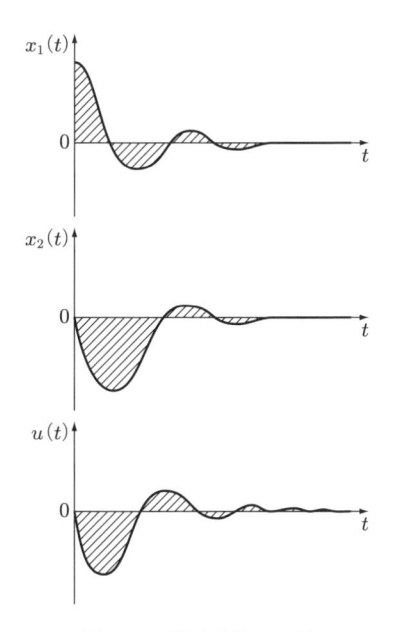

図 **9.1** 過渡応答の一例

ここで，重み行列のはたらきについて少し考えてみよう．評価関数 (9.1.8) において，$x(t)$ は 2 次元，$u(t)$ はスカラであるとする．このとき，重み行列 Q を対角行列とし，その対角要素を $q_1 \geq 0$，$q_2 \geq 0$ とする．また，操作量 $u(t)$ にかかわる重みを $r > 0$ とすれば，評価関数は

$$J = \frac{1}{2}\int_0^\infty \{q_1 x_1^2(t) + q_2 x_2^2(t) + r u^2(t)\} dt \tag{9.1.11}$$

で表される．

いま，設計者が $q_1 = q_2 = r = 1$ と選定して評価関数 (9.1.11) を最小にする状態フィードバック制御を求めたとする．つぎに，重み係数を $q_1 = 20$，$q_2 = r = 1$ に選定すれば，評価関数 J に対する $\int_0^\infty x_1^2(t)\,dt$ の影響は他に比べ 20 倍になる．この新しい評価関数を用いて制御系を設計すれば，最初の設計の場合より $\int_0^\infty x_1^2(t)\,dt$ の値が小さくなるだろう．同様に，$q_1 = q_2 = 1$，$r = 20$ とすれば，最初の設計の場合より $\int_0^\infty u^2(t)\,dt$ の値が小さくなる．すなわち，ある状態量や操作量の過渡応答の振れ幅を小さく，収束速度を速くしたい場合には，それにかかわる重み係数の値を大きく選定すればよいことがわかる．

評価関数の重み行列において，M，Q は $n \times n$ 半正定対称行列，R は $m \times m$ 正定対称行列に限定した．そこで，正定，半正定について簡単に説明しておこう．

変数 $x_1, x_2, \ldots, x_n$ についての 2 次のべき関数 $\sum_i \sum_j a_{ij} x_i x_j$ を 2 次形式といい，対称行列 A を用いて $x^T A x$ と書くことができる．ゼロでないすべてのベクトル x を $\forall x \neq 0$ で表すとき，2 次形式の正定，半正定などはつぎのとおりである．

$x^T A x > 0, \forall x \neq 0$ のとき，2 次形式は正定であるという

$x^T A x \geq 0, \forall x \neq 0$ のとき，2 次形式は半正定（準正定）であるという

$x^T A x < 0, \forall x \neq 0$ のとき，2 次形式は負定であるという

対称行列 A については，その 2 次形式 $x^T A x$ が正定であるとき，行列 A を正定行列であるといい，$A > 0$ で表す．

$x^T A x$ が正定 のとき，A を正定行列 ($A > 0$) という

$x^T A x$ が半正定 のとき，A を半正定行列 ($A \geq 0$) という

$x^T A x$ が負定 のとき，A を負定行列 ($A < 0$) という

また，対称行列の固有値はすべて実数であるから，

$A > 0 \leftrightarrow \lambda_i(A) > 0, \ \forall i$

$A \geq 0 \leftrightarrow \lambda_i(A) \geq 0, \ \forall i$

$A < 0 \leftrightarrow \lambda_i(A) < 0, \ \forall i$

が成り立つ．上の関係は，行列 A が正定行列かどうか判定する方法として用いられる．ほかに，つぎに述べるシルベスターの判定条件がある．

$A > 0$ であるための必要十分条件は，そのすべての首座小行列式が正となることである．すなわち，

$$a_{11} > 0, \quad \begin{vmatrix} a_{11} & a_{12} \\ a_{21} & a_{22} \end{vmatrix} > 0, \quad \begin{vmatrix} a_{11} & a_{12} & a_{13} \\ a_{21} & a_{22} & a_{23} \\ a_{31} & a_{32} & a_{33} \end{vmatrix} > 0, \ldots, |A| > 0 \quad (9.1.12)$$

である．また，上式を

$$\det A \begin{pmatrix} 1 & 2 & \cdots & r \\ 1 & 2 & \cdots & r \end{pmatrix} > 0, \quad r = 1, 2, \ldots, n \quad (9.1.13)$$

と記述することにすれば，$A \geq 0$ であるための必要十分条件は，そのすべての主小行列式が非負となること，すなわち，

$$\det A \begin{pmatrix} i_1 & i_2 & \cdots & i_r \\ i_1 & i_2 & \cdots & i_r \end{pmatrix} \geq 0, \quad 1 \leq i_1 < i_2 < \cdots < i_r \leq n$$
$$r = 1, 2, \ldots, n \quad (9.1.14)$$

が成立することである．

ここで，しばしば誤って適用されているのは半正定の判定法である．これは，単に式 (9.1.13) の > 0 を ≥ 0 に置き換えたものではない．たとえば，

$$A = \begin{pmatrix} 0 & 0 \\ 0 & -1 \end{pmatrix} \quad (9.1.15)$$

については，$a_{11} \geq 0$，$|A| \geq 0$ で，式 (9.1.13) の > 0 を ≥ 0 に置き換えたものを満足している．しかし，$x^T A x = -x_2^2 \leq 0$ となり，A は明らかに半正定行列ではない．これは，式 (9.1.14) の条件の一つ $a_{22} \geq 0$ が成り立たないからである．

【例題 9.1】 つぎの行列が正定行列かどうかをいろいろな方法で調べよ．

$$A = \begin{pmatrix} 4 & -2 & 3 \\ -2 & 2 & 0 \\ 3 & 0 & 7 \end{pmatrix} \quad (9.1.16)$$

解 まず，2次形式でスカラにして符号を調べる．$x^T A x > 0, \forall x \neq 0$ ならば，行列 A は正定行列である．

$$x^T A x = \begin{pmatrix} x_1 & x_2 & x_3 \end{pmatrix} \begin{pmatrix} 4 & -2 & 3 \\ -2 & 2 & 0 \\ 3 & 0 & 7 \end{pmatrix} \begin{pmatrix} x_1 \\ x_2 \\ x_3 \end{pmatrix} = \begin{pmatrix} x_1 & x_2 & x_3 \end{pmatrix} \begin{pmatrix} 4x_1 - 2x_2 + 3x_3 \\ -2x_1 + 2x_2 \\ 3x_1 + 7x_3 \end{pmatrix}$$

$$= x_1(4x_1 - 2x_2 + 3x_3) + x_2(-2x_1 + 2x_2) + x_3(3x_1 + 7x_3)$$

$$= 4x_1^2 - 4x_1 x_2 + 2x_2^2 + 6x_1 x_3 + 7x_3^2$$

$$= 2(x_1 - x_2)^2 + 2\left(x_1 + \frac{3}{2}x_3\right)^2 + \frac{5}{2}x_3^2 \tag{9.1.17}$$

上式がゼロとなるのは $x_1 = x_2 = x_3 = 0$，すなわち $x = 0$ 以外にない．よって，$x^T A x > 0$, $\forall x \neq 0$ となっているので，行列 A は正定行列である．

つぎに，固有値を計算してみる．

$$|sI - A| = \begin{vmatrix} s-4 & 2 & -3 \\ 2 & s-2 & 0 \\ -3 & 0 & s-7 \end{vmatrix}$$

$$= (s-4)(s-2)(s-7) - 9(s-2) - 4(s-7)$$

$$= (s-4)(s^2 - 9s + 14) - 9s + 18 - 4s + 28$$

$$= s^3 - 13s^2 + 37s - 10 \tag{9.1.18}$$

$s^3 - 13s^2 + 37s - 10 = 0$ の解は，9.022, 3.677, 0.302 となり，すべて正である．よって，行列 A は正定行列である．

最後に，シルベスターの判定条件で調べよう．首座小行列式は，サイズの小さい順につぎのように求められる．

$$4 > 0, \quad \begin{vmatrix} 4 & -2 \\ -2 & 2 \end{vmatrix} = 8 - 4 = 4 > 0$$

$$\begin{vmatrix} 4 & -2 & 3 \\ -2 & 2 & 0 \\ 3 & 0 & 7 \end{vmatrix} = 56 - 18 - 28 = 10 > 0$$

したがって，行列 A は正定行列である． ◀

9.2　最適制御則の導出

本節において，評価関数 (9.1.3) を最小にする制御則を導出する．まず，任意の対称行列 $P(t)$ と式 (9.1.1) の解である $x(t)$ を用いて次式を考える．

$$\int_0^{t_f} \frac{d}{dt}\{x^T(t) P(t) x(t)\} dt \tag{9.2.1}$$

上式は

$$\int_0^{t_f} \frac{d}{dt}\{x^T(t)P(t)x(t)\}\,dt = \left[x^T(t)P(t)x(t)\right]_0^{t_f}$$
$$= x^T(t_f)P(t_f)x(t_f) - x^T(0)P(0)x(0) \quad (9.2.2)$$

であるが，$x(t)$ が式 (9.1.1) の解であることを意識するとつぎのようになる．

$$\int_0^{t_f} \frac{d}{dt}\{x^T(t)P(t)x(t)\}\,dt$$
$$= \int_0^{t_f}\{\dot{x}^T(t)P(t)x(t) + x^T(t)\dot{P}(t)x(t) + x^T(t)P(t)\dot{x}(t)\}\,dt$$
$$= \int_0^{t_f}\{(Ax(t)+Bu(t))^T P(t)x(t)$$
$$\qquad + x^T(t)\dot{P}(t)x(t) + x^T(t)P(t)(Ax(t)+Bu(t))\}\,dt$$
$$= \int_0^{t_f}\{x^T(t)(A^T P(t) + P(t)A + \dot{P}(t))x(t)$$
$$\qquad + u^T(t)B^T P(t)x(t) + x^T(t)P(t)Bu(t)\}\,dt \quad (9.2.3)$$

よって，式 (9.2.2) と式 (9.2.3) の右辺どうしを等しくおくことにより，次式が任意の対称行列 $P(t)$ について成立することがわかる．

$$-x^T(t_f)P(t_f)x(t_f) + x^T(0)P(0)x(0)$$
$$+ \int_0^{t_f}\{x^T(t)(A^T P(t) + P(t)A + \dot{P}(t))x(t)$$
$$\qquad + u^T(t)B^T P(t)x(t) + x^T(t)P(t)Bu(t)\}\,dt$$
$$= 0 \quad (9.2.4)$$

上式の 1/2 倍を評価関数

$$J = \frac{1}{2}x^T(t_f)Mx(t_f) + \frac{1}{2}\int_0^{t_f}\{x^T(t)Qx(t) + u^T(t)Ru(t)\}\,dt \quad (9.1.3\text{ 再掲})$$

に加えると，つぎのようになる．

$$J = \frac{1}{2}x^T(t_f)Mx(t_f) - \frac{1}{2}x^T(t_f)P(t_f)x(t_f) + \frac{1}{2}x^T(0)P(0)x(0)$$
$$\quad + \frac{1}{2}\int_0^{t_f}\{x^T(t)(Q + A^T P(t) + P(t)A + \dot{P}(t))x(t)$$
$$\qquad + u^T(t)B^T P(t)x(t) + x^T(t)P(t)Bu(t) + u^T(t)Ru(t)\}\,dt$$
$$= \frac{1}{2}x^T(t_f)\{M - P(t_f)\}x(t_f) + \frac{1}{2}x^T(0)P(0)x(0)$$
$$\quad + \frac{1}{2}\int_0^{t_f}\{x^T(t)(Q + A^T P(t) + P(t)A - P(t)BR^{-1}B^T P(t) + \dot{P}(t))x(t)$$
$$\qquad + (u(t) + R^{-1}B^T P(t)x(t))^T R(u(t) + R^{-1}B^T P(t)x(t))\}\,dt$$
$$\quad (9.2.5)$$

そこで，$P(t)$ が式 (9.1.5), (9.1.6) を満たすものとすれば，上式は

$$
\begin{aligned}
J = & \frac{1}{2} x^T(0) P(0) x(0) \\
& + \frac{1}{2} \int_0^{t_f} (u(t) + R^{-1} B^T P(t) x(t))^T R(u(t) + R^{-1} B^T P(t) x(t))\, dt
\end{aligned} \quad (9.2.6)
$$

となる．ここで，R は正定対称行列なので，$u(t)$ が式 (9.1.4) を満たすとき，評価関数 J は最小値 (9.1.7) となり，逆もまた成り立つ．

9.3　最適制御系の安定性

本節では，定係数線形システムに対するリアプノフ方程式による安定判別を紹介する．また，最適制御系の安定度を考察する．

[リアプノフ方程式による安定判別]　定係数線形システム

$$\dot{x}(t) = Ax(t) \quad (9.3.1)$$

の解が漸近安定であるための必要十分条件は，任意の正定行列 Q に対して

$$A^T P + PA = -Q \quad (9.3.2)$$

を満足する正定行列 P がただ一つ存在することである．式 (9.3.2) をリアプノフ方程式という．

まず十分条件を証明しよう．リアプノフ関数の候補として，式 (9.3.2) を満たす正定行列 P を用いてつぎの 2 次形式の関数をつくる．

$$V(x(t)) = x^T(t) P x(t) \quad (9.3.3)$$

P が正定行列なので，この関数は正定，すなわち，$V(x(t)) > 0,\ \forall x \neq 0$ である．この関数を式 (9.3.1) の解軌道 $x(t)$ に沿って微分すると，

$$
\begin{aligned}
\dot{V}(x(t)) &= \dot{x}^T(t) P x(t) + x^T(t) P \dot{x}(t) \\
&= x^T(t) A^T P x(t) + x^T(t) P A x(t) \\
&= x^T(t)(A^T P + PA) x(t)
\end{aligned} \quad (9.3.4)
$$

となる．これに式 (9.3.2) を代入して

$$\dot{V}(x(t)) = -x^T(t) Q x(t) \quad (9.3.5)$$

を得る．ここで，Q は任意の正定行列であるから，$\dot{V}(x(t)) < 0, \forall x(t) \neq 0$ が成り立つ．したがって，$V(x(t))$ の値は減少し続け，$x(t)$ はゼロに収束する．よって，システム (9.3.1) は漸近安定である．

つぎに必要条件を証明するため，システム (9.3.1) が漸近安定であるとして，式 (9.3.2) を満足する正定行列 P が存在することを示そう．A は安定行列であるから，$e^{At} \to 0$, $t \to \infty$ である．したがって，

$$P = \int_0^\infty e^{A^T t} Q e^{At} \, dt \tag{9.3.6}$$

のような行列 P が存在する．ここで，まず，P が正定行列であることを示そう．

システム (9.3.1) が漸近安定であるので，任意の初期値 $x(0) \neq 0$ に対して

$$\lim_{t \to \infty} x(t) = 0 \tag{9.3.7}$$

を満足する．つぎに式 (9.3.5) を使って，積分

$$
\begin{aligned}
-V(x(t)) + V(x(0)) &= -\int_0^t \dot{V}(x(t)) \, dt \\
&= \int_0^t x^T(t) Q x(t) \, dt
\end{aligned} \tag{9.3.8}
$$

を考える．Q は正定行列なので，$x^T(t) Q x(t) > 0, \forall x(t) \neq 0$ である．したがって，

$$V(x(0)) - V(x(t)) = \int_0^t x^T(t) Q x(t) \, dt > 0, \quad \forall x(0) \neq 0 \tag{9.3.9}$$

が成り立ち，式 (9.3.7) より，

$$
\begin{aligned}
&\lim_{t \to \infty} \{V(x(0)) - V(x(t))\} \\
&= \lim_{t \to \infty} \{x^T(0) P x(0) - x^T(t) P x(t)\} \\
&= x^T(0) P x(0) \\
&= \int_0^\infty x^T(t) Q x(t) \, dt > 0
\end{aligned} \tag{9.3.10}
$$

となる．上式は，すべての $x(0) \neq 0$ に対して成り立つから，P は正定であることがわかる．また，

$$\int_0^\infty \frac{d}{dt}(e^{A^T t} Q e^{At}) \, dt = \left[e^{A^T t} Q e^{At} \right]_0^\infty = -Q \tag{9.3.11}$$

かつ，

$$\int_0^\infty \frac{d}{dt}(e^{A^T t}Qe^{At})\,dt = \int_0^\infty \left(A^T e^{A^T t}Qe^{At} + e^{A^T t}Qe^{At}A\right)dt$$
$$= A^T P + PA \tag{9.3.12}$$

であるから，式 (9.3.6) の正定行列 P は，式 (9.3.2) の解であることが示された．

最後に唯一性を証明しよう．$\bar{P}$ も式 (9.3.2) を満足すると仮定する．したがって，

$$A^T \bar{P} + \bar{P}A = -Q \tag{9.3.13}$$

が成立する．式 (9.3.6) より，

$$\begin{aligned}
P &= \int_0^\infty e^{A^T t}Qe^{At}\,dt \\
&= -\int_0^\infty e^{A^T t}(A^T \bar{P} + \bar{P}A)e^{At}\,dt \\
&= -\int_0^\infty \left(e^{A^T t}A^T \bar{P}e^{At} + e^{A^T t}\bar{P}Ae^{At}\right)dt \\
&= -\int_0^\infty \frac{d}{dt}\left(e^{A^T t}\bar{P}e^{At}\right)dt
\end{aligned} \tag{9.3.14}$$

となる．上式の計算を進めよう．

$$-\int_0^\infty \frac{d}{dt}(e^{A^T t}\bar{P}e^{At})\,dt = -\left[e^{A^T t}\bar{P}e^{At}\right]_0^\infty$$
$$= \bar{P} - \lim_{t\to\infty} e^{A^T t}\bar{P}e^{At} = \bar{P} \tag{9.3.15}$$

式 (9.3.14) と式 (9.3.15) から，式 (9.3.2) の解の唯一性が示された．

以下において，最適制御系の安定性について考えよう．制御対象 (9.1.1) に状態フィードバック制御 (9.1.10) を施して閉ループ系を構成すると，その動特性は

$$\dot{x}(t) = (A - BR^{-1}B^T P)x(t) \tag{9.3.16}$$

となり，閉ループ系の固有値は評価関数の重み行列 Q と R から自動的に決定されてしまう．

リカッチ代数方程式 (9.1.9) において Q を移項し，両辺から $PBR^{-1}B^T P$ を引くと，

$$A^T P - PBR^{-1}B^T P + PA - PBR^{-1}B^T P = -Q - PBR^{-1}B^T P \tag{9.3.17}$$

となる．ここで，$F = R^{-1}B^T P$ とおくと，

$$A^T P - F^T B^T P + PA - PBF = -Q - F^T RF \tag{9.3.18}$$

であり，左辺を閉ループ系のシステム行列 $(A - BF)$ を用いた形にまとめることができる．

$$(A - BF)^T P + P(A - BF) = -(Q + F^T RF) \quad (9.3.19)$$

上式はリアプノフ方程式である．ここで，$(Q + F^T RF) > 0$ である．リカッチ代数方程式 (9.1.9) は，(A, B) が可制御，Q と R が正定行列のとき正定な唯一解 P をもつ．したがって，リアプノフの安定定理から閉ループ系は漸近安定となる．Q が半正定行列の場合は，解 P は半正定もしくは正定であり，閉ループ系の漸近安定は保証されない．しかし，$Q = \Omega^T \Omega$ と表したとき (Ω, A) が可観測ならば，解 P は正定で唯一に定まり，閉ループ系は漸近安定となる．

つぎに，評価関数 (9.1.8) を最小にする最適制御が式 (9.1.10) で与えられることを証明する．2 次形式評価関数 (9.1.8) の積分の中を，式 (9.1.9) を使って計算する．

$$\begin{aligned}
&x^T(t)Qx(t) + u^T(t)Ru(t) \\
&= x^T(t)(PBR^{-1}B^T P - PA - A^T P)x(t) + u^T(t)Ru(t) \\
&= x^T(t)PBR^{-1}B^T Px(t) - x^T(t)PAx(t) - (Ax(t))^T Px(t) + u^T(t)Ru(t)
\end{aligned}$$
$$(9.3.20)$$

上式の $Ax(t)$ に式 (9.1.1) を代入する．

$$\begin{aligned}
&x^T(t)Qx(t) + u^T(t)Ru(t) \\
&= x^T(t)PBR^{-1}B^T Px(t) - x^T(t)P(\dot{x}(t) - Bu(t)) - (\dot{x}(t) - Bu(t))^T Px(t) \\
&\quad + u^T(t)Ru(t) \\
&= x^T(t)PBR^{-1}B^T Px(t) + u^T(t)Ru(t) + x^T(t)PBu(t) + u^T(t)B^T Px(t) \\
&\quad - x^T(t)P\dot{x}(t) - \dot{x}^T(t)Px(t)
\end{aligned}$$
$$(9.3.21)$$

以上より，つぎのように書くことができる．

$$\begin{aligned}
&x^T(t)Qx(t) + u^T(t)Ru(t) \\
&= (u(t) + R^{-1}B^T Px(t))^T R(u(t) + R^{-1}B^T Px(t)) - \frac{d}{dt}x^T(t)Px(t)
\end{aligned} \quad (9.3.22)$$

上式を評価関数 (9.1.8) に代入すると，つぎのようになる．

$$\begin{aligned}
J &= \frac{1}{2}\int_0^\infty (u(t) + R^{-1}B^T Px(t))^T R(u(t) + R^{-1}B^T Px(t))\,dt \\
&\quad - \frac{1}{2}\int_0^\infty \frac{d}{dt}x^T(t)Px(t)\,dt
\end{aligned} \quad (9.3.23)$$

ここで，上式右辺の第2項は，$t \to \infty$ で $x(t) \to 0$ となるから

$$\frac{1}{2}\int_0^\infty \frac{d}{dt}x^T(t)Px(t)\,dt = \frac{1}{2}\left[x^T(t)Px(t)\right]_0^\infty$$
$$= -\frac{1}{2}x^T(0)Px(0) \tag{9.3.24}$$

である．よって，

$$J = \frac{1}{2}x^T(0)Px(0)$$
$$+ \frac{1}{2}\int_0^\infty (u(t)+R^{-1}B^TPx(t))^T R(u(t)+R^{-1}B^TPx(t))\,dt \tag{9.3.25}$$

となるから，状態フィードバック制御 (9.1.10) によって J は最小となり，その最小値は

$$J_{\min} = \frac{1}{2}x^T(0)Px(0) \tag{9.3.26}$$

である．

【例題 9.2】 システム

$$\dot{x}(t) = \begin{pmatrix} 1 & 2 \\ -3 & -4 \end{pmatrix}x(t) \tag{9.3.27}$$

の安定性をリアプノフ方程式 (9.3.2) を用いて調べよ．

解 任意の正定行列 Q として

$$Q = \begin{pmatrix} 3 & 1 \\ 1 & 1 \end{pmatrix} \tag{9.3.28}$$

を選定しよう．リアプノフ解 P を

$$P = \begin{pmatrix} p_{11} & p_{12} \\ p_{12} & p_{22} \end{pmatrix} \tag{9.3.29}$$

とすれば，式 (9.3.2) はつぎのようになる．

$$\begin{aligned}
A^TP+PA &= \begin{pmatrix} 1 & -3 \\ 2 & -4 \end{pmatrix}\begin{pmatrix} p_{11} & p_{12} \\ p_{12} & p_{22} \end{pmatrix} + \begin{pmatrix} p_{11} & p_{12} \\ p_{12} & p_{22} \end{pmatrix}\begin{pmatrix} 1 & 2 \\ -3 & -4 \end{pmatrix} \\
&= \begin{pmatrix} p_{11}-3p_{12} & p_{12}-3p_{22} \\ 2p_{11}-4p_{12} & 2p_{12}-4p_{22} \end{pmatrix} + \begin{pmatrix} p_{11}-3p_{12} & 2p_{11}-4p_{12} \\ p_{12}-3p_{22} & 2p_{12}-4p_{22} \end{pmatrix} \\
&= \begin{pmatrix} 2p_{11}-6p_{12} & 2p_{11}-3p_{12}-3p_{22} \\ 2p_{11}-3p_{12}-3p_{22} & 4p_{12}-8p_{22} \end{pmatrix} = -\begin{pmatrix} 3 & 1 \\ 1 & 1 \end{pmatrix}
\end{aligned} \tag{9.3.30}$$

上式よりつぎの連立方程式を得る．

$$2p_{11} - 6p_{12} = -3 \tag{9.3.31}$$

$$2p_{11} - 3p_{12} - 3p_{22} = -1 \tag{9.3.32}$$

$$4p_{12} - 8p_{22} = -1 \tag{9.3.33}$$

式 (9.3.31) から式 (9.3.32) を引くと，

$$-3p_{12} + 3p_{22} = -2 \tag{9.3.34}$$

となるので，上式と式 (9.3.33) から

$$p_{22} = \frac{11}{12} \tag{9.3.35}$$

$$p_{12} = \frac{19}{12} \tag{9.3.36}$$

を得る．p_{12} の値を式 (9.3.31) に代入して

$$p_{11} = \frac{13}{4} \tag{9.3.37}$$

を得る．したがって，リアプノフ解はつぎのようになる．

$$P = \begin{pmatrix} \dfrac{13}{4} & \dfrac{19}{12} \\ \dfrac{19}{12} & \dfrac{11}{12} \end{pmatrix} = \frac{1}{12}\begin{pmatrix} 39 & 19 \\ 19 & 11 \end{pmatrix} \tag{9.3.38}$$

$P > 0$ であるための必要十分条件は，そのすべての首座小行列式が正となることである．

$$39 > 0, \quad \begin{vmatrix} 39 & 19 \\ 19 & 11 \end{vmatrix} = 429 - 361 = 68 > 0 \tag{9.3.39}$$

から，リアプノフ解 P は正定行列であり，したがって，システム (9.3.27) は漸近安定であることがわかった．確認のために，システム (9.3.27) のシステム行列の固有値を計算してみよう．

$$|sI - A| = \begin{vmatrix} s-1 & -2 \\ 3 & s+4 \end{vmatrix} = s^2 + 3s + 2 = (s+1)(s+2) \tag{9.3.40}$$

$|sI - A| = 0$ より，$\lambda = -1, -2$ が得られる．よって，システム (9.3.27) は漸近安定である． ◀

【例題 9.3】 システム

$$\dot{x}(t) = \begin{pmatrix} 1 & -2 \\ -3 & 2 \end{pmatrix} x(t) \tag{9.3.41}$$

の安定性をリアプノフ方程式 (9.3.2) を用いて調べよ．

解 任意の正定行列 Q として例題 9.2 と同じ値に選定しよう．リアプノフ解 P を式 (9.3.29) とすれば，式 (9.3.2) はつぎのようになる．

$$\begin{aligned}
A^T P + PA &= \begin{pmatrix} 1 & -3 \\ -2 & 2 \end{pmatrix} \begin{pmatrix} p_{11} & p_{12} \\ p_{12} & p_{22} \end{pmatrix} + \begin{pmatrix} p_{11} & p_{12} \\ p_{12} & p_{22} \end{pmatrix} \begin{pmatrix} 1 & -2 \\ -3 & 2 \end{pmatrix} \\
&= \begin{pmatrix} p_{11} - 3p_{12} & p_{12} - 3p_{22} \\ -2p_{11} + 2p_{12} & -2p_{12} + 2p_{22} \end{pmatrix} + \begin{pmatrix} p_{11} - 3p_{12} & -2p_{11} + 2p_{12} \\ p_{12} - 3p_{22} & -2p_{12} + 2p_{22} \end{pmatrix} \\
&= \begin{pmatrix} 2p_{11} - 6p_{12} & -2p_{11} + 3p_{12} - 3p_{22} \\ -2p_{11} + 3p_{12} - 3p_{22} & -4p_{12} + 4p_{22} \end{pmatrix} = -\begin{pmatrix} 3 & 1 \\ 1 & 1 \end{pmatrix}
\end{aligned} \tag{9.3.42}$$

上式よりつぎの連立方程式を得る．

$$2p_{11} - 6p_{12} = -3 \tag{9.3.43}$$

$$-2p_{11} + 3p_{12} - 3p_{22} = -1 \tag{9.3.44}$$

$$-4p_{12} + 4p_{22} = -1 \tag{9.3.45}$$

式 (9.3.43) と式 (9.3.44) を辺々加えると，

$$-3p_{12} - 3p_{22} = -4 \tag{9.3.46}$$

となるので，上式と式 (9.3.45) から

$$p_{22} = \frac{13}{24} \tag{9.3.47}$$

$$p_{12} = \frac{19}{24} \tag{9.3.48}$$

を得る．p_{12} の値を式 (9.3.43) に代入して

$$p_{11} = \frac{21}{24} \tag{9.3.49}$$

を得る．したがって，リアプノフ解はつぎのようになる．

$$P = \frac{1}{24} \begin{pmatrix} 21 & 19 \\ 19 & 13 \end{pmatrix} \tag{9.3.50}$$

$P > 0$ であるための必要十分条件は，そのすべての首座小行列式が正となることである．

$$21 > 0, \quad \begin{vmatrix} 21 & 19 \\ 19 & 13 \end{vmatrix} = 21 \times 13 - 19^2 = -88 < 0 \tag{9.3.51}$$

から，リアプノフ解 P は正定行列ではない．したがって，システム (9.3.41) は不安定であることがわかった．確認のために，システム (9.3.41) のシステム行列の固有値を計算してみよう．

$$|sI - A| = \begin{vmatrix} s-1 & 2 \\ 3 & s-2 \end{vmatrix} = s^2 - 3s - 4 = (s+1)(s-4) \tag{9.3.52}$$

$|sI - A| = 0$ より, $\lambda = -1, 4$ が得られる. よって, システム (9.3.41) は不安定である.

◀

本節の最後として, 最適レギュレータの周波数領域での特徴を論じよう. ここでは1入力系に限ることにする. 制御対象は可制御なシステム

$$\dot{x}(t) = Ax(t) + bu(t) \tag{1.1.12 再掲}$$

であり, 評価関数は次式で与えられているとする.

$$J = \frac{1}{2}\int_0^\infty \left\{ x^T(t)\Omega^T\Omega x(t) + ru^2(t) \right\} dt \tag{9.3.53}$$

評価関数 (9.3.53) を最小にする最適制御は状態フィードバック制御

$$u(t) = -fx(t) \tag{9.3.54}$$

$$f = \frac{1}{r}b^T P \tag{9.3.55}$$

であり, 制御系の構造は図 9.2 のようになっている.

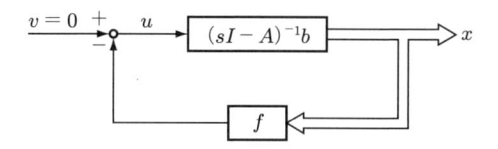

図 **9.2** 状態フィードバック制御系のブロック線図

ただし, v は操作端外乱などの外部入力を表し, ゼロとしている. 式 (9.3.55) の P はリカッチ代数方程式

$$A^T P + PA + \Omega^T \Omega - Pb\frac{1}{r}b^T P = 0 \tag{9.3.56}$$

の解である. 上式に s を複素パラメータとして $sP - sP = 0$ を加え, 式 (9.3.55) を使うと,

$$P(sI - A) - (sI + A^T)P + f^T rf = \Omega^T \Omega \tag{9.3.57}$$

となる. この両辺に右から $(sI - A)^{-1}b$, 左から $-b^T(sI + A^T)^{-1}$ を掛けると,

$$\begin{aligned}
b^T(-sI - A^T)^{-1}Pb &+ b^T P(sI - A)^{-1}b \\
+ b^T(-sI - A^T)^{-1}&f^T rf(sI - A)^{-1}b \\
&= b^T(-sI - A^T)^{-1}\Omega^T\Omega(sI - A)^{-1}b
\end{aligned} \tag{9.3.58}$$

となる．ところで，式 (9.3.55) から
$$b^T P = rf \tag{9.3.59}$$
である．また，上式を転置して
$$Pb = f^T r \tag{9.3.60}$$
を得る．ここで，P は対称行列，r はスカラであることを使った．式 (9.3.59), (9.3.60) の関係を式 (9.3.58) に使ってつぎのように書き直すことができる．
$$\begin{aligned}&b^T(-sI - A^T)^{-1}f^T r + rf(sI - A)^{-1}b \\ &+ b^T(-sI - A^T)^{-1}f^T rf(sI - A)^{-1}b \\ &= b^T(-sI - A^T)^{-1}\Omega^T\Omega(sI - A)^{-1}b\end{aligned} \tag{9.3.61}$$
さらに両辺に r を加えて整理すると，
$$\begin{aligned}&\{1 + f(-sI - A)^{-1}b\}^T r\{1 + f(sI - A)^{-1}b\} \\ &= r + b^T(-sI - A^T)^{-1}\Omega^T\Omega(sI - A)^{-1}b\end{aligned} \tag{9.3.62}$$
となる．ここで，$s = j\omega$ のとき，ノルムを使うとつぎのようになる．
$$\|1 + L(j\omega)\|^2 = 1 + \frac{1}{r}\|\Omega(sI - A)^{-1}b\|^2 \tag{9.3.63}$$
ただし，
$$L(j\omega) = f(j\omega I - A)^{-1}b \tag{9.3.64}$$
は，一巡伝達関数の周波数応答である．式 (9.3.63) の右辺第 2 項は
$$\|\Omega(sI - A)^{-1}b\|^2 \geq 0 \tag{9.3.65}$$
なので，
$$\|1 + L(j\omega)\|^2 \geq 1 \tag{9.3.66}$$
が成り立つ．さて，
$$L(j\omega) = p(\omega) + jq(\omega) \tag{9.3.67}$$
とおくと，式 (9.3.66) は
$$\{1 + p(\omega)\}^2 + q^2(\omega) \geq 1 \tag{9.3.68}$$

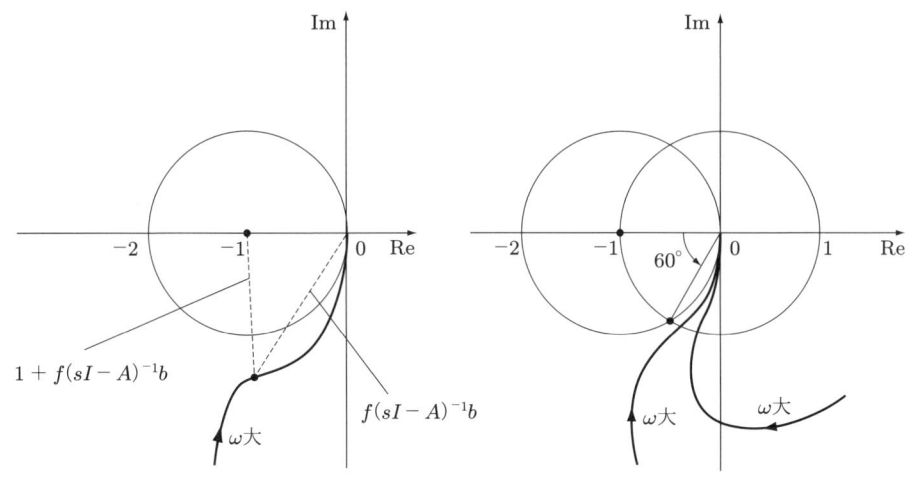

図 9.3 円条件

図 9.4 ゲイン余裕と位相余裕

と書ける．これは，一巡伝達関数 $L(s) = f(sI - A)^{-1}b$ のベクトル軌跡が図 9.3 のようになることを意味する．

すなわち，1 入力制御系の一巡伝達関数 $L(s)$ のベクトル軌跡は，$-1 + j0$ を中心とする半径 1 の円に入らない．これを円条件という．したがって，図 9.4 から明らかに，ゲイン余裕は無限大，また，位相余裕も $60°$ 以上あり，制御系がかなりのパラメータ変動に対してその安定性を保持できること，すなわちロバストであることを示している．

9.4 リカッチ方程式を解く

式 (9.1.9) のリカッチ代数方程式は非線形行列方程式である．以下において，リカッチ代数方程式を解く代表的な三つの方法を紹介する．

[1] リカッチ微分方程式の定常解として得る方法

有限時間の評価関数 (9.1.3) から導き出されるリカッチ微分方程式

$$-\dot{P}(t) = A^T P(t) + P(t)A + Q - P(t)BR^{-1}B^T P(t) \tag{9.4.1}$$

を終端条件 $P(t_f) = 0$ から出発して逆時間方向に計算する．解は単調に増加しかつ有界なので，ある定常の値 $P(-\infty)$ に収束する．しかし，収束までに膨大な計算量を必要とし，得策とはいえない．

[2] クラインマンの方法

リアプノフ方程式を繰り返し解くことによってリカッチ代数方程式の解を求める方法で，つぎの三つのステップからなる．

[Step 1] $A - BF_i$ が漸近安定な行列となるように $F_i = F_1$ を選ぶ.
[Step 2] つぎのリアプノフ方程式の正定解 P_i を求める.

$$(A - BF_i)^T P_i + P_i(A - BF_i) = -Q - F_i^T R F_i \tag{9.4.2}$$

[Step 3] $F_{i+1} = R^{-1} B^T P_i$ として,Step 1 へ戻る.

繰り返し計算によって P_i はリカッチ代数方程式の正定解に収束する.A がもともと漸近安定な行列ならば $F_1 = 0$ でよいが,そうでない場合は,$A - BF_1$ が漸近安定な行列となるように F_1 を選ぶ必要があり,システムの次数が高いときはその選定がかなり難しくなる.

[3] 有本-ポッターの提案する固有値・固有ベクトルに基づく方法

[Step 1] つぎの $2n \times 2n$ 次元のハミルトン行列を考える.

$$H = \begin{pmatrix} A & -BR^{-1}B^T \\ -Q & -A^T \end{pmatrix} \tag{9.4.3}$$

[Step 2] H の $2n$ 個の固有値のうち,実部が負の固有値を $\lambda_1, \lambda_2, \ldots, \lambda_n$ とし,それらに対応する固有ベクトルを

$$w_i = \begin{pmatrix} v_i \\ u_i \end{pmatrix}, \quad i = 1, 2, \ldots, n \tag{9.4.4}$$

で表す.

[Step 3] リカッチ代数方程式の正定解 P は次式で与えられる.

$$P = (u_1 u_2 \cdots u_n)(v_1 v_2 \cdots v_n)^{-1} \tag{9.4.5}$$

最近では,最後に紹介した有本-ポッターの提案する固有値・固有ベクトルに基づく方法を使うことが多い.以下では,この方法について詳しく説明する.

式 (9.4.3) で定義したハミルトン行列 H は $2n \times 2n$ 次元の行列なので,$2n$ 個の固有値と $2n$ 本の $2n$ 次元固有ベクトルをもつ.まずは,ハミルトン行列の固有値は,図 9.5 のように,複素平面上において実軸および虚軸に関して対称に分布していることを示そう.

H の固有値の一つを λ_i とし,これに対応する $2n$ 次元の固有ベクトルを w_i と記述するとき,固有値と固有ベクトル間につぎの関係式が成り立つ.

$$\lambda_i w_i = H w_i, \quad i = 1, 2, \ldots, 2n \tag{9.4.6}$$

固有ベクトル w_i を 2 個の n 次元ベクトルに分けて表す.すなわち,

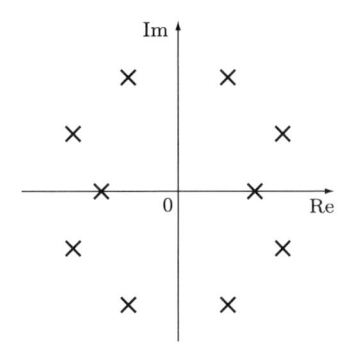

図 **9.5** ハミルトン行列 H の固有値

$$\lambda_i \begin{pmatrix} v_i \\ u_i \end{pmatrix} = H \begin{pmatrix} v_i \\ u_i \end{pmatrix}, \quad i = 1, 2, \ldots, 2n \qquad (9.4.7)$$

とし,上式の右辺 H に式 (9.4.3) を代入する.

$$\lambda_i \begin{pmatrix} v_i \\ u_i \end{pmatrix} = \begin{pmatrix} A & -BR^{-1}B^T \\ -Q & -A^T \end{pmatrix} \begin{pmatrix} v_i \\ u_i \end{pmatrix}, \quad i = 1, 2, \ldots, 2n \qquad (9.4.8)$$

上式を分解することで次式となる.

$$\lambda_i v_i = A v_i - BR^{-1}B^T u_i, \quad i = 1, 2, \ldots, 2n \qquad (9.4.9)$$

$$\lambda_i u_i = -Q v_i - A^T u_i, \quad i = 1, 2, \ldots, 2n \qquad (9.4.10)$$

これらを再び式 (9.4.7) に近い形で表現すると,つぎのように書くことができる.

$$-\lambda_i \begin{pmatrix} -u_i \\ v_i \end{pmatrix} = \begin{pmatrix} A^T & -Q \\ -BR^{-1}B^T & -A \end{pmatrix} \begin{pmatrix} -u_i \\ v_i \end{pmatrix}$$

$$= H^T \begin{pmatrix} -u_i \\ v_i \end{pmatrix}, \quad i = 1, 2, \ldots, 2n \qquad (9.4.11)$$

転置行列の固有値と元の行列の固有値は同じ,すなわち $\lambda_i(H) = \lambda_i(H^T)$ なので,式 (9.4.11) は,λ_i が H の固有値ならば $-\lambda_i$ も H の固有値であることを表している.また,実数行列の固有値は実数あるいは共役複素数となることから,ハミルトン行列の固有値は複素平面上において実軸および虚軸に関して対称に分布していることがわかる.

後で示すように,ハミルトン行列 H は純虚数の固有値をもたない.したがって,H は,実部が負の安定な固有値 n 個と,実部が正の不安定な固有値 n 個をもっていることになる.

いよいよ，式 (9.4.5) を導く．閉ループ系

$$\dot{x}(t) = (A - BR^{-1}B^T P)x(t) \qquad (9.3.16\text{ 再掲})$$

は漸近安定である．その n 個の固有値を $\lambda_1, \lambda_2, \ldots, \lambda_n$ とし，それらに対応する固有ベクトルを $v_1, v_2, \ldots, v_n$ とする．このとき，固有値と固有ベクトルとの間につぎの式が成り立っている．

$$(A - BR^{-1}B^T P)v_i = \lambda_i v_i, \quad i = 1, 2, \ldots, n \qquad (9.4.12)$$

これをつぎのように表現しておく．

$$(\lambda_i I - A + BR^{-1}B^T P)v_i = 0, \quad i = 1, 2, \ldots, n \qquad (9.4.13)$$

さて，リカッチ代数方程式

$$A^T P + PA + Q - PBR^{-1}B^T P = 0 \qquad (9.1.9\text{ 再掲})$$

はつぎのように書くこともできる．

$$(sI + A^T)P - P(sI - A + BR^{-1}B^T P) + Q = 0 \qquad (9.4.14)$$

上式において，$s = \lambda_i, i = 1, 2, \ldots, n$ とし，右から v_i を掛けると，

$$(\lambda_i I + A^T)Pv_i - P(\lambda_i I - A + BR^{-1}B^T P)v_i + Qv_i = 0,$$
$$i = 1, 2, \ldots, n \qquad (9.4.15)$$

となる．ここで，上式の左辺第 2 項に式 (9.4.13) を代入すると，

$$(\lambda_i I + A^T)Pv_i + Qv_i = 0, \quad i = 1, 2, \ldots, n \qquad (9.4.16)$$

となる．結局，リカッチ代数方程式 (9.1.9) を解く問題は，式 (9.4.13) と式 (9.4.16) を連立して P を求める問題に変換された．両式はつぎのようにまとめることができる．

$$\begin{pmatrix} A & -BR^{-1}B^T \\ -Q & -A^T \end{pmatrix} \begin{pmatrix} v_i \\ Pv_i \end{pmatrix} = \lambda_i \begin{pmatrix} v_i \\ Pv_i \end{pmatrix}, \quad i = 1, 2, \ldots, n \quad (9.4.17)$$

したがって，

$$H \begin{pmatrix} v_i \\ Pv_i \end{pmatrix} = \lambda_i \begin{pmatrix} v_i \\ Pv_i \end{pmatrix}, \quad i = 1, 2, \ldots, n \qquad (9.4.18)$$

となる．$\lambda_i, i = 1, 2, \ldots, n$ は閉ループ系 (9.3.16) の固有値であるから，式 (9.4.18) は，ハミルトン行列 H の $2n$ 個の固有値のうちの半分にあたる n 個の安定な固有値は

閉ループ系の固有値であることを示している．ここで，閉ループ系は漸近安定なので，すべての固有値の実部は負である．したがって，H は，純虚数すなわち複素平面上において虚軸上に存在する固有値をもたないことがわかる．

式 (9.4.18) は，H の固有値のうち n 個の安定な固有値 λ_i, $i = 1, 2, \ldots, n$ に対応する固有ベクトルが

$$w_i = \begin{pmatrix} v_i \\ Pv_i \end{pmatrix}, \quad i = 1, 2, \ldots, n \tag{9.4.19}$$

であることを物語っている．上式と

$$w_i = \begin{pmatrix} v_i \\ u_i \end{pmatrix}, \quad i = 1, 2, \ldots, n \tag{9.4.4 再掲}$$

を比較することで次式の成立が認められる．

$$\begin{aligned} Pv_1 &= u_1 \\ Pv_2 &= u_2 \\ &\vdots \\ Pv_n &= u_n \end{aligned} \tag{9.4.20}$$

これらをまめるとつぎのように書くことができる．

$$P(v_1 v_2 \cdots v_n) = (u_1 u_2 \cdots u_n) \tag{9.4.21}$$

よって，リカッチ代数方程式 (9.1.9) の正定解 P は，ハミルトン行列 (9.4.3) の固有値のうち n 個の安定な固有値に対応する固有ベクトル (9.4.4) を用いて式 (9.4.5) で得ることができる．

9.5 数値シミュレーション

つぎの状態方程式で表されるタービン発電機を考える．

$$\dot{x}(t) = \begin{pmatrix} -2.27 & -3.07 & 2.98 & 0 & 0 & 1.0 & 0 & 0 & -0.599 \\ 26.8 & -61.5 & 0.524 & 0 & 0 & 0.176 & 0 & -0.0923 & -32.1 \\ 30.0 & -15.5 & -32.3 & 0 & 0 & 0 & 0 & 0 & -15.6 \\ 0 & 0 & 0 & -27.7 & 0 & 0 & 0 & -0.0828 & -5.32 \\ 0 & 44.0 & 0 & -89.8 & -100.0 & 0 & 0 & 0 & 0 \\ 0 & 0 & 0 & 0 & -3875.0 & -100.3 & 0 & 0 & 0 \\ 0 & 0 & 0 & 0 & 0 & 0 & -5.0 & 0 & 0 \\ 0 & -223.0 & 0 & -47.8 & 0 & 0 & 55.4 & -0.35 & -222.0 \\ 0 & 0 & 0 & 0 & 0 & 0 & 0 & 1.0 & 0 \end{pmatrix} x(t)$$

$$+ \begin{pmatrix} 0 & 0 \\ 0 & 0 \\ 0 & 0 \\ 0 & 0 \\ 0 & 0 \\ 25.0 & 0 \\ 0 & 5.0 \\ 0 & 0 \\ 0 & 0 \end{pmatrix} u(t) \tag{9.5.1}$$

$$y(t) = \begin{pmatrix} 0 & 0 & 0 & 0 & 1 & 0 & 0 & 0 & 0 \\ 0 & 0 & 0 & 0 & 0 & 0 & 0 & 0 & 1 \end{pmatrix} x(t) \tag{9.5.2}$$

ここで，出力 $y(t)$ の第 1 要素および第 2 要素はそれぞれ，発電機端子電圧および発電機内部相差角であり，入力 $u(t)$ の第 1 要素および第 2 要素はそれぞれ，励磁機制御系の設定電圧およびタービンへの蒸気流量である．この可制御なシステムについて，状態 $x(t)$ がすべて観測できるとして最適レギュレータを用いて制御系を設計しよう．

まず，式 (9.5.1) のシステム行列の固有値を求める．その結果

$$\lambda(A) = -106.8 \pm j15.80, -34.03 \pm 9.95, -0.06 \pm j10.46,$$
$$-29.63, -12.99, -5.00 \tag{9.5.3}$$

を得た．これらの固有値を複素平面上にプロットしたものが図 9.6 である．

第 2 章での検討から，固有値 $-0.06 \pm j10.46$ は，安定ではあるものの虚軸に接近し，しかも虚部の値が実部の値に比べて約 170 倍大きいために振動的なモードである．初期値を $x_i(0) = 1, \forall i$ としたときの制御対象の応答を図 9.7 に示す．先ほど問題視したモードが出力に顕著に現れて，発電機端子電圧，発電機内部相差角ともに持続的に振動していることがわかる．

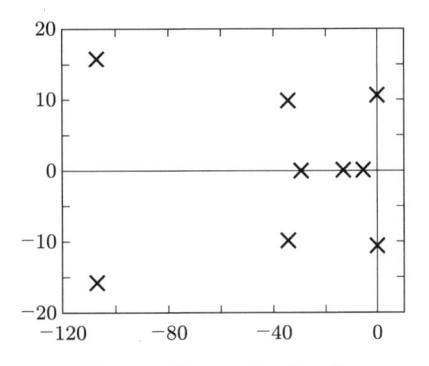

図 **9.6** 開ループ系の固有値

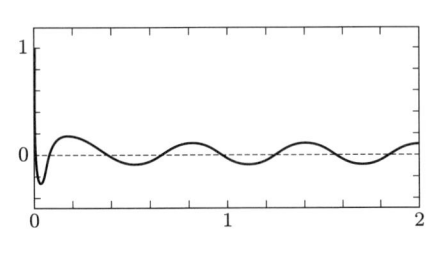

(a) 発電機端子電圧

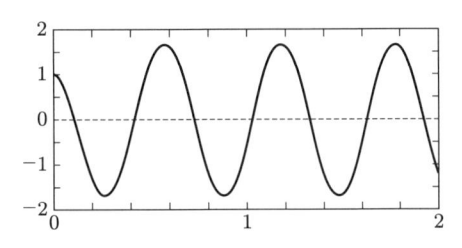

(b) 発電機内部相差角

図 **9.7** 制御対象の初期値応答 $(x_i(0) = 1, \forall i)$

最適レギュレータを用いて制御系を設計するために，評価関数

$$J = \frac{1}{2}\int_0^\infty \left\{x^T(t)Qx(t) + u^T(t)Ru(t)\right\}dt \qquad (9.1.8\,\text{再掲})$$

の重み Q, R を

$$\left.\begin{aligned}Q_1 &= \mathrm{diag}(10, 10, 10, 10, 10, 10, 10, 10, 10) \\ R_1 &= \mathrm{diag}(10, 10)\end{aligned}\right\} \qquad (9.5.4)$$

に設定する．このとき，リカッチ代数方程式

$$A^T P + PA + Q_1 - PBR_1^{-1}B^T P = 0 \tag{9.5.5}$$

の解は，

$$P_1 = \begin{pmatrix} 49.93 & 5.060 & 4.039 & -1.977 & -10.80 & 0.412 & -10.70 & -2.741 & 12.53 \\ 5.060 & 18.24 & -0.190 & -34.80 & 15.21 & -0.209 & -3.214 & -2.126 & -0.733 \\ 4.039 & -0.190 & 0.500 & 1.163 & -1.176 & 0.036 & -0.777 & -0.158 & 1.124 \\ -1.977 & -34.80 & 1.163 & 149.4 & -46.66 & 0.639 & -9.192 & -1.303 & 43.07 \\ -10.80 & 15.21 & -1.176 & -46.66 & 39.74 & -1.037 & 3.489 & 0.746 & -8.997 \\ 0.412 & -0.209 & 0.036 & 0.639 & -1.037 & 0.053 & -0.101 & -0.025 & 0.166 \\ -10.70 & -3.214 & -0.777 & -9.192 & 3.489 & -0.101 & 6.762 & 1.558 & -12.90 \\ -2.741 & -2.126 & -0.158 & -1.303 & 0.746 & -0.025 & 1.558 & 0.842 & -1.957 \\ 12.53 & -0.733 & 1.124 & 43.07 & -8.997 & 0.166 & -12.90 & -1.957 & 60.03 \end{pmatrix} \tag{9.5.6}$$

となり，状態フィードバック制御は次式で与えられる．

$$\begin{aligned} u(t) &= -R^{-1}B^T P_1 x(t) = -F_1 x(t) \\ &= -\begin{pmatrix} 1.030 & -0.521 & 0.091 & 1.597 & -2.592 \\ -5.350 & -1.607 & -0.388 & -4.596 & 1.744 \end{pmatrix} \\ &\quad \begin{pmatrix} 0.132 & -0.252 & -0.062 & 0.414 \\ -0.050 & 3.381 & 0.779 & -6.450 \end{pmatrix} x(t) \end{aligned} \tag{9.5.7}$$

閉ループ系

$$\dot{x}(t) = (A - BF_1)\,x(t) \tag{9.5.8}$$

の固有値は，

$$\begin{aligned} \lambda(A - BF_1) = &-107.9 \pm j15.29,\ -34.79 \pm j9.30,\ -29.38, \\ &-11.77,\ -9.92 \pm j13.23,\ -3.19 \end{aligned} \tag{9.5.9}$$

となる．これらを図 9.8 に示す．また，そのときの閉ループ系の初期値応答および操作量の時間応答を図 9.9 と図 9.10 にそれぞれ示す．ここでは，初期値応答を計算するにあたって，状態のすべてに値 1 を与えた．すなわち，$x_i(0) = 1, \forall i$ としている．図 9.8 からわかるように，四つの固有値 -11.77，$-9.92 \pm j13.23$，-3.19 が支配的である．持続的な振動モードはなくなり，好ましい応答を実現できていることが，図 9.9 と図 9.10 で確認できる．

図 9.8 閉ループ系の固有値

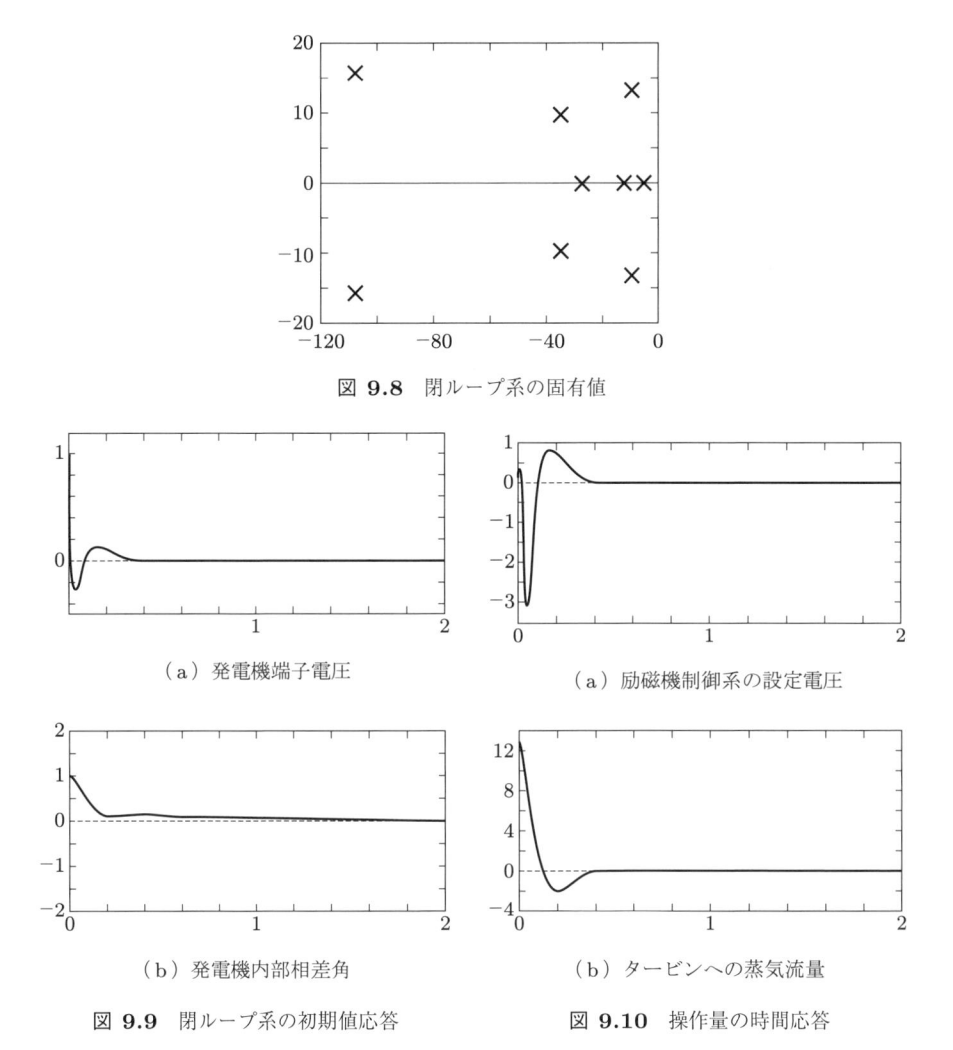

(a) 発電機端子電圧

(a) 励磁機制御系の設定電圧

(b) 発電機内部相差角

(b) タービンへの蒸気流量

図 9.9 閉ループ系の初期値応答 図 9.10 操作量の時間応答

つぎに，評価関数 (9.1.8) の重み設定において，Q は変えないで R だけ変えることにする．すなわち，

$$Q_2 = Q_1, \quad R_2 = \mathrm{diag}(0.001, 0.001) \tag{9.5.10}$$

に選定してみよう．リカッチ代数方程式 (9.5.5) において，R_1 を R_2 に置き換えて解を求めると，

$$P_2 = \begin{pmatrix} 10.38 & -0.220 & 1.015 & 0.195 & 0.0 & 0.004 & -0.007 & -0.054 & 6.088 \\ -0.220 & 1.161 & -0.078 & 0.220 & 0.046 & 0.0 & -0.041 & -0.374 & 0.508 \\ 1.015 & -0.078 & 0.246 & 0.010 & -0.001 & 0.0 & 0.0 & 0.002 & 0.476 \\ 0.195 & 0.220 & 0.010 & 0.690 & -0.120 & 0.0 & -0.012 & -0.108 & 0.539 \\ 0.0 & 0.046 & -0.001 & -0.120 & 0.169 & -0.006 & 0.0 & 0.0 & -0.016 \\ 0.004 & 0.0 & 0.0 & 0.0 & -0.006 & 0.004 & 0.0 & 0.0 & 0.003 \\ -0.007 & -0.041 & 0.0 & -0.012 & 0.0 & 0.0 & 0.022 & 0.020 & -0.020 \\ -0.054 & -0.374 & 0.002 & -0.108 & 0.0 & 0.0 & 0.020 & 0.196 & -0.145 \\ 6.088 & 0.508 & 0.476 & 0.539 & -0.016 & 0.003 & -0.020 & -0.145 & 21.16 \end{pmatrix}$$

(9.5.11)

を得る.これより,状態フィードバック制御は次式で与えられる.

$$u(t) = -R^{-1}B^T P_2 x(t) = -F_2 x(t)$$
$$= -\begin{pmatrix} 103.2 & -2.741 & 9.991 & 7.383 & -143.0 \\ -36.71 & -204.5 & 0.674 & -59.78 & 0.020 \\ & & & & \\ 96.11 & -0.140 & -1.145 & 61.71 & \\ -0.028 & 109.4 & 98.28 & -99.57 & \end{pmatrix} x(t) \quad (9.5.12)$$

このときの閉ループ系

$$\dot{x}(t) = (A - BF_2)x(t) \quad (9.5.13)$$

の固有値は,

$$\lambda(A - BF_2) = -2502.0, -496.9, -100.0, -56.7 \pm j6.4,$$
$$-34.1, -27.8, -2.8, -1.9 \quad (9.5.14)$$

である.これらを図 9.11 に示す.また,そのときの閉ループ系の初期値応答と操作量の時間応答を図 9.12 と図 9.13 にそれぞれ示す.

より速い応答特性を期待して評価関数の操作量の重み係数を小さくしたが,図 9.11 からわかるように,複素平面の左のほうに移動したのは一つの固有値だけである.式 (9.5.9) と式 (9.5.14) の値を比べると,虚軸に近くなった固有値も存在する.これにより,図 9.9 と図 9.12 を見て明らかなように,閉ループ系の初期値応答に大きな差はみられない.しかし,操作量のピークは 10 倍以上に跳ね上がっていることが,図 9.10 と図 9.13 から読み取ることができる.今回は,評価関数の操作量の重み係数を小さくしても応答は改善されず,操作量の使用だけが増加する結果となった.

重み Q, R は,それぞれ 9×9, 2×2 のサイズの行列であるから,選定の自由度が

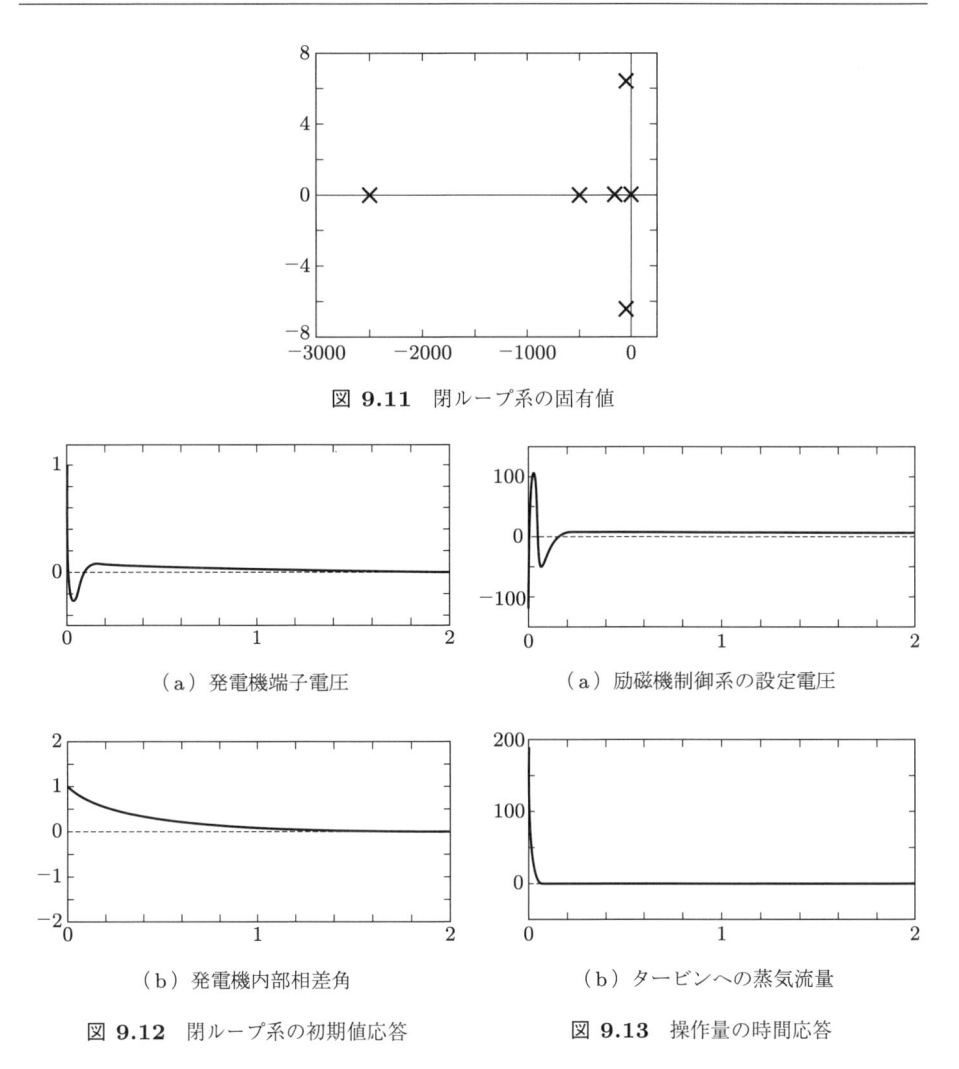

図 9.11 閉ループ系の固有値

(a) 発電機端子電圧

(a) 励磁機制御系の設定電圧

(b) 発電機内部相差角

(b) タービンへの蒸気流量

図 9.12 閉ループ系の初期値応答

図 9.13 操作量の時間応答

ありすぎて戸惑うのが戸状である．今回は対角要素だけに着目し，しかもすべてに同じ数値を与えた．操作量の使用を押さえながらも，応答特性の改善を達成する重みがきっとあるに違いない．それは，試行錯誤的に見つけ出すしかない．

■演習問題

9.1 式 (9.1.17) の最後の等号を導出せよ．

9.2 つぎの 2 次形式が，正定行列であるかどうかを調べよ．

$$2x^2 + 6y^2 + 6z^2 - 4yz + 4zx + 4xy \tag{9.6.1}$$

10 折返し法

　線形系のフィードバックシステムにおいて，閉ループ系の固有値の位置は，安定性ばかりでなく速応性など制御系の評価基準となる重要な指標をも大きく左右する．このことを考慮し，閉ループ系の固有値を指定した位置に配置するフィードバック制御系の設計法として極配置法があるが，次元が大きい場合には計算は必ずしも簡単ではない．また，固有値の位置を一つひとつ正確に指定することはまれで，多くの場合固有値がある希望された領域に入っているようにすれば十分であると考えられる．

　2次形式評価関数を最小にする最適レギュレータは，パラメータ変動に対してロバストであるなどの特徴があるが，評価関数の重み行列 Q, R の値と閉ループ系の時間応答の関係がはっきりとは解明されていないため，試行錯誤的に重み行列を決定しているのが現状である．したがって，もし最適レギュレータを用いて閉ループ系を構成し，かつその閉ループ系の固有値を希望された領域内に配置することができれば，単に極配置法で構成した閉ループ系より好ましいと考えられる．

10.1　折返し法とは

　連続時間系において図 10.1 の領域内にすべての固有値が分布しているとき，すべてのモードは $e^{\eta t}$ より速く減衰し，かつ振動の減衰比が $\sin \phi$ より大きくなる．したがって，速応性に優れ，かつ顕著な振動モードが現れない応答をする固有値の領域を η と ϕ により指定することができる．このとき，η と ϕ の値は設計仕様に基づいて決定さ

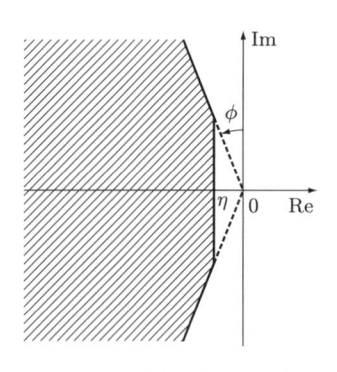

図 10.1　固有値の好ましい領域

れる.

　折返し法は，最適レギュレータが有する利点をそのまま受け継ぐとともに，好ましい応答を保証する領域に閉ループ系のすべての固有値を配置することができる．この設計法では虚軸に平行な直線 $\mathrm{Re}\,\lambda = -\alpha$ が重要な位置を占め，この $\alpha\;(\geq 0)$ が設計のパラメータとなる．

　折返し法をまとめると以下のようになる．制御対象が可制御のとき，リカッチ形方程式

$$(A+\alpha I)^T P + P(A+\alpha I) - PBR^{-1}B^T P = 0 \tag{10.1.1}$$

を考え，半正定な最大解（他の解との差が半正定となる解）を P_+ とする．このときシステム

$$\dot{x}(t) = Ax(t) + Bu(t) \tag{9.1.1 再掲}$$

に状態フィードバック制御

$$u(t) = -R^{-1}B^T P_+ x(t) \tag{10.1.2}$$

を施すと，図 10.2 に示すように，閉ループ系の固有値は，システム行列 A の固有値のうち

(1) 直線 $\mathrm{Re}\,\lambda = -\alpha$ より左側にあるもの

(2) 直線 $\mathrm{Re}\,\lambda = -\alpha$ より右側にあるものをこの直線を対称軸として左側に折り返したもの

になる．ただし，複素平面上で折返し線が A の固有値と重ならないように選ぶ．図の ⊗ は，開ループ系の固有値（✕）であって，かつ，閉ループ系の固有値（◉）でもある．折返し線より左側にある固有値は同じ位置にとどまる．

　上記リカッチ形方程式 (10.1.1) は解 P_+ を用いてつぎのように書くことができる．

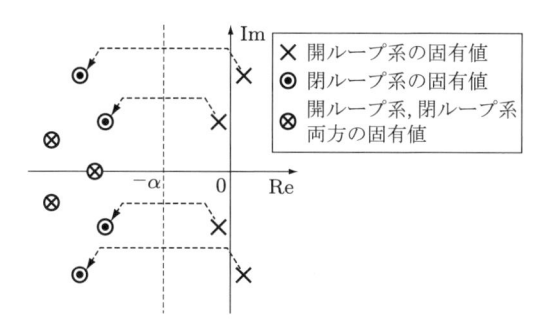

図 10.2　折返し法による固有値の移動

$$A^T P + PA + 2\alpha P_+ - PBR^{-1}B^T P = 0 \tag{10.1.3}$$

ただし，$2\alpha P_+$ は半正定行列である．明らかに式 (10.1.1) の解と式 (10.1.3) の解は同じである．また，上式を

$$A^T P + PA + Q - PBR^{-1}B^T P = 0 \tag{9.1.9 再掲}$$

と比べると，式 (9.1.9) の中の行列 Q が $2\alpha P_+$ に置き換わって式 (10.1.3) ができていることがわかる．

以上のことから，折返し法は，評価関数を

$$J = \frac{1}{2}\int_0^\infty \left\{ x^T(t)(2\alpha P_+)x(t) + u^T(t)Ru(t) \right\} dt \tag{10.1.4}$$

とした最適レギュレータになっている．

この設計法では虚軸に平行な直線 $\mathrm{Re}\,\lambda = -\alpha$ が重要な位置を占め，この α が設計のパラメータとなる．システム行列 A の固有値をあらかじめ求めておくことで，閉ループ系のすべての固有値が望ましい領域に入るような折返し線 $\mathrm{Re}\,\lambda = -\alpha$ の位置を図的に決定することができる．リカッチ形方程式 (10.1.1) を解くのは，設計のパラメータ α を決定したのち，ただ 1 度だけでよい．

【例題 10.1】 制御対象を

$$\dot{x}(t) = \begin{pmatrix} 0 & 1 \\ 2 & -1 \end{pmatrix} x(t) + \begin{pmatrix} 0 \\ 1 \end{pmatrix} u(t) \tag{10.1.5}$$

とする．折返し法を用いて制御系を設計せよ．

解 システム (10.1.5) は可制御正準形で表現されているので，可制御である．ここでは，念のため可制御性行列を計算して確かめることにする．

$$|U_c| = |b \; Ab| = \begin{vmatrix} 0 & 1 \\ 1 & -1 \end{vmatrix} = -1 \neq 0 \tag{10.1.6}$$

よって，可制御である．つぎに，システム行列 A の固有値を求めよう．

$$|sI - A| = \begin{vmatrix} s & -1 \\ -2 & s+1 \end{vmatrix} = s^2 + s - 2 = (s+2)(s-1) \tag{10.1.7}$$

なので，$|sI - A| = 0$ から，$\lambda = -2, 1$ と求められる．そこで，設計のパラメータ α の値を 1 に選定する．すなわち，折返し線は $\mathrm{Re}\,\lambda = -1$ である．

リカッチ形方程式

$$(A + \alpha I)^T P + P(A + \alpha I) - Pb\frac{1}{r}b^T P = 0 \tag{10.1.8}$$

を解く．ここで，

$$A + \alpha I = \begin{pmatrix} 0 & 1 \\ 2 & -1 \end{pmatrix} + \begin{pmatrix} 1 & 0 \\ 0 & 1 \end{pmatrix} = \begin{pmatrix} 1 & 1 \\ 2 & 0 \end{pmatrix}, \quad b = \begin{pmatrix} 0 \\ 1 \end{pmatrix} \tag{10.1.9}$$

である．また，$r=1$ とおくと，リカッチ形方程式 (10.1.8) は，つぎのようになる．

$$\begin{pmatrix} 1 & 2 \\ 1 & 0 \end{pmatrix} \begin{pmatrix} p_{11} & p_{12} \\ p_{12} & p_{22} \end{pmatrix} + \begin{pmatrix} p_{11} & p_{12} \\ p_{12} & p_{22} \end{pmatrix} \begin{pmatrix} 1 & 1 \\ 2 & 0 \end{pmatrix}$$
$$- \begin{pmatrix} p_{11} & p_{12} \\ p_{12} & p_{22} \end{pmatrix} \begin{pmatrix} 0 \\ 1 \end{pmatrix} \frac{1}{1} \begin{pmatrix} 0 & 1 \end{pmatrix} \begin{pmatrix} p_{11} & p_{12} \\ p_{12} & p_{22} \end{pmatrix} = 0 \tag{10.1.10}$$

上式はつぎの 3 本の連立方程式と等価である．

$$2p_{11} + 4p_{12} - p_{12}{}^2 = 0 \tag{10.1.11}$$
$$p_{11} + p_{12} + 2p_{22} - p_{12}p_{22} = 0 \tag{10.1.12}$$
$$2p_{12} - p_{22}{}^2 = 0 \tag{10.1.13}$$

p_{11} を消去するために，式 (10.1.12) を 2 倍して式 (10.1.11) から引くと，

$$2p_{12} - 4p_{22} - p_{12}{}^2 + 2p_{12}p_{22} = 0 \tag{10.1.14}$$

となる．式 (10.1.13) から $2p_{12} = p_{22}{}^2$，$p_{12}{}^2 = \dfrac{p_{22}{}^4}{4}$ となるので，これらを式 (10.1.14) に代入して，p_{12} を消去する．

$$p_{22}{}^4 - 4p_{22}{}^3 - 4p_{22}{}^2 + 16p_{22} = 0 \tag{10.1.15}$$

上式は p_{22} の 4 次方程式である．上式を因数分解して

$$p_{22}(p_{22} + 2)(p_{22} - 2)(p_{22} - 4) = 0 \tag{10.1.16}$$

となる．したがって，$p_{22} = -2, 0, 2, 4$ を得る．解 P は，半正定でなくてはならないから，$p_{22} = -2$ は解ではない．他の場合を計算すると，

$$P = \begin{pmatrix} 0 & 0 \\ 0 & 0 \end{pmatrix}, \begin{pmatrix} -2 & 2 \\ 2 & 2 \end{pmatrix}, \begin{pmatrix} 16 & 8 \\ 8 & 4 \end{pmatrix} \tag{10.1.17}$$

となる．これらの中で，最大解 P_+ は

$$P_+ = \begin{pmatrix} 16 & 8 \\ 8 & 4 \end{pmatrix} \tag{10.1.18}$$

である．また，$16 > 0$，$4 > 0$，$16 \times 4 - 8^2 = 0$ から，半正定であることがわかる．この解を使って状態フィードバック制御を施そう．フィードバック係数ベクトル f は

$$f = \frac{1}{r}b^T P_+ = \frac{1}{1}\begin{pmatrix} 0 & 1 \end{pmatrix}\begin{pmatrix} 16 & 8 \\ 8 & 4 \end{pmatrix} = \begin{pmatrix} 8 & 4 \end{pmatrix} \tag{10.1.19}$$

と計算され，閉ループ系のシステム行列は

$$A - bf = \begin{pmatrix} 0 & 1 \\ 2 & -1 \end{pmatrix} - \begin{pmatrix} 0 \\ 1 \end{pmatrix} \begin{pmatrix} 8 & 4 \end{pmatrix} = \begin{pmatrix} 0 & 1 \\ -6 & -5 \end{pmatrix} \qquad (10.1.20)$$

となる．したがって，閉ループ系の固有値は

$$\begin{aligned} |sI - A + bf| &= \begin{vmatrix} s & -1 \\ 6 & s+5 \end{vmatrix} \\ &= s^2 + 5s + 6 = (s+2)(s+3) = 0 \end{aligned} \qquad (10.1.21)$$

より，$\lambda = -2, -3$ であることがわかる．システム行列 A の固有値を開ループ系の固有値とよぶことにすれば，開ループ系の固有値と閉ループ系の固有値は，図 10.3 に示す位置関係であり，虚軸に平行な直線 $\mathrm{Re}\,\lambda = -1$ が折返し線となっていることを確認できる．

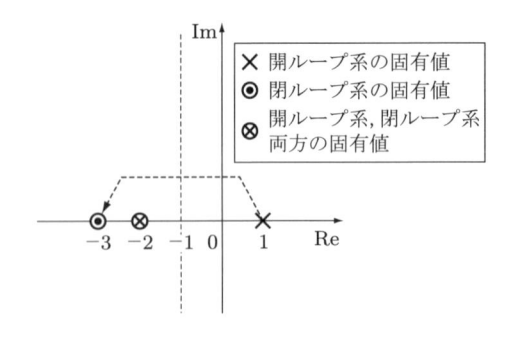

図 **10.3** 折返し法による固有値の移動 ◀

10.2 折返し法による固有値の移動

折返し法を用いて制御系を設計すると，閉ループ系の固有値は，開ループ系の固有値のうち，つぎのものになる．

(1) 直線 $\mathrm{Re}\,\lambda = -\alpha$ より左側にあるもの
(2) 直線 $\mathrm{Re}\,\lambda = -\alpha$ より右側にあるものをこの直線を対称軸として左側に折り返したもの

本節では，図を用いてこの原理を解説する．つぎの四つのステップに分けて考えよう．

 [Step 1] 開ループ系の固有値と行列 $A + \alpha I$ の固有値の関係
 [Step 2] リカッチ形方程式による固有値の移動
 [Step 3] 閉ループ系の固有値
 [Step 4] 開ループ系の固有値と閉ループ系の固有値の関係

以下において，それぞれを詳しく述べる．

[Step 1] 開ループ系の固有値と行列 $A + \alpha I$ の固有値の関係

複素平面上にプロットした開ループ系のシステム行列 A の固有値 λ_i, $i = 1, 2, \ldots, n$ の位置に基づいて，設計のパラメータ α を決定する．行列 A を対角化する座標変換行列 T を用いて行列 $A + \alpha I$ を座標変換するとつぎのようになる．

$$T^{-1}(A + \alpha I)T = T^{-1}AT + \alpha I$$

$$= \begin{pmatrix} \lambda_1 + \alpha & & & \\ & \lambda_2 + \alpha & & \\ & & \ddots & \\ & & & \lambda_n + \alpha \end{pmatrix} \quad (10.2.1)$$

座標変換してもその行列の固有値は不変であるから，行列 $A + \alpha I$ の固有値は $\lambda_i + \alpha$, $i = 1, 2, \ldots, n$ であることがわかる．この関係を図 10.4 に示す．

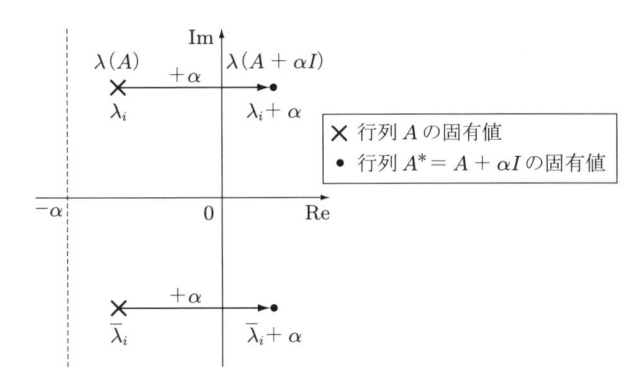

図 10.4 開ループ系の固有値と行列 $A + \alpha I$ の固有値

[Step 2] リカッチ形方程式による固有値の移動

簡単のため，行列 $A + \alpha I$ を A^* で表現する．このとき，リカッチ形方程式 (10.1.1) は次式で表される．

$$A^{*T}P + PA^* - PBR^{-1}B^TP = 0 \quad (10.2.2)$$

上式に対応するハミルトン行列は，式 (9.4.3) から

$$H = \begin{pmatrix} A^* & -BR^{-1}B^T \\ 0 & -A^{*T} \end{pmatrix} \quad (10.2.3)$$

となる．まずは，ハミルトン行列 (10.2.3) の固有値を調べよう．

式 (10.2.3) の H は，ブロック三角行列なので，

$$|sI - H| = \begin{vmatrix} sI - A^* & BR^{-1}B^T \\ 0 & sI + A^{*T} \end{vmatrix}$$
$$= |sI - A^*||sI + A^{*T}| \tag{10.2.4}$$

となる．ここで，A^* の固有値とその転置行列である A^{*T} の固有値の関係を調べることにする．$|A^{*T}|$ の行展開の公式と $|A^*|$ の列展開の公式が一致することから

$$|A^{*T}| = |A^*| \tag{10.2.5}$$

である．また，A^{*T} の固有値は $|sI - A^{*T}| = 0$ の根であるから，上式を使って

$$|sI - A^{*T}| = |(sI - A^*)^T| = |sI - A^*| \tag{10.2.6}$$

となり，A^* の固有値と A^{*T} の固有値は等しいことがわかる．よって，式 (10.2.4) は

$$|sI - H| = |sI - A^*||sI + A^*| \tag{10.2.7}$$

と書くことができるので，ハミルトン行列 H の固有値は，A^* の固有値と，その符号を反転したものからなっていることがわかる．リカッチ形方程式 (10.2.2) の半正定な最大解 P_+ を用いて状態フィードバック制御を施すとき，ハミルトン行列 H の $2n$ 個の固有値のうち，虚軸より左側に存在する安定な n 個の固有値が閉ループ系の固有値となる．

したがって，行列 $A^* - BR^{-1}BP_+ = A^* - BF$ の固有値は，A^* の固有値のうち

(1) 虚軸より左側にあるもの

(2) 虚軸より右側にあるものをこの虚軸を対称軸として左側に折り返したもの

になる．この関係を図 10.5 に示す．

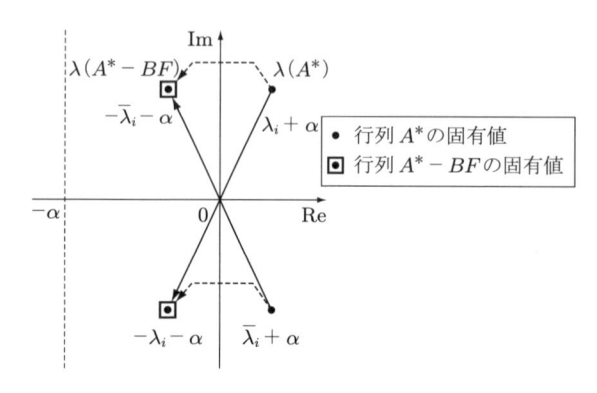

図 10.5 リカッチ方程式による固有値の移動

[Step 3] 閉ループ系の固有値

実際に状態フィードバック制御

$$u(t) = -R^{-1}B^T P_+ x(t) \tag{10.1.2 再掲}$$

を施すのは，システム

$$\dot{x}(t) = Ax(t) + Bu(t) \tag{9.1.1 再掲}$$

である．したがって，閉ループ系

$$\dot{x}(t) = (A - BR^{-1}BP_+)x(t) = (A - BF)x(t) \tag{10.2.8}$$

のシステム行列は $A - BF$ であって，Step 2 で考察した $A^* - BF$ ではない．そこで，行列 $A^* - BF$ の固有値と行列 $A - BF$ の固有値の関係を調べる必要がある．

Step 2 で $A^* = A + \alpha I$ と定義したので $A = A^* - \alpha I$ である．Step 1 での議論から，閉ループ系のシステム行列 $A - BF$ の固有値は，行列 $A^* - BF$ の固有値を大きさ α だけ実軸負の方向に移動させたものであることがわかる．この関係を図 10.6 に示す．

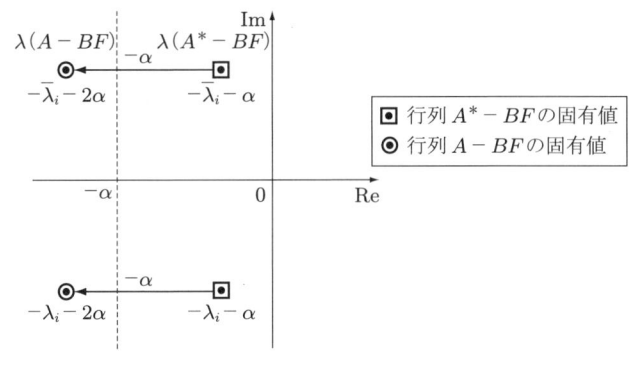

図 10.6 閉ループ系の固有値

[Step 4] 開ループ系の固有値と閉ループ系の固有値の関係

行列 A の固有値が直線 $\mathrm{Re}\,\lambda = -\alpha$ より右側にある場合，Step 1 でまず α だけ実軸正の方向に移動させたのち，Step 2 で虚軸に関して対称の位置に折り返し，Step 3 で再び大きさ α だけ実軸負の方向に移動させたものが行列 $A - BF$ の固有値である．結局，行列 A の固有値を直線 $\mathrm{Re}\,\lambda = -\alpha$ に関して対称の位置に折り返したものが行列 $A - BF$ の固有値になる．この関係を図 10.7 に示す．

直線 $\mathrm{Re}\,\lambda = -\alpha$ より左側にある行列 A の固有値に関しては，Step 2 において折り返さずに，実軸平行移動を Step 1 と Step 3 で 2 回しただけなので，元の位置に戻る．これを図では ⊗ で表している．

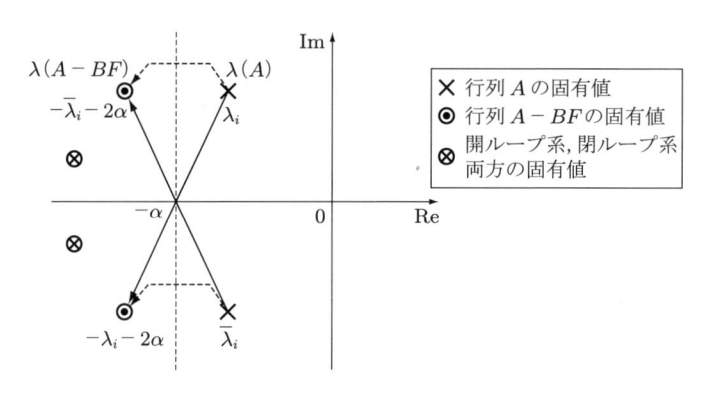

図 10.7 開ループ系の固有値と閉ループ系の固有値

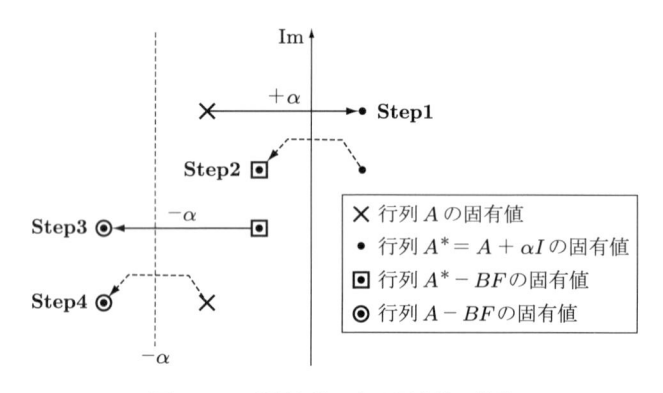

図 10.8 折返し法による固有値の移動

以上において解説した Step 1 から Step 4 までの固有値の移動をまとめる．折返し法によって制御系を設計すると，図 10.8 に示すように閉ループ系の固有値は，開ループ系の固有値のうち

(1) 直線 $\mathrm{Re}\,\lambda = -\alpha$ より左側にあるもの
(2) 直線 $\mathrm{Re}\,\lambda = -\alpha$ より右側にあるものをこの直線を対称軸として左側に折り返したもの

になる．

【例題 10.2】 例題 10.1 で行った折返し法による設計において，固有値の移動を調べよ．

解 [Step 1] 制御対象は，

$$\dot{x}(t) = \begin{pmatrix} 0 & 1 \\ 2 & -1 \end{pmatrix} x(t) + \begin{pmatrix} 0 \\ 1 \end{pmatrix} u(t) \tag{10.1.5 再掲}$$

である．開ループ系の固有値は，式 (10.1.7) で計算済みで，$\lambda = -2, 1$ であった．設計のパラメータ α の値を 1 にしたので，

$$A^* = A + \alpha I = \begin{pmatrix} 0 & 1 \\ 2 & -1 \end{pmatrix} + \begin{pmatrix} 1 & 0 \\ 0 & 1 \end{pmatrix} = \begin{pmatrix} 1 & 1 \\ 2 & 0 \end{pmatrix} \tag{10.2.9}$$

である．行列 A^* の固有値を求める．

$$\begin{aligned} |sI - A^*| &= \begin{vmatrix} s-1 & -1 \\ -2 & s \end{vmatrix} \\ &= s^2 - s - 2 = (s-2)(s+1) = 0 \end{aligned} \tag{10.2.10}$$

より，$\lambda = 2, -1$ である．したがって

$$\lambda(A) = 1, -2 \quad \to \quad \lambda(A^*) = 2, -1 \tag{10.2.11}$$

となるから，固有値は $\alpha = 1$ の大きさだけ実軸正の方向に移動していることがわかる．この関係を図 10.9 に示す．

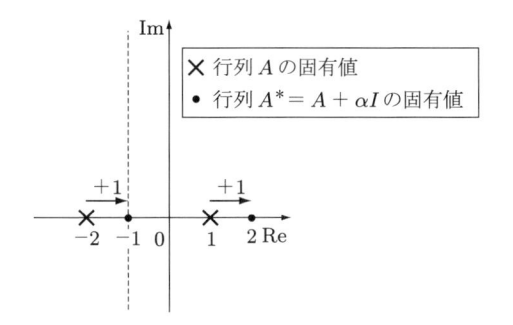

図 10.9 開ループ系の固有値と行列 $A + \alpha I$ の固有値

[Step 2] リカッチ形方程式

$$A^{*T} P + P A^* - P b \frac{1}{r} b^T P = 0 \tag{10.2.12}$$

を $r = 1$ で解いて，

$$P_+ = \begin{pmatrix} 16 & 8 \\ 8 & 4 \end{pmatrix} \tag{10.1.18 再掲}$$

$$f = \frac{1}{r} b^T P_+ = \begin{pmatrix} 8 & 4 \end{pmatrix} \tag{10.1.19 再掲}$$

を得た．行列 $A^* - bf$ は

$$A^* - bf = \begin{pmatrix} 1 & 1 \\ 2 & 0 \end{pmatrix} - \begin{pmatrix} 0 \\ 1 \end{pmatrix} \begin{pmatrix} 8 & 4 \end{pmatrix} = \begin{pmatrix} 1 & 1 \\ -6 & -4 \end{pmatrix} \tag{10.2.13}$$

となるから，その固有値は

$$|sI - A^* + bf| = \begin{vmatrix} s-1 & -1 \\ 6 & s+4 \end{vmatrix}$$
$$= s^2 + 3s + 2 = (s+2)(s+1) = 0 \tag{10.2.14}$$

より，$\lambda = -2, -1$ である．したがって，

$$\lambda(A^*) = 2, -1 \quad \to \quad \lambda(A^* - bf) = -2, -1 \tag{10.2.15}$$

となる．すなわち，不安定領域にあった固有値は虚軸に関して対称の位置に折り返された．この関係を図 10.10 に示す．

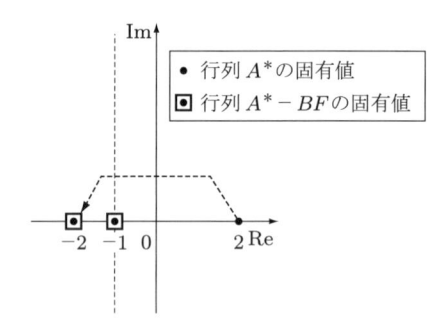

図 **10.10** リカッチ形方程式による固有値の移動

[Step 3] 閉ループ系の固有値を計算する．特性方程式

$$|sI - A + bf| = \begin{vmatrix} s & -1 \\ 6 & s+5 \end{vmatrix}$$
$$= s^2 + 5s + 6 = (s+2)(s+3) = 0 \tag{10.1.21 再掲}$$

より，$\lambda = -2, -3$ であることがわかる．したがって，

$$\lambda(A^* - bf) = -2, -1 \quad \to \quad \lambda(A - bf) = -3, -2 \tag{10.2.16}$$

となるので，固有値は $\alpha = 1$ の大きさだけ実軸負の方向に移動していることがわかる．この関係を図 10.11 に示す．

[Step 4] 開ループ系の固有値と閉ループ系の固有値の関係は，

$$\lambda(A) = 1, -2 \quad \to \quad \lambda(A - bf) = -3, -2 \tag{10.2.17}$$

となっている．直線 $\mathrm{Re}\,\lambda = -1$ より右側にある固有値 $\lambda = 1$ が，この直線に関して対称の位置に折り返されて $\lambda = -3$ となっている．また，直線 $\mathrm{Re}\,\lambda = -1$ より左側にある固有値 $\lambda = -2$ は，まったく動いていない．この関係を図 10.12 に示す．

以上において解説した Step 1 から Step 4 までの固有値の移動をまとめると，折返し線より右側にあった固有値は図 10.13 に示す移動を行うことで対称な位置に折り返され，また，折返し線より左側にあった固有値は図 10.14 に示す移動を行い，元に戻っていることがわかる．

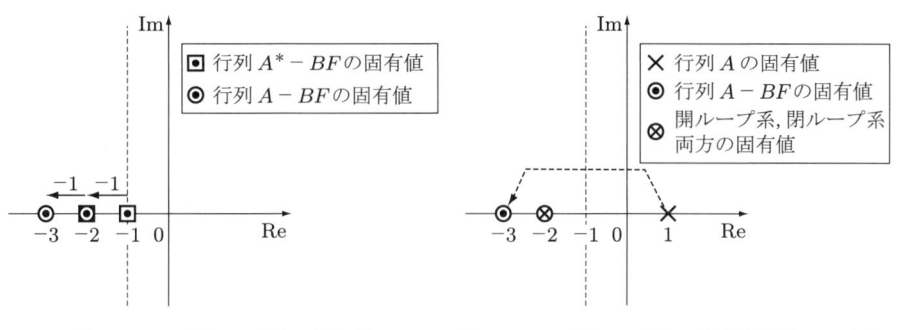

図 10.11 閉ループ系の固有値

図 10.12 開ループ系の固有値と閉ループ系の固有値

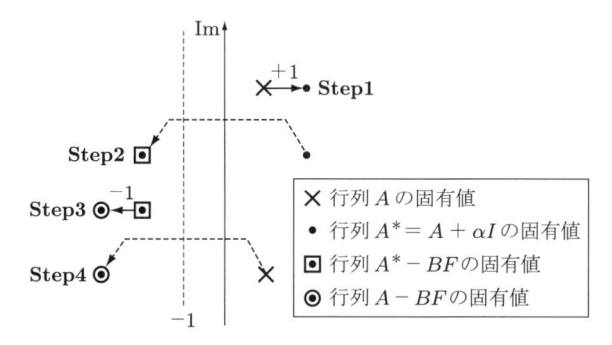

図 10.13 折返し法による固有値の移動（折返し線より右側にあった固有値）

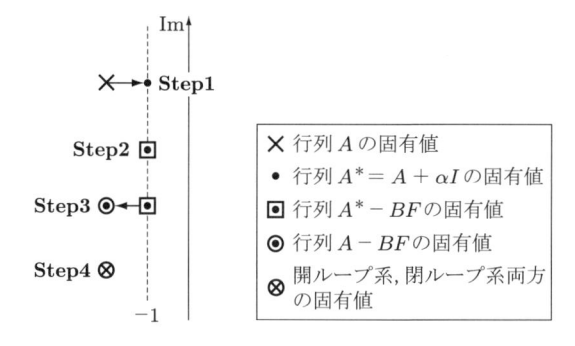

図 10.14 折返し法による固有値の移動（折返し線より左側にあった固有値）

10.3　選択的折返し法

選択的折返し法は，リカッチ形方程式 (10.1.1) の最大解とは限らないある解を順次用いることにより，行列の固有値で複素平面上に引いた直線 $\mathrm{Re}\,\lambda = -\alpha$ より右側にあるもののうち，そのいくつかを選択的に左側の対称に折り返された位置に配置していく設計法である．図 10.15 に固有値の移動を示す．

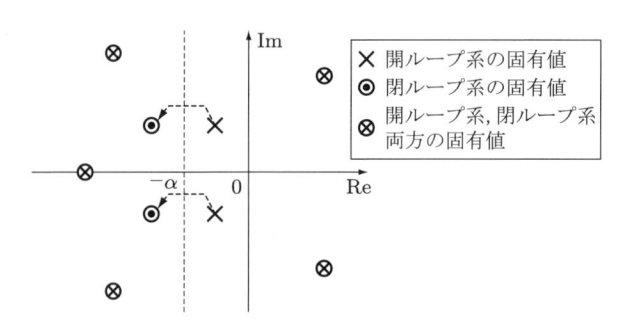

図 10.15　選択的折返し法による固有値の移動

したがって，折り返したい固有値に対して折返し線をその都度適当に選ぶことにより，閉ループ系の固有値の実部を任意に指定することができる．

設計手順はつぎのようにまとめられる．

[Step 1] 行列 A に対し，1 回目に折り返す固有値とそれに適した折返し線 $\mathrm{Re}\,\lambda = -\alpha_1$ を選ぶ．ここで，$\mathrm{Re}\,\lambda = -\alpha_1$ より左側に存在する A の固有値を $\lambda_1^-, \ldots, \lambda_p^-$ とし，右側に存在するものを $\lambda_1^+, \ldots, \lambda_{n-p}^+$ とする．このうち折り返す固有値を $\lambda_1^+, \ldots, \lambda_q^+$ $(q \leq n-p)$ とする．

[Step 2] ハミルトン行列

$$H = \begin{pmatrix} A + \alpha_1 I & -BR^{-1}B^T \\ 0 & -(A + \alpha_1 I)^T \end{pmatrix} \tag{10.3.1}$$

を構成し，その固有値を計算する．ハミルトン行列 H の固有値は，A の固有値を大きさ α_1 だけ実軸正の方向に移動させたものと，それらの符号を反転させたものからなっている．そこで，折り返す固有値 $\lambda_1^+, \ldots, \lambda_q^+ (q \leq n-p)$ に関しては，移動後に符号を反転させたもの $-(\lambda_1^+ + \alpha_1), \ldots, -(\lambda_q^+ + \alpha_1)$ を，その他は単に移動させたもの $\lambda_1^- + \alpha_1, \ldots, \lambda_p^- + \alpha_1$ および $\lambda_{q+1}^+ + \alpha_1, \ldots, \lambda_{n-p}^+ + \alpha_1$ の計 n 個の固有値を選択し，これらに対応する n 本の $2n$ 次元固有ベクトルを並べた行列 T_1 をつくる．

$$T_1 = \begin{pmatrix} M_1 \\ N_1 \end{pmatrix} \tag{10.3.2}$$

[Step 3] T_1 から $P_1 = N_1 M_1^{-1}$ を求め,

$$A_2 = A_1 - BR^{-1}B^T P_1, \quad (A_1 = A) \tag{10.3.3}$$

を構成する. ここで, P_1 は

$$(A + \alpha_1 I)^T P + P(A + \alpha_1 I) - PBR^{-1}B^T P = 0 \tag{10.3.4}$$

の解の一つになっている.

[Step 4] 行列 A_2 に対して, Step 1～Step 3 と同様の操作を行い, それぞれの固有値がすべて適当な位置に配置されるまで繰り返す. ただし, 複素平面上で折返し線が A_i の固有値と重ならないように設計パラメータ α_i を選ぶ.

以上の操作により構成される閉ループ系は,

$$\begin{aligned}\dot{x}(t) &= \left(A - \sum_i BR^{-1}B^T P_i\right) x(t) \\ &= \left(A - B \sum_i F_i\right) x(t)\end{aligned} \tag{10.3.5}$$

となる. また, 折返し法, 選択的折返し法の基本的アイディアを離散時間系, δ 差分表現系に適用した設計法も提案されている.

10.4　数値シミュレーション

前章の最適レギュレータの数値シミュレーションと同じ制御対象を用いて, 本章で学んだ折返し法の有効性をみよう. 折返し法では, 開ループ系の固有値を複素平面上にプロットし, 固有値全体の位置を把握したうえで, 折返し線となる虚軸に平行な直線 $\mathrm{Re}\,\lambda = -\alpha$ を決定する.

開ループ系の9個の固有値すべてを複素平面上にプロットしたものが前章の図9.6である. 第2章での検討から, 固有値 $-106.8 \pm j15.80$, -34.03 ± 9.95, -29.63 によるモードは, 減衰がきわめて速く, そのとき振動成分がほとんど現れないことがわかる. そこで, 虚軸近くに存在する4個の固有値 -12.99, -5.00, $-0.06 \pm j10.46$ だけをプロットしたのが図 10.16 である. 以下において, 閉ループ系の応答として十分満足できる応答が期待される固有値の位置に折り返して移動するための設計パラメータ α の値はいかにあるべきかを考えることにしよう.

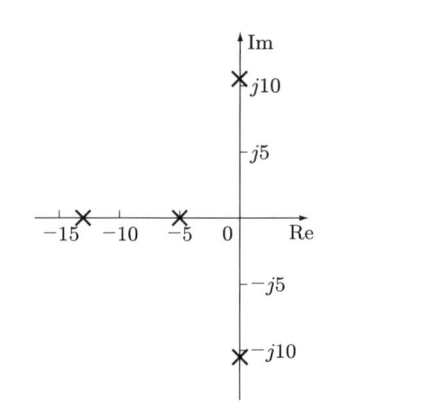

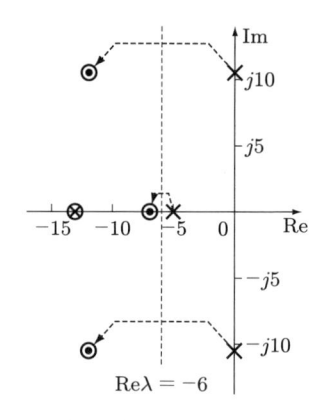

図 10.16 開ループ系の支配的な固有値   **図 10.17** 折返し法による支配的な固有値の移動 ($\alpha = 6$)

たとえば，$\alpha = 6$ にしてみる．このとき，折返し線 $\mathrm{Re}\,\lambda = -6$ より右側にある 3 個の固有値は左側に折り返される．これにより，閉ループ系の固有値は，

$$\lambda(A - BR^{-1}B^T P_+) = -106.8 \pm j15.80, -34.03 \pm 9.95, -11.94 \pm j10.46,$$
$$-29.63, -12.99, -7.00 \qquad (10.4.1)$$

の 9 個となることがわかる．振動の原因であった固有値 $-0.06 \pm j10.46$ は，$-11.94 \pm j10.46$ に移動する．A と $A - BR^{-1}B^T P_+$ の固有値のうち，虚軸近くに存在するものだけを複素平面上にプロットしたのが図 10.17 である．

図から，構成した閉ループ系の時間応答においては顕著な振動モードが現れないことが期待できる．ここまで確認したうえで，リカッチ形方程式

$$(A + \alpha I)^T P + P(A + \alpha I) - PBR^{-1}B^T P = 0 \qquad (10.1.1 \text{ 再掲})$$

を $\alpha = 6$ としてはじめて解き，その最大解 P_+ を求めると，

$$P_+ = \begin{pmatrix}
3.226 & 0.714 & 0.237 & 3.027 & -1.129 & 0.031 & -1.743 & -0.417 & 2.262 \\
0.714 & 0.845 & 0.018 & -0.064 & -0.164 & 0.006 & -0.361 & -0.261 & -0.787 \\
0.237 & 0.018 & 0.019 & 0.260 & -0.087 & 0.002 & -0.129 & -0.022 & 0.237 \\
0.027 & -0.064 & 0.260 & 3.624 & -1.151 & 0.030 & -1.661 & -0.211 & 3.498 \\
-1.129 & -0.164 & -0.087 & -1.151 & 0.406 & -0.011 & 0.613 & 0.125 & -0.953 \\
0.031 & 0.006 & 0.002 & 0.030 & -0.011 & 0.0 & -0.017 & -0.004 & 0.023 \\
-1.743 & -0.361 & -0.129 & -1.661 & 0.613 & -0.017 & 1.022 & 0.219 & -1.268 \\
-0.417 & -0.261 & -0.022 & -0.211 & 0.125 & -0.004 & 0.219 & 0.095 & 0.024 \\
2.262 & -0.787 & 0.232 & 3.498 & -0.953 & 0.023 & -1.268 & 0.024 & 3.999
\end{pmatrix}$$
$$(10.4.2)$$

となり，状態フィードバック制御は次式で与えられる．

$$
\begin{aligned}
u(t) &= -R^{-1}B^T P_+ x(t) \\
&= -\begin{pmatrix} 0.786 & 0.161 & 0.058 & 0.751 & -0.277 \\ -8.714 & -1.805 & -0.647 & -8.308 & 3.065 \\ & 0.008 & -0.425 & -0.098 & 0.575 \\ & -0.085 & 5.112 & 1.095 & -6.340 \end{pmatrix} x(t) \quad (10.4.3)
\end{aligned}
$$

閉ループ系の初期値応答を図 10.18 に，またそのときの操作量を図 10.19 に示す．ここで，初期値応答を計算するにあたって，第 9 章のシミュレーション条件と同様に $x_i(0) = 1, \forall i$ としている．図 10.18 から，閉ループ系の応答において収束性はさほど良くないものの，振動性は十分に抑えられていることがわかる．

つぎに，設計パラメータ α の値を，$\alpha = 1$ と $\alpha = 11$ にしてみよう．このときの固有値の移動はそれぞれ図 10.20, 10.21 のようになる．また，それぞれの場合における状態フィードバック制御は次式で与えられる．

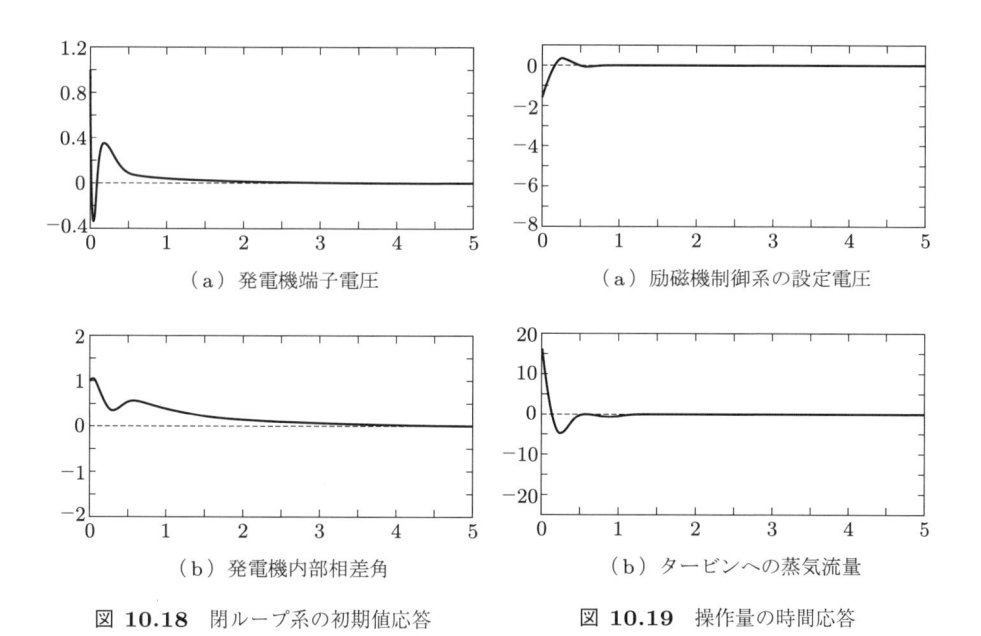

(a) 発電機端子電圧

(a) 励磁機制御系の設定電圧

(b) 発電機内部相差角

(b) タービンへの蒸気流量

図 **10.18** 閉ループ系の初期値応答

図 **10.19** 操作量の時間応答

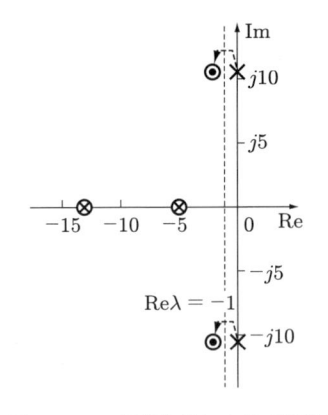

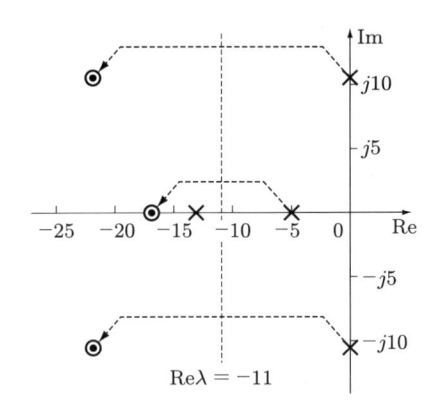

図 10.20 折返し法による支配的な固有値の移動 ($\alpha = 1$)

図 10.21 折返し法による支配的な固有値の移動 ($\alpha = 11$)

$\alpha = 1$ のとき：

$$u(t) = -\begin{pmatrix} 0.107 & 0.001 & 0.009 & 0.125 & -0.040 \\ -1.252 & 0.059 & -0.109 & -1.533 & 0.480 \\ 0.001 & -0.062 & -0.008 & 0.118 \\ -0.012 & 0.745 & 0.079 & -1.508 \end{pmatrix} x(t) \quad (10.4.4)$$

$\alpha = 11$ のとき：

$$u(t) = -\begin{pmatrix} 2.076 & -0.258 & 0.189 & 2.714 & -0.816 \\ -12.82 & -13.70 & -0.392 & -0.436 & 3.131 \\ 0.021 & -0.584 & -0.092 & 2.800 \\ -0.117 & 11.05 & 4.326 & 11.36 \end{pmatrix} x(t) \quad (10.4.5)$$

$\alpha = 1$ のときの閉ループ系の初期値応答を図 10.22 に，またそのときの操作量を図 10.23 に示す．閉ループ系の固有値の中に $-1.94 \pm j10.46$ が存在するため，図 10.22 には振動成分が残っている．$\alpha = 11$ のときの閉ループ系の初期値応答を図 10.24 に，またそのときの操作量の時間応答を図 10.25 に示す．

図 10.18 と図 10.24 を比べると，図 10.24 ではいくぶん整定時間が短縮されたものの，オーバーシュートとアンダーシュートが目立つようになっている．そのぶん，操作量の使用が増えていることを図 10.25 から確認することができる．

最後に，図 10.26 の斜線の領域にすべての固有値が納まれば，どのような応答特性が期待できるかを調べよう．

10.4 数値シミュレーション

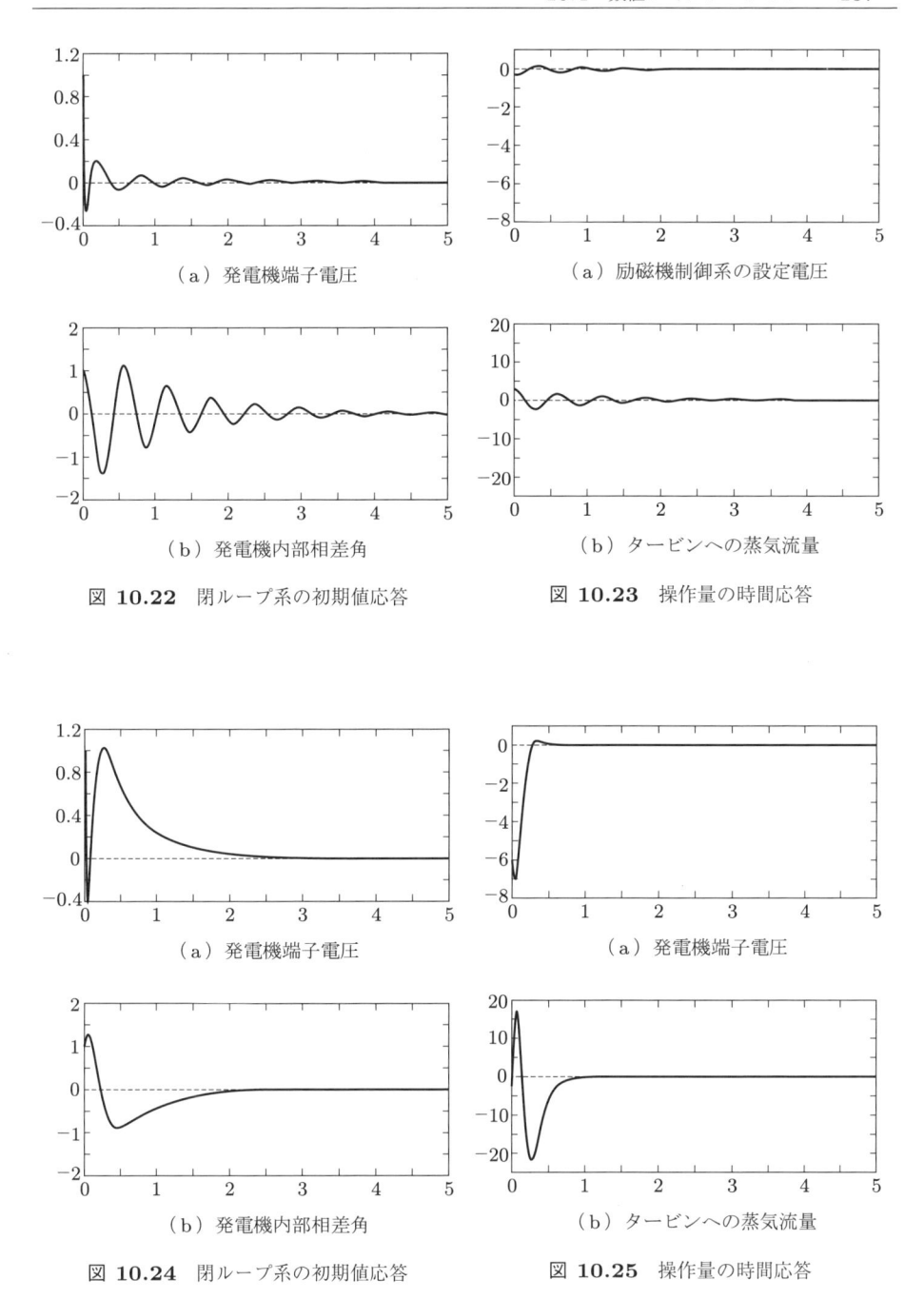

(a) 発電機端子電圧

(b) 発電機内部相差角

図 10.22 閉ループ系の初期値応答

(a) 励磁機制御系の設定電圧

(b) タービンへの蒸気流量

図 10.23 操作量の時間応答

(a) 発電機端子電圧

(b) 発電機内部相差角

図 10.24 閉ループ系の初期値応答

(a) 発電機端子電圧

(b) タービンへの蒸気流量

図 10.25 操作量の時間応答

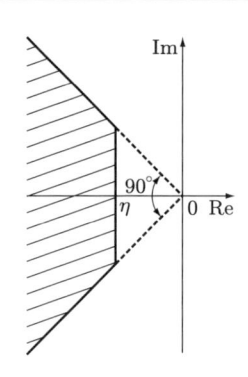

図 **10.26** 固有値の好ましい領域

これには，伝達関数の標準形を用いるとわかりやすい．2次遅れ要素の伝達関数を

$$G(s) = \frac{\omega_n{}^2}{s^2 + 2\zeta\omega_n s + \omega_n{}^2} \tag{10.4.6}$$

で与える．ここで，ω_n を固有角周波数，ζ を減衰係数という．減衰係数を一定にして固有角周波数を変えたときの様子をみることにする．

まず，$\zeta = 0.2, \omega_n = 0.1, 0.2, 1$ としたときの伝達関数の極，すなわち状態空間表現におけるシステム行列 A の固有値と単位ステップ応答を図 10.27 と図 10.28 に示す．

図 10.27 から，固有値は原点を通る直線上に並んでいること，また，図 10.28 から，

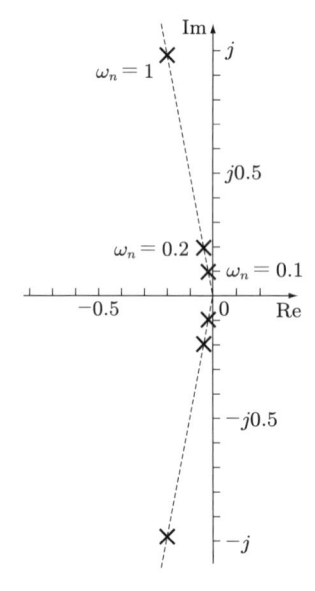

図 **10.27** 固有値の位置

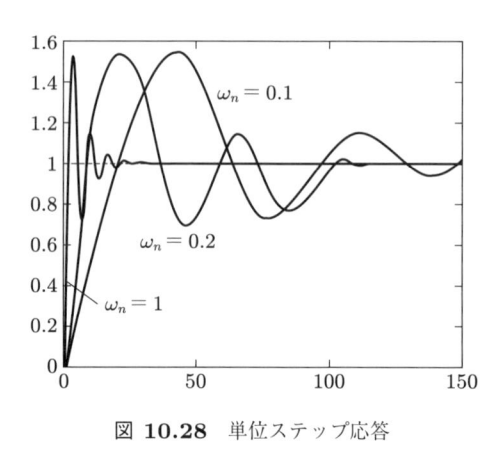

図 **10.28** 単位ステップ応答

3 本の応答曲線は時間軸を調整することで重なっていることが伺える．

以下において，これらを確認しよう．伝達関数の極を式 (10.4.6) から計算すると，

$$\lambda_{1,2} = -\zeta\omega_n \pm j\omega_n\sqrt{1-\zeta^2} \tag{10.4.7}$$

となる．これを複素平面上にプロットしたのが，図 10.29 である．図から

$$\phi = \sin^{-1}\zeta \tag{10.4.8}$$

であることがわかる．

すなわち，図 10.27 に示すように，減衰係数 ζ を一定にして固有角周波数 ω_n を変えたとき，固有値は原点を通る直線上に存在し，虚軸とのなす角 ϕ は式 (10.4.8) で与えられる．

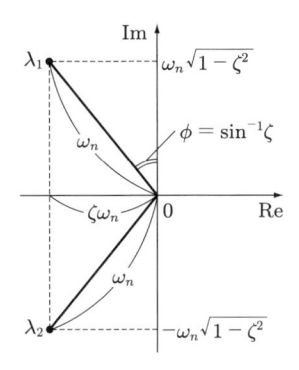

図 10.29 減衰係数 ζ と虚軸とのなす角 ϕ の関係

つぎに，図 10.28 の 3 本の応答曲線は時間軸を調整することで重なることを示す．紙面の都合上詳しい導出は省略するが，$0 < \zeta < 1$ の場合の伝達関数 (10.4.6) の単位ステップ応答は，

$$y(t) = 1 - \frac{1}{\sqrt{1-\zeta^2}}e^{-\zeta\omega_n t}\sin(\omega_n\sqrt{1-\zeta^2}t + \varphi) \tag{10.4.9}$$

である．ただし，

$$\varphi = \tan^{-1}\frac{\sqrt{1-\zeta^2}}{\zeta} \tag{10.4.10}$$

となる．図 10.28 の 3 本の時間応答波形を，横軸を $\omega_n t$ にして描くと 3 本の線が重なることは，$\tau = \omega_n t$ とおくと式 (10.4.9) が

$$y(t) = 1 - \frac{1}{\sqrt{1-\zeta^2}}e^{-\zeta\tau}\sin(\sqrt{1-\zeta^2}\tau + \varphi) \tag{10.4.11}$$

となることから理解できる．

さて，図 10.26 の原点を通る直線が虚軸となす角 ϕ は $45°$ であるから，式 (10.4.8) から $\zeta = 0.707$ である．そこで，$\zeta = 0.707$，$\omega_n = 0.1, 0.2, 1$ としたときの伝達関数の極，すなわち状態空間表現におけるシステム行列 A の固有値と単位ステップ応答を図 10.30 と図 10.31 に示す．

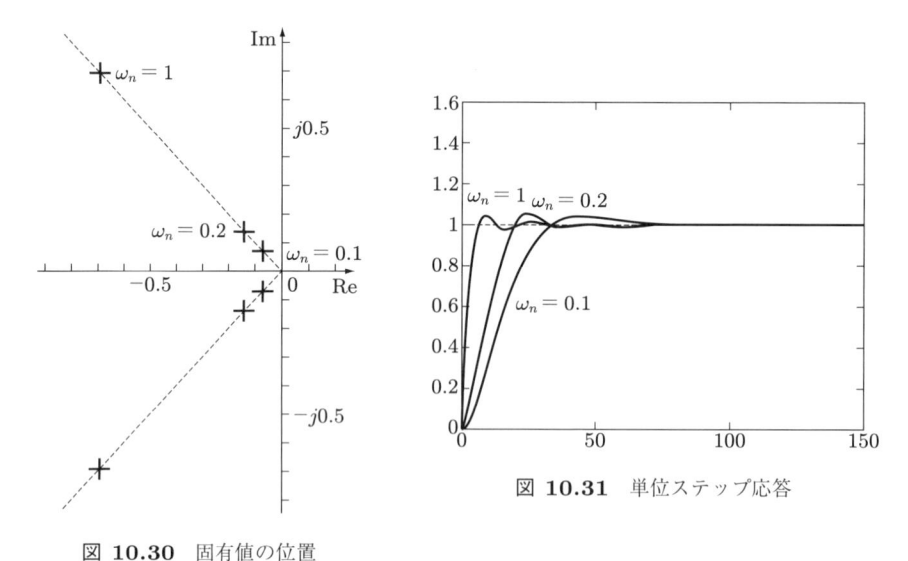

図 10.30 固有値の位置

図 10.31 単位ステップ応答

したがって，図 10.26 の原点を通る 2 本の直線の内側に固有値が存在すれば，図 10.31 に示す波形よりもさらに振動の少ない時間応答を保証できることがわかる．これに加えて，収束の速さを保証するために，直線 $\mathrm{Re}\,\lambda = \eta$ よりも左側に限定することで，すべてのモードは $e^{\eta t}$ よりも速く減衰することになる．

■演習問題

10.1 折り返し法は，評価関数を

$$J = \frac{1}{2}\int_0^\infty \left\{x^T(t)(2\alpha P_+)x(t) + u^T(t)Ru(t)\right\}dt \qquad (10.1.4\,\text{再掲})$$

とした最適レギュレータになっていることを例題 10.1 の数値例を用いて示せ．

10.2 つぎのシステムを制御対象として，選択的折返し法を用いて制御系を設計せよ．

$$\dot{x}(t) = \begin{pmatrix} 0 & 1 \\ 0 & -1 \end{pmatrix} x(t) + \begin{pmatrix} 0 \\ 1 \end{pmatrix} u(t) \qquad (10.5.1)$$

10.3 選択的折返し法を用いると，指定する固有値のみを折返し線に関して対称な位置に移動することができる．このことを演習問題 10.2 を使って示せ．

11 サーボ系

前章までに述べた極配置法,最適レギュレータ,折返し法はすべて,平衡点からずれた初期値があったときに,状態変数を平衡点である原点に収束させるレギュレータを構成するものである.たとえば,定常運転からの偏差を状態として定義して動特性表現すれば,一定の目標値を保つ定値制御を実現することができる.しかし,この場合も,システムに定常的な外乱が加わると制御量を目標値に一致させることはできない.また,時間の経過で変化する目標値に制御量を追従させるサーボ系も,このままの形では取り扱うことができない.本章では,サーボ系の構造はいかにあるべきかを考え,その設計条件をまとめる.

11.1 内部モデル原理とサーボ系の構造

目標値がステップ状に変化する場合,あるいはステップ状の外乱が印加されるような場合においても,制御量が目標値に定常偏差なく追従する制御系であるためには,前置補償器が積分特性を有しなくてはならない.単位ステップ信号のラプラス変換は $1/s$ で,積分器のラプラス変換も $1/s$ である.すなわち,外部入力信号の特性と同じ特性をもつモデルを制御装置に設けておくと,外部入力が入力されたときに定常偏差をゼロにすることができる.いつ,どんな大きさで変化するかの先見情報は必要ない.これを内部モデル原理という.

内部モデル原理によれば,目標値がランプ状に変化する場合,あるいはランプ状の外乱が印加される場合は,前置補償器に積分器を二つ設けておけば定常偏差をゼロにできる.パラボラ状の場合は,三つの積分器を必要とする.このことは,まったく知らない街でも,手元に街の地図があれば迷わないで済むのに似ている.

以下において,サーボ系の構造はいかにあるべきかを考えよう.内部モデル原理によれば,ステップ状の目標値あるいは外乱に対して有効な制御系であるためには,前置補償器が積分器をもたなくてはならない.したがって,図11.1に示すような制御系の構造となる.

状態フィードバックによって特性改善をする制御方式である場合も,制御系は積分器を前置補償として有する構造でなくてはならない.そこで,図11.2に示すように,状態フィードバック制御に加えて制御偏差を積分することで,図11.1と同じ構造に

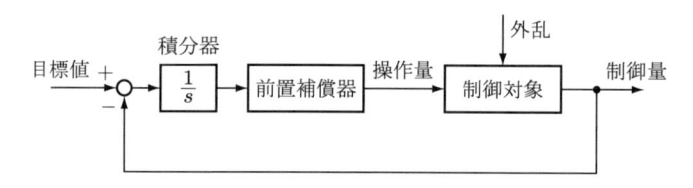

図 11.1 積分器を有する制御系

図 11.2 サーボ系の構造

する．

図 11.2 における制御対象は，可制御な入力 m，出力 m の n 次元定係数線形システム

$$\dot{x}(t) = Ax(t) + Bu(t) + v(t) \tag{11.1.1}$$

$$y(t) = Cx(t) \tag{11.1.2}$$

であり，状態 $x(t)$ は直接観測が可能であるとする．また，$v(t)$ はステップ状の未知外乱である．制御系の動特性を表現するにあたって，制御対象のほかに，積分器も動的要素である．図では，制御偏差 $e(t)$ を積分したものが $z(t)$ となっている．これを微分方程式で書くと，

$$\dot{z}(t) = e(t) \tag{11.1.3}$$

である．ここで，制御偏差 $e(t)$ は，目標値 $r(t)$ と制御量 $y(t)$ との差であるから

$$e(t) = r(t) - y(t) = r(t) - Cx(t) \tag{11.1.4}$$

である．また，図中の操作量 $u(t)$ は，式 (11.1.3) の $z(t)$ に制御定数 K を掛けたものと，状態フィードバック $Fx(t)$ とからなり，次式で表すことができる．

$$u(t) = -Fx(t) + Kz(t) \tag{11.1.5}$$

つぎに，式 (11.1.1) と式 (11.1.3) の二つの動特性をまとめて表現することを考える．

積分器の出力である $z(t)$ を状態変数として取り込むことで，つぎの拡大系をつくることができる．

$$\begin{pmatrix} \dot{x}(t) \\ \dot{z}(t) \end{pmatrix} = \begin{pmatrix} A & 0 \\ -C & 0 \end{pmatrix} \begin{pmatrix} x(t) \\ z(t) \end{pmatrix} + \begin{pmatrix} B \\ 0 \end{pmatrix} u(t) + \begin{pmatrix} v(t) \\ r(t) \end{pmatrix} \tag{11.1.6}$$

また，操作量 (11.1.5) を新しい状態変数を使った状態フィードバック制御で表現すると，

$$u(t) = -\begin{pmatrix} F & -K \end{pmatrix} \begin{pmatrix} x(t) \\ z(t) \end{pmatrix} \tag{11.1.7}$$

となる．わかりやすくするために，新しい状態変数を

$$\bar{x}(t) = \begin{pmatrix} x(t) \\ z(t) \end{pmatrix} \tag{11.1.8}$$

とし，式 (11.1.6)，(11.1.7) に含まれる行列を

$$\bar{A} = \begin{pmatrix} A & 0 \\ -C & 0 \end{pmatrix}, \quad \bar{B} = \begin{pmatrix} B \\ 0 \end{pmatrix}, \quad \bar{F} = \begin{pmatrix} F & -K \end{pmatrix} \tag{11.1.9}$$

で表すと，拡大系はつぎのように書くことができる．

$$\dot{\bar{x}}(t) = \bar{A}\bar{x}(t) + \bar{B}u(t) + \begin{pmatrix} v(t) \\ r(t) \end{pmatrix} \tag{11.1.10}$$

$$u(t) = -\bar{F}\bar{x}(t) \tag{11.1.11}$$

すなわち，前章までに扱っていたものと同じ状態方程式に，外部入力の外乱 $v(t)$ と目標値 $r(t)$ を陽に書き加えたものが式 (11.1.10) であり，操作量をいつもの状態フィードバックの形で表現したのが式 (11.1.11) である．ここで，もしも拡大系が可制御であれば，前章までに述べた設計法に帰着させて，閉ループ系を安定とする制御定数 $\bar{F}$ を算出することができる．

【例題 11.1】 図 11.3 に示すように，積分器を前置補償として有しない構造の制御系は，目標値のステップ状の変化に対して定常偏差が残ることを，例題 8.1

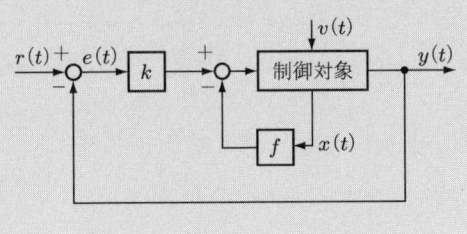

図 11.3 積分器を有しない制御系

の数値を用いて検討せよ．

解 例題 8.1 では，制御対象

$$\dot{x}(t) = \begin{pmatrix} 2 & 0 \\ 0 & -5 \end{pmatrix} x(t) + \begin{pmatrix} 1 \\ -2 \end{pmatrix} u(t) \tag{8.1.4 再掲}$$

に対して，状態フィードバック係数ベクトル

$$f = \begin{pmatrix} \dfrac{12}{7} & \dfrac{6}{7} \end{pmatrix} \tag{11.1.12}$$

を設計した．制御対象の出力方程式を

$$y(t) = \begin{pmatrix} 1 & 1 \end{pmatrix} x(t) \tag{11.1.13}$$

として，ステップ状の目標値と制御量との差 $e(t)$ を考える．

$$e(t) = r(t) - y(t) \tag{11.1.14}$$

積分器を前置補償として有しない構造なので，操作量はつぎのように記述される．

$$u(t) = -fx(t) + ke(t) \tag{11.1.15}$$

上式の制御を施すと閉ループ系は，

$$\begin{aligned}
\dot{x}(t) &= Ax(t) + b\{-fx(t) + ke(t)\} \\
&= Ax(t) - bfx(t) + bkr(t) - bkcx(t) \\
&= (A - bf - bkc)x(t) + bkr(t) \\
&= \left\{ \begin{pmatrix} 2 & 0 \\ 0 & -5 \end{pmatrix} - \begin{pmatrix} 1 \\ -2 \end{pmatrix} \begin{pmatrix} \dfrac{12}{7} & \dfrac{6}{7} \end{pmatrix} - \begin{pmatrix} 1 \\ -2 \end{pmatrix} k \begin{pmatrix} 1 & 1 \end{pmatrix} \right\} x(t) + \begin{pmatrix} 1 \\ -2 \end{pmatrix} kr(t) \\
&= \left\{ \begin{pmatrix} 2 & 0 \\ 0 & -5 \end{pmatrix} - \begin{pmatrix} \dfrac{12}{7} & \dfrac{6}{7} \\ -\dfrac{24}{7} & -\dfrac{12}{7} \end{pmatrix} - k \begin{pmatrix} 1 & 1 \\ -2 & -2 \end{pmatrix} \right\} x(t) + \begin{pmatrix} 1 \\ -2 \end{pmatrix} kr(t) \\
&= \dfrac{1}{7} \begin{pmatrix} 2 - 7k & -6 - 7k \\ 24 + 14k & -23 + 14k \end{pmatrix} x(t) + \begin{pmatrix} 1 \\ -2 \end{pmatrix} kr(t) \tag{11.1.16}
\end{aligned}$$

となる．ここで，k は閉ループ系を漸近安定にするように選ばれているものとする．目標値 $r(t)$ は大きさ r_0 でステップ状に変化する．時間が十分に経過して定常状態に達したとき $\dot{x}(\infty) = 0$ であるから，$x(t)$ の定常値は次式で計算できる．

$$x(\infty) = -7 \begin{pmatrix} 2-7k & -6-7k \\ 24+14k & -23+14k \end{pmatrix}^{-1} \begin{pmatrix} 1 \\ -2 \end{pmatrix} kr_0$$

$$= \frac{-7}{98+441k} \begin{pmatrix} -23+14k & 6+7k \\ -24-14k & 2-7k \end{pmatrix} \begin{pmatrix} 1 \\ -2 \end{pmatrix} kr_0$$

$$= \frac{-1}{14+63k} \begin{pmatrix} -35 \\ -28 \end{pmatrix} kr_0$$

$$= \frac{k}{2+9k} \begin{pmatrix} 5 \\ 4 \end{pmatrix} r_0 \qquad (11.1.17)$$

よって，制御量 $y(t)$ の定常値は，

$$y(\infty) = cx(\infty) = \begin{pmatrix} 1 & 1 \end{pmatrix} \frac{k}{2+9k} \begin{pmatrix} 5 \\ 4 \end{pmatrix} r_0 = \frac{9k}{2+9k} r_0$$

$$= \frac{k}{2/9+k} r_0 \qquad (11.1.18)$$

となる．上式から明らかなように，k の値が閉ループ系を漸近安定にする範囲の中で非常に大きい場合に限って制御量の定常値 $y(\infty)$ は目標値 r_0 にほぼ一致するが，そうでない場合は定常偏差が残る． ◀

【例題 11.2】 図 11.2 に示したように，積分器を前置補償として有する構造の制御系ならば，目標値のステップ状の変化に対して定常偏差が残らないことを，例題 8.1 の数値を用いて検討せよ．

解 拡大系の動特性は，式 (11.1.6) より

$$\begin{pmatrix} \dot{x}(t) \\ \dot{z}(t) \end{pmatrix} = \begin{pmatrix} A & 0 \\ -c & 0 \end{pmatrix} \begin{pmatrix} x(t) \\ z(t) \end{pmatrix} + \begin{pmatrix} b \\ 0 \end{pmatrix} u(t) + \begin{pmatrix} v(t) \\ r(t) \end{pmatrix} \qquad (11.1.19)$$

である．ただし，

$$A = \begin{pmatrix} 2 & 0 \\ 0 & -5 \end{pmatrix}, \quad b = \begin{pmatrix} 1 \\ -2 \end{pmatrix}, \quad c = \begin{pmatrix} 1 & 1 \end{pmatrix} \qquad (11.1.20)$$

である．また，状態フィードバック係数ベクトルは，

$$f = \begin{pmatrix} \frac{12}{7} & \frac{6}{7} \end{pmatrix} \qquad (11.1.12 \text{ 再掲})$$

と設計されている．さて，図 11.2 における操作量は，式 (11.1.7) より，

$$u(t) = -\begin{pmatrix} f & -k \end{pmatrix} \begin{pmatrix} x(t) \\ z(t) \end{pmatrix} \qquad (11.1.21)$$

であるから，これを式 (11.1.19) に代入するとつぎのようになる．

$$\begin{pmatrix} \dot{x}(t) \\ \dot{z}(t) \end{pmatrix} = \begin{pmatrix} A & 0 \\ -c & 0 \end{pmatrix} \begin{pmatrix} x(t) \\ z(t) \end{pmatrix} - \begin{pmatrix} b \\ 0 \end{pmatrix} (f \ -k) \begin{pmatrix} x(t) \\ z(t) \end{pmatrix} + \begin{pmatrix} v(t) \\ r(t) \end{pmatrix}$$

$$= \begin{pmatrix} A & 0 \\ -c & 0 \end{pmatrix} \begin{pmatrix} x(t) \\ z(t) \end{pmatrix} - \begin{pmatrix} bf & -bk \\ 0 & 0 \end{pmatrix} \begin{pmatrix} x(t) \\ z(t) \end{pmatrix} + \begin{pmatrix} v(t) \\ r(t) \end{pmatrix}$$

$$= \begin{pmatrix} A - bf & bk \\ -c & 0 \end{pmatrix} \begin{pmatrix} x(t) \\ z(t) \end{pmatrix} + \begin{pmatrix} v(t) \\ r(t) \end{pmatrix} \tag{11.1.22}$$

上式に，式 (11.1.12) と式 (11.1.20) の値を代入すると，

$$\begin{pmatrix} \dot{x}_1(t) \\ \dot{x}_2(t) \\ \dot{z}(t) \end{pmatrix} = \begin{pmatrix} \begin{pmatrix} 2 & 0 \\ 0 & -5 \end{pmatrix} - \begin{pmatrix} 1 \\ -2 \end{pmatrix} \begin{pmatrix} \frac{12}{7} & \frac{6}{7} \end{pmatrix} & \begin{pmatrix} 1 \\ -2 \end{pmatrix} k \\ -(1 \ 1) & 0 \end{pmatrix} \begin{pmatrix} x_1(t) \\ x_2(t) \\ z(t) \end{pmatrix} + \begin{pmatrix} v_1(t) \\ v_2(t) \\ r(t) \end{pmatrix}$$

$$= \frac{1}{7} \begin{pmatrix} 2 & -6 & 7k \\ 24 & -23 & -14k \\ -7 & -7 & 0 \end{pmatrix} \begin{pmatrix} x_1(t) \\ x_2(t) \\ z(t) \end{pmatrix} + \begin{pmatrix} v_1(t) \\ v_2(t) \\ r(t) \end{pmatrix} \tag{11.1.23}$$

となる．ここで，k は閉ループ系を漸近安定にするように選ばれているものとする．目標値 $r(t)$ が大きさ r_0 でステップ状に変化し，外乱はゼロとする．時間が十分に経過して定常状態に達したとき $\dot{x}(\infty) = 0$，$\dot{z}(\infty) = 0$ であるから，$x_1(t)$，$x_2(t)$ と $z(t)$ の定常値は次式で計算できる．

$$\begin{pmatrix} x_1(\infty) \\ x_2(\infty) \\ z(\infty) \end{pmatrix} = -7 \begin{pmatrix} 2 & -6 & 7k \\ 24 & -23 & -14k \\ -7 & -7 & 0 \end{pmatrix}^{-1} \begin{pmatrix} 0 \\ 0 \\ r_0 \end{pmatrix}$$

$$= \frac{-7}{-3087k} \begin{pmatrix} -98k & -49k & 245k \\ 98k & 49k & 196k \\ -329 & 56 & 98 \end{pmatrix} \begin{pmatrix} 0 \\ 0 \\ r_0 \end{pmatrix}$$

$$= \frac{1}{63k} \begin{pmatrix} -14k & -7k & 35k \\ 14k & 7k & 28k \\ -47 & 8 & 14 \end{pmatrix} \begin{pmatrix} 0 \\ 0 \\ r_0 \end{pmatrix}$$

$$= \frac{r_0}{63k} \begin{pmatrix} 35k \\ 28k \\ 14 \end{pmatrix} \tag{11.1.24}$$

よって，制御量 $y(t)$ の定常値は

$$y(\infty) = cx(\infty) = (1 \ 1) \frac{r_0}{63k} \begin{pmatrix} 35k \\ 28k \end{pmatrix} = \frac{63k}{63k} r_0 = r_0 \tag{11.1.25}$$

となり，目標値に一致することがわかる．このとき，積分器の出力は

$$z(\infty) = \frac{14}{63k} r_0 = \frac{2}{9k} r_0 \tag{11.1.26}$$

である． ◀

11.2　サーボ系設計条件

サーボ系では一般につぎの条件が要求される．
(1) 閉ループ系は内部安定，すなわち目標値や外乱など外部入力がゼロのときに漸近安定であること
(2) 外乱存在下においても制御量が目標値に定常偏差なく追従するレギュレーションの性能を有していること
(3) 制御対象のパラメータ変動があっても，(1) が成立する限りは (2) も成立すること

まず，条件 (1) の内部安定性について考えよう．外部入力をゼロとしたときのシステム

$$\dot{\bar{x}}(t) = \bar{A}\bar{x}(t) + \bar{B}u(t) + \begin{pmatrix} v(t) \\ r(t) \end{pmatrix} \quad \text{(11.1.10 再掲)}$$

を漸近安定にする状態フィードバック制御

$$u(t) = -\bar{F}\bar{x}(t) \quad \text{(11.1.11 再掲)}$$

が存在するための必要十分条件は，システムが可制御であることである．そこで可制御性行列を計算してそのランクを調べる．

拡大系 (11.1.10) の可制御性行列は

$$\bar{U}_c = \begin{pmatrix} \bar{B} & \bar{A}\bar{B} & \bar{A}^2\bar{B} & \cdots & \bar{A}^{n+m-1}\bar{B} \end{pmatrix} \quad (11.2.1)$$

であるから，$\bar{A}$, $\bar{B}$ に式 (11.1.9) を代入してつぎのようになる．

$$\begin{aligned}\bar{U}_c &= \begin{pmatrix} B & AB & A^2B & \cdots & A^{n+m-1}B \\ 0 & -CB & -CAB & \cdots & -CA^{n+m-2}B \end{pmatrix} \\ &= \begin{pmatrix} A & B \\ -C & 0 \end{pmatrix}\begin{pmatrix} 0 & B & AB & A^2B & \cdots & A^{n+m-2}B \\ I_m & 0 & 0 & 0 & \cdots & 0 \end{pmatrix}\end{aligned} \quad (11.2.2)$$

上式のランクを検討しよう．上式において I_m は m 次元の単位行列を表し，単位行列は正則であるからそのランクは m である．また，$\begin{pmatrix} B & AB & A^2B & \cdots & A^{n+m-2}B \end{pmatrix}$ は行数が n であるから，そのランクは高々 n である．制御対象 (11.1.1) は可制御なので，

$$\text{rank}\begin{pmatrix} B & AB & A^2B & \cdots & A^{n-1}B \end{pmatrix} = n \quad (11.2.3)$$

すなわち，行列 $\begin{pmatrix} B & AB & A^2B & \cdots & A^{n-1}B \end{pmatrix}$ には独立な列ベクトルが n 本存在する．この行列にさらに列ベクトルが何本か追加されてできた行列

$(B \ AB \ A^2B \ \cdots \ A^{n+m-2}B)$ のランクは, 先の行列と同じく n である. したがって, 式 (11.2.2) の最後の行列のランクは $n+m$ である.

このことから, 拡大系 (11.1.10) が可制御, すなわち, 式 (11.2.1) の可制御性行列 $\bar{U}_c$ のランクが $n+m$ となるための必要十分条件は,

$$\mathrm{rank} \begin{pmatrix} A & B \\ -C & 0 \end{pmatrix} = n+m \tag{11.2.4}$$

であることがわかる.

上式の成立が, 条件 (1) の内部安定なサーボ系を設計するための必要十分条件である. 以下において, 式 (11.2.4) の意味するところを考えてみよう. 制御対象 (11.1.1), (11.1.2) の操作量 $u(t)$ から制御量 $y(t)$ までの $m \times m$ サイズの伝達関数行列は

$$G(s) = C(sI_n - A)^{-1}B = \frac{C \, \mathrm{adj}(sI_n - A)B}{|sI_n - A|} \tag{11.2.5}$$

であるから,

$$|G(s)| = |C(sI_n - A)^{-1}B| = \frac{|C \, \mathrm{adj}(sI_n - A)B|}{|sI_n - A|} \tag{11.2.6}$$

となる. 上式の分母をゼロにする s をシステムの極といい, 1 入力 1 出力系の場合と同じくシステム行列 A の固有値に等しい. 零点に関しては, 1 入力 1 出力系の場合は, $c \, \mathrm{adj}(sI_n - A)b = 0$ の根である. 多入力多出力系の場合は, 式 (11.2.6) の分子をゼロにする s をシステムの不変零点とよぶ. すなわち, 不変零点は次式で計算される.

$$|C \, \mathrm{adj}(sI_n - A)B| = 0 \tag{11.2.7}$$

余因子行列を用いないでこの零点を計算することもできる. そのために, つぎの正方行列 $M(s)$ を導入する.

$$M(s) = \begin{pmatrix} sI_n - A & B \\ C & 0 \end{pmatrix} \tag{11.2.8}$$

$|M(s)|$ は以下のように表現できる.

$$\begin{aligned} |M(s)| &= \begin{vmatrix} sI_n - A & B \\ C & 0 \end{vmatrix} \\ &= \begin{vmatrix} sI_n - A & 0 \\ C & -I_m \end{vmatrix} \begin{vmatrix} I_n & (sI_n - A)^{-1}B \\ 0 & C(sI_n - A)^{-1}B \end{vmatrix} \\ &= (-1)^m |sI_n - A| |C(sI_n - A)^{-1}B| \end{aligned} \tag{11.2.9}$$

ここで, 式 (11.2.6) を用いると, 上式は

$$|M(s)| = (-1)^m |C \operatorname{adj}(sI_n - A)B| \tag{11.2.10}$$

となる．上式と式 (11.2.7) より，

$$|M(s)| = 0 \tag{11.2.11}$$

とする s は，不変零点であることがわかる．上式で $s=0$ とおいた $|M(0)|=0$ は原点に零点をもつことを表し，$|M(0)| \neq 0$ は原点に零点をもたないことを表す．$|M(0)| \neq 0$ は

$$\operatorname{rank} M(0) = n + m \tag{11.2.12}$$

と等価であるので，式 (11.2.8) から

$$\operatorname{rank} M(0) = \operatorname{rank} \begin{pmatrix} -A & B \\ C & 0 \end{pmatrix} = n + m \tag{11.2.13}$$

が，システムが原点に零点をもたないことと等価になっていることになる．ランクの性質として，ある行あるいは列にゼロでない任意の数を掛けてもランクは不変なので，上式は次式と等価となることがいえる．

$$\operatorname{rank} \begin{pmatrix} A & B \\ -C & 0 \end{pmatrix} = n + m \tag{11.2.14}$$

これは，式 (11.2.4) と同じ式である．

これまでの話をまとめるとつぎのようになる．
(i) 内部モデル原理によれば，ステップ状に変化する目標値に定常偏差なく追従し，また，ステップ状の操作端外乱による影響を定常偏差なく抑制できる制御系となるには，前置補償器が原点に極をもつことが必要であった．せっかく前置補償器に設けたこの極を零点で相殺してしまっては，その効果がなくなってしまう．すなわち，制御対象は，原点に零点をもってはならない．
(ii) 制御対象が原点に零点をもたない必要十分条件は，式 (11.2.8) で定義する正方行列 $M(s)$ が，$|M(0)| \neq 0$ を満たすことである．
(iii) 条件 $|M(0)| \neq 0$ は，式 (11.2.4) と等価であり，これは，拡大系が可制御となるための必要十分条件である．

これらは互いに等価であり，最初に述べた条件 (1) である内部安定なサーボ系を設計するための必要十分条件となっている．この条件のもとで，拡大系 (11.1.10) に対してこれまでに述べた設計法を適用して式 (11.1.11) の形のフィードバック制御を求めることができる．このとき閉ループ系は，式 (11.1.6)，(11.1.7) からつぎのようになる．

$$\begin{pmatrix} \dot{x}(t) \\ \dot{z}(t) \end{pmatrix} = \begin{pmatrix} A - BF & BK \\ -C & 0 \end{pmatrix} \begin{pmatrix} x(t) \\ z(t) \end{pmatrix} + \begin{pmatrix} v(t) \\ r(t) \end{pmatrix} \qquad (11.2.15)$$

つぎに，条件 (2) のレギュレーションについて検討しよう．目標値 $r(t)$ と外乱 $v(t)$ はステップ状変化を考えている．また，内部安定であるから，十分に時間が経過すれば，$x(t)$ と $z(t)$ は定常値に収束する．式 (11.2.15) においてこれらの値を r_0, v_0, $x(\infty)$, $z(\infty)$ とおくと，

$$\begin{pmatrix} A - BF & BK \\ -C & 0 \end{pmatrix} \begin{pmatrix} x(\infty) \\ z(\infty) \end{pmatrix} = -\begin{pmatrix} v_0 \\ r_0 \end{pmatrix} \qquad (11.2.16)$$

となる．上式の左辺最初の行列は漸近安定な行列であるから，すべての固有値はその実部が負であって，原点には存在しない．したがって正則である．よって $x(\infty)$, $z(\infty)$ は一意解をもち，第 2 行の等式から

$$y(\infty) = Cx(\infty) = r_0 \qquad (11.2.17)$$

であるから，制御量 $y(t)$ は，時間無限大において制御偏差なく目標値に追従できることがわかる．

制御対象のパラメータ変動があっても，内部安定が保持される限り式 (11.2.16) は成立し，また，$x(\infty)$, $z(\infty)$ は一意解をもつので，レギュレーションの条件は満たされ，最後の条件 (3) も満足している．

【例題 11.3】 システム

$$\dot{x}(t) = \begin{pmatrix} -2 & 1 & 0 \\ 1 & -3 & 1 \\ 0 & 1 & -2 \end{pmatrix} x(t) + \begin{pmatrix} 1 \\ 0 \\ 0 \end{pmatrix} u(t) \qquad (11.2.18)$$

$$y(t) = \begin{pmatrix} 1 & 1 & 0 \end{pmatrix} x(t) \qquad (11.2.19)$$

において，

$$|M(s)| = 0 \qquad (11.2.11 \text{ 再掲})$$

を満たす s は零点であることを確かめよ．

解 伝達関数を計算しよう．まず，$(sI - A)^{-1}$ は，

$$(sI-A)^{-1} = \begin{pmatrix} s+2 & -1 & 0 \\ -1 & s+3 & -1 \\ 0 & -1 & s+2 \end{pmatrix}^{-1}$$

$$= \frac{1}{|sI-A|} \begin{pmatrix} s^2+5s+5 & s+2 & 1 \\ s+2 & s^2+4s+4 & s+2 \\ 1 & s+2 & s^2+5s+5 \end{pmatrix} \quad (11.2.20)$$

である．ただし，

$$|sI-A| = \begin{vmatrix} s+2 & -1 & 0 \\ -1 & s+3 & -1 \\ 0 & -1 & s+2 \end{vmatrix} = s^3+7s^2+14s+8 \quad (11.2.21)$$

となる．したがって，

$$G(s) = c(sI-A)^{-1}b$$

$$= \begin{pmatrix} 1 & 1 & 0 \end{pmatrix} \frac{1}{|sI-A|} \begin{pmatrix} s^2+5s+5 & s+2 & 1 \\ s+2 & s^2+4s+4 & s+2 \\ 1 & s+2 & s^2+5s+5 \end{pmatrix} \begin{pmatrix} 1 \\ 0 \\ 0 \end{pmatrix}$$

$$= \begin{pmatrix} 1 & 1 & 0 \end{pmatrix} \frac{1}{|sI-A|} \begin{pmatrix} s^2+5s+5 \\ s+2 \\ 1 \end{pmatrix}$$

$$= \frac{s^2+5s+5+s+2}{s^3+7s^2+14s+8}$$

$$= \frac{s^2+6s+7}{s^3+7s^2+14s+8} \quad (11.2.22)$$

となり，$s^2+6s+7=0$ から，零点は $-3\pm\sqrt{2}$ である．

つぎに $|M(s)|$ を計算する．

$$|M(s)| = \begin{vmatrix} sI-A & b \\ c & 0 \end{vmatrix} = \begin{vmatrix} s+2 & -1 & 0 & 1 \\ -1 & s+3 & -1 & 0 \\ 0 & -1 & s+2 & 0 \\ 1 & 1 & 0 & 0 \end{vmatrix} \quad (11.2.23)$$

上式を第 4 列で展開する．

$$|M(s)| = 1 \times (-1)^{1+4} \begin{vmatrix} -1 & s+3 & -1 \\ 0 & -1 & s+2 \\ 1 & 1 & 0 \end{vmatrix}$$

$$= -\begin{vmatrix} -1 & s+3 & -1 \\ 0 & -1 & s+2 \\ 1 & 1 & 0 \end{vmatrix}$$

$$= -\{(s+3)(s+2)-1+(s+2)\}$$

$$= -s^2-6s-7 \quad (11.2.24)$$

$|M(s)|=0$ から,零点は $-3\pm\sqrt{2}$ であると求められる.これは,伝達関数から計算した零点に一致する. ◀

■**演習問題**

11.1 つぎのシステムを制御対象としてサーボ系を設計したい.

$$\dot{x}(t)=\begin{pmatrix}0 & 1\\ 0 & 2\end{pmatrix}x(t)+\begin{pmatrix}0\\ 1\end{pmatrix}u(t) \tag{11.3.1}$$

$$y(t)=\begin{pmatrix}1 & 0\end{pmatrix}x(t) \tag{11.3.2}$$

サーボ系の設計条件を満足していることを確認せよ.

11.2 積分器を前置補償として有する構造のサーボ系を設計せよ.

11.3 サーボ系を設計することによって,目標値のステップ状の変化およびステップ状の未知外乱に対して定常偏差が生じないことを示せ.

12 状態観測器

制御系設計論の基礎として，第 8 章～第 11 章で，極配置法，最適レギュレータ，折返し法，サーボ系をまとめた．そこでは，すべての状態 $x_1(t) \sim x_n(t)$ が直接観測可能であると仮定したが，実際には，そのような場合は少ない．そのときは，測定できる入出力（操作量と制御量）から状態を再現し，再現された状態を使って状態フィードバック制御を実現すればよい．状態を再現する機構を状態観測器あるいはオブザーバという．

12.1 状態観測器の構造

制御対象は，m 入力 r 出力 n 次元線形システム

$$\dot{x}(t) = Ax(t) + Bu(t) \tag{9.1.1 再掲}$$

$$y(t) = Cx(t) \tag{9.1.2 再掲}$$

で表されているとする．もしも，行列 C のランクが n であるなら，式 (9.1.2) だけから状態 $x(t)$ を計算することができる．しかし，$r < n$ の場合など行列 C のランクが n より小さいときは，出力 $y(t)$ を観測しているだけでは，状態 $x(t)$ を再現するための十分な情報を得ることはできない．

まず考えつくのが，制御対象と同じモデル

$$\dot{\hat{x}}(t) = A\hat{x}(t) + Bu(t) \tag{12.1.1}$$

を用意しておいて，同一の入力 $u(t)$ を加える方法である．すなわち，図 12.1 に示すように，制御対象のシミュレータをコンピュータ内に構築して，それを実時間で動かして状態がどのように変化しているのかをみる．

運よく，制御対象の初期値 $x(0)$ とモデルの初期値 $\hat{x}(0)$ が等しければ，両システムへの入力 $u(t)$ が等しいので，制御対象は

$$x(t) = e^{At}x(0) + \int_0^t e^{A(t-\tau)}Bu(\tau)\,d\tau \tag{2.3.4 再掲}$$

に従って，また，モデルは

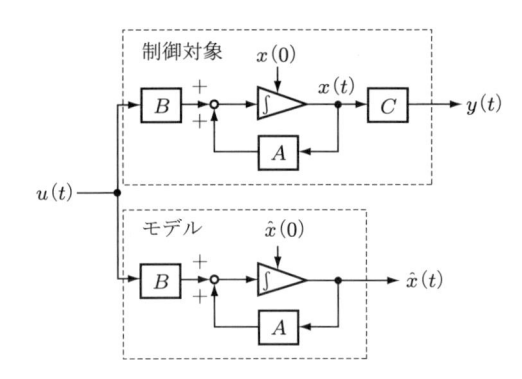

図 12.1　モデルをそのままシミュレータとして使う方法

$$\hat{x}(t) = e^{At}\hat{x}(0) + \int_0^t e^{A(t-\tau)} Bu(\tau)\, d\tau \tag{12.1.2}$$

に従ってまったく同じ動きをし，$\hat{x}(t) = x(t), t \geq 0$ となる．しかし，一般に制御対象の初期値 $x(0)$ は未知であって，$\hat{x}(0) \neq x(0)$ である．式 (2.3.4) と式 (12.1.2) の右辺第 2 項は同一であるから，右辺第 1 項の影響がいつまでも残るのか，それとも時間が経過するにつれて薄れていくのかを調べる必要がある．

以下において，制御対象の状態 $x(t)$ とモデルの状態 $\hat{x}(t)$ との差を考えてみよう．そこで，

$$\eta(t) = \hat{x}(t) - x(t) \tag{12.1.3}$$

とおき，両辺を微分したうえで式 (9.1.1) と式 (12.1.1) を使うと，

$$\begin{aligned}
\dot{\eta}(t) &= \dot{\hat{x}}(t) - \dot{x}(t) \\
&= A\hat{x}(t) + Bu(t) - (Ax(t) + Bu(t)) \\
&= A\left(\hat{x}(t) - x(t)\right) \\
&= A\eta(t) \tag{12.1.4}
\end{aligned}$$

となる．ただし，初期値は $\eta(0) = \hat{x}(0) - x(0)$ である．上の誤差システム (12.1.4) が漸近安定，すなわちシステム行列 A のすべての固有値の実部が負ならば，$\eta(t) \to 0$, $t \to \infty$ となる．このことは，初期値における誤差 $\eta(0) = \hat{x}(0) - x(0) \neq 0$ の影響は時間経過とともに減少し，やがて $\hat{x}(t)$ は $x(t)$ に漸近的に収束することを意味する．しかし，ここで収束の速度は行列 A の固有値に依存し，設計者の立場でこれを調整することはできない．ましてや，上の誤差システム (12.1.4) が漸近安定でない場合は，$\hat{x}(t)$ は $x(t)$ の再現値とはなり得ない．

12.1 状態観測器の構造

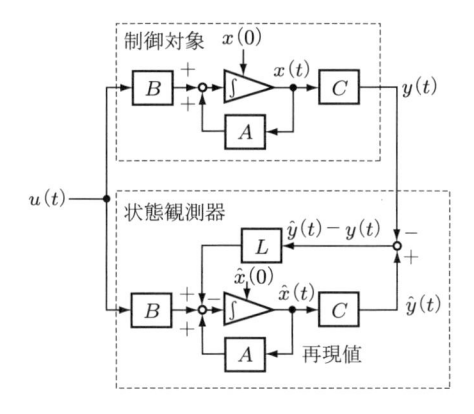

図 12.2 状態観測器

そこで,フィードバックを利用して上記の問題を解決する.制御対象の状態 $x(t)$ とモデルの状態 $\hat{x}(t)$ に差があると,当然,制御対象とモデルのそれぞれの出力にも差が出てくる.これをフィードバックしてモデルの動きを修正することを考えよう.図 12.2 に示す状態観測器の動特性は次式のように記述できる.

$$\begin{aligned}
\dot{\hat{x}}(t) &= A\hat{x}(t) + Bu(t) - L\left(\hat{y}(t) - y(t)\right) \\
&= A\hat{x}(t) + Bu(t) - L\left(C\hat{x}(t) - y(t)\right) \\
&= (A - LC)\hat{x}(t) + Ly(t) + Bu(t)
\end{aligned} \tag{12.1.5}$$

状態観測器を上式として,先と同じように誤差システムを考える.式 (12.1.3) の両辺を微分して式 (9.1.1) と式 (12.1.5) を使うと,

$$\begin{aligned}
\dot{\eta}(t) &= \dot{\hat{x}}(t) - \dot{x}(t) \\
&= (A - LC)\hat{x}(t) + Ly(t) + Bu(t) - (Ax(t) + Bu(t)) \\
&= (A - LC)\hat{x}(t) + LCx(t) - Ax(t) \\
&= (A - LC)\left(\hat{x}(t) - x(t)\right) \\
&= (A - LC)\eta(t)
\end{aligned} \tag{12.1.6}$$

となる.この解は

$$\eta(t) = e^{(A-LC)t}\eta(0) \tag{12.1.7}$$

であるから,$A - LC$ が漸近安定な行列であれば,次式が成立する.

$$\lim_{t \to \infty} \eta(t) = 0, \quad \forall \eta(0) \tag{12.1.8}$$

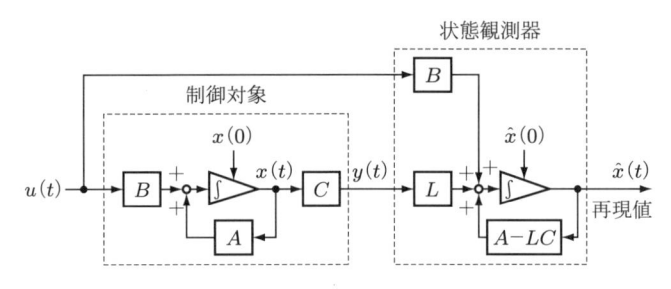

図 12.3 状態観測器

すなわち，システム (12.1.5) が所望の状態観測器となり得る．この状態観測器の外部入力は，図 12.2 から明らかなように，$u(t)$ と $y(t)$ であり，これらの情報に基づいて状態 $x(t)$ の再現値 $\hat{x}(t)$ を計算する．したがって，図 12.3 のように表すほうが理解しやすい．状態観測器 (12.1.5) は制御対象 (9.1.1) の次元と同じなので，同一次元オブザーバともいう．

12.2　双対性を用いた設計

前節において，状態観測器が図 12.2 に示した構造であれば，初期値誤差があっても時間とともに減少することがわかった．このためには，$A - LC$ が漸近安定な行列でなくてはならない．そこで本節では，行列 L の設計を説明する．

第 8 章で述べたように，システムが可制御であることと，閉ループ系の固有値を任意の位置に配置できることは等価である．このことは，多入力多出力系においてもいえる．すなわち，

$$(A, B) \text{ が可制御} \leftrightarrow A - BF \text{ の固有値を任意に配置可能}$$

である．この F の設計に関しては前章までにいくつかの設計法を紹介してきた．いま，L を設計するにあたり，これらを流用する．

双対性の定理より，

$$(C, A) \text{ が可観測} \leftrightarrow (A^T, C^T) \text{ が可制御}$$
$$\leftrightarrow A^T - C^T F \text{ の固有値を任意に配置可能}$$

がいえる．また，行列 $A - LC$ の固有値とその転置行列 $(A - LC)^T$ の固有値は等しいこと，および，

$$(A - LC)^T = A^T - C^T L^T \tag{12.2.1}$$

```
┌─────────────────────────────────────────────────┐
│  A − LC を漸近安定とする L を設計したい．         │
│    ↓                              ↑              │
│  (C, A) は可観測            L = F^T              │
│    ↓                              ↑              │
│  (A − LC)^T = A^T − C^T L^T    L^T = F           │
│    ↓                              ↑              │
│  A^T → A^*                                       │
│  C^T → B^*  とおく                               │
│    ↓                              ↑              │
│  (A^*, B^*) は可制御                             │
│    ↓                              ↑              │
│  A^* − B^* F を漸近安定とする F を設計できる．   │
└─────────────────────────────────────────────────┘
```

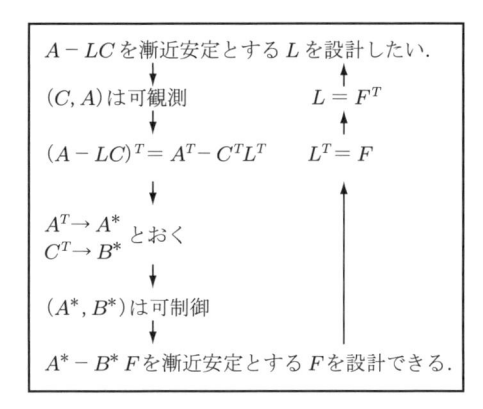

図 **12.4**　行列 L の設計手順

を考慮すると，$A - LC$ を漸近安定な行列にする L の設計手順は，図 12.4 のようにまとめることができる．

すなわち，$A - LC$ を漸近安定な行列にする L を設計するにあたり，この行列を転置することで，$A^T - C^T L^T$ の形にする．このままでは扱いにくいので，

$$A^T \to A^* \tag{12.2.2}$$

$$C^T \to B^* \tag{12.2.3}$$

の置き換えをする．ここで，もしも (A^*, B^*) が可制御ならば，行列 $A^* - B^* F$ の固有値を任意の位置に配置する F を設計することができる．実は，この F が先の L^T に相当しているので，

$$L = F^T \tag{12.2.4}$$

とすればよいことになる．このような L が設計できるための必要十分条件は，制御対象 (9.1.1)，(9.1.2) が可観測なことである．

【例題 12.1】 つぎのシステムの状態観測器を設計せよ．

$$\dot{x}(t) = \begin{pmatrix} -4 & 3 \\ -6 & 5 \end{pmatrix} x(t) + \begin{pmatrix} 0 \\ 1 \end{pmatrix} u(t) \tag{12.2.5}$$

$$y(t) = \begin{pmatrix} 3 & -1 \end{pmatrix} x(t) \tag{12.2.6}$$

ただし，状態観測器の固有値を $-2 \pm j$ に配置すること．

解　まず，与えられたシステムが可観測であるかどうかを調べる．

$$cA = \begin{pmatrix} 3 & -1 \end{pmatrix} \begin{pmatrix} -4 & 3 \\ -6 & 5 \end{pmatrix} = \begin{pmatrix} -6 & 4 \end{pmatrix} \tag{12.2.7}$$

であるから，可観測性行列の行列式を計算すると，

$$|U_0| = \begin{vmatrix} c \\ cA \end{vmatrix} = \begin{vmatrix} 3 & -1 \\ -6 & 4 \end{vmatrix} = 6 \neq 0 \tag{12.2.8}$$

となる．したがって，このシステムは可観測である．わかりやすくするために，つぎの置き換えを行う．

$$A^* = A^T = \begin{pmatrix} -4 & -6 \\ 3 & 5 \end{pmatrix}, \quad b^* = c^T = \begin{pmatrix} 3 \\ -1 \end{pmatrix} \tag{12.2.9}$$

行列 $A^* - b^* f$ を漸近安定にするフィードバック係数ベクトル f を求めよう．そこで，

$$f = \begin{pmatrix} f_1 & f_2 \end{pmatrix} \tag{12.2.10}$$

とおいて $A^* - b^* f$ を計算すればつぎのようになる．

$$\begin{aligned} A^* - b^* f &= \begin{pmatrix} -4 & -6 \\ 3 & 5 \end{pmatrix} - \begin{pmatrix} 3 \\ -1 \end{pmatrix} \begin{pmatrix} f_1 & f_2 \end{pmatrix} \\ &= \begin{pmatrix} -4 - 3f_1 & -6 - 3f_2 \\ 3 + f_1 & 5 + f_2 \end{pmatrix} \end{aligned} \tag{12.2.11}$$

したがって，状態観測器の固有値は，つぎの特性多項式で決定される．

$$\begin{aligned} |sI - A^* + b^* f| &= \begin{vmatrix} s+4+3f_1 & 6+3f_2 \\ -3-f_1 & s-5-f_2 \end{vmatrix} \\ &= s^2 + (-1 + 3f_1 - f_2)s + (-2 - 9f_1 + 5f_2) \end{aligned} \tag{12.2.12}$$

一方，固有値を $-2 \pm j$ にもつ特性多項式は

$$(s + 2 - j)(s + 2 + j) = s^2 + 4s + 5 \tag{12.2.13}$$

であるから，式 (12.2.12) と式 (12.2.13) の係数比較からつぎの連立方程式を導出することができる．

$$-1 + 3f_1 - f_2 = 4 \tag{12.2.14}$$

$$-2 - 9f_1 + 5f_2 = 5 \tag{12.2.15}$$

これを解いて，

$$f = \begin{pmatrix} f_1 & f_2 \end{pmatrix} = \begin{pmatrix} \dfrac{16}{3} & 11 \end{pmatrix} \tag{12.2.16}$$

を得る．したがって，行列 $A - lc$ の固有値を $-2 \pm j$ に配置するベクトル l は，

$$l = f^T = \begin{pmatrix} \dfrac{16}{3} \\ 11 \end{pmatrix} \tag{12.2.17}$$

となる.

指定した位置に固有値を配置できていることを確認しよう.

$$|sI - A + lc| = \left| \begin{pmatrix} s & 0 \\ 0 & s \end{pmatrix} - \begin{pmatrix} -4 & 3 \\ -6 & 5 \end{pmatrix} + \begin{pmatrix} \dfrac{16}{3} \\ 11 \end{pmatrix} \begin{pmatrix} 3 & -1 \end{pmatrix} \right|$$

$$= \left| \begin{matrix} s + 20 & -\dfrac{25}{3} \\ 39 & s - 16 \end{matrix} \right| = s^2 + 4s + 5 \tag{12.2.18}$$

上式が式 (12.2.13) に一致したので,仕様どおりに設計できていることを確認できた. ◀

12.3 併合系

状態観測器によって再現した状態を用いてフィードバック制御系を構成したときの閉ループ系の特性について考えてみよう.

制御対象は可制御かつ可観測の m 入力 r 出力 n 次元線形システムで

$$\dot{x}(t) = Ax(t) + Bu(t) \tag{9.1.1 再掲}$$

$$y(t) = Cx(t) \tag{9.1.2 再掲}$$

で記述されている.状態フィードバック制御を施そうとするとき,それに用いる状態 $x(t)$ が直接観測できないので,状態観測器の出力 $\hat{x}(t)$ を使うことにする.すなわち,

$$u(t) = -F\hat{x}(t) \tag{12.3.1}$$

であり,この $\hat{x}(t)$ は

$$\dot{\hat{x}}(t) = (A - LC)\hat{x}(t) + Ly(t) + Bu(t) \tag{12.1.5 再掲}$$

で与えられる.これらの関係を図で表すと図 12.5 のようになる.この閉ループ系を併合系とよぶ.

式 (9.1.1) と式 (12.1.5) の $u(t)$ に式 (12.3.1) を代入する.

$$\dot{x}(t) = Ax(t) - BF\hat{x}(t) \tag{12.3.2}$$

$$\dot{\hat{x}}(t) = (A - LC)\hat{x}(t) + Ly(t) - BF\hat{x}(t) \tag{12.3.3}$$

さらに,式 (12.3.3) の $y(t)$ に式 (9.1.2) を代入する.

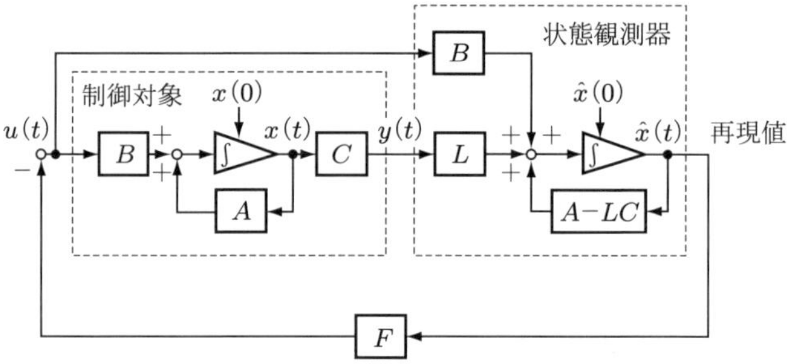

図 12.5 併合系

$$\dot{\hat{x}}(t) = LCx(t) + (A - BF - LC)\hat{x}(t) \tag{12.3.4}$$

式 (12.3.2) と式 (12.3.4) をまとめて記述すると次式となる.

$$\begin{pmatrix} \dot{x}(t) \\ \dot{\hat{x}}(t) \end{pmatrix} = \begin{pmatrix} A & -BF \\ LC & A - BF - LC \end{pmatrix} \begin{pmatrix} x(t) \\ \hat{x}(t) \end{pmatrix} \tag{12.3.5}$$

上式は併合系,すなわち状態観測器を用いて状態フィードバック制御を施すときの閉ループ系の動特性を表している.併合系 (12.3.5) の状態変数は,制御対象の状態 $x(t)$ と状態観測器の再現値 $\hat{x}(t)$ である.

ここで,第 3 章で解説した座標変換を行うことで,いまの状態変数である $x(t)$ と $\hat{x}(t)$ から,新しい状態変数 $x(t)$ と $\eta(t)$ に変換して併合系の特性をみやすくすることを試みたい.そのための座標変換行列を見つけることから始めよう.$\eta(t)$ の定義式

$$\eta(t) = \hat{x}(t) - x(t) \tag{12.1.3 再掲}$$

から

$$\hat{x}(t) = x(t) + \eta(t) \tag{12.3.6}$$

となる.よって,座標変換を

$$\begin{pmatrix} x(t) \\ \hat{x}(t) \end{pmatrix} = \begin{pmatrix} I & 0 \\ I & I \end{pmatrix} \begin{pmatrix} x(t) \\ \eta(t) \end{pmatrix} \tag{12.3.7}$$

とすれば,併合系の状態変数を $x(t)$ と $\hat{x}(t)$ から $x(t)$ と $\eta(t)$ に変換ができることがわかる.以上のことから座標変換行列を

$$T = \begin{pmatrix} I & 0 \\ I & I \end{pmatrix} \tag{12.3.8}$$

に決定する.上式の座標変換行列を使って併合系 (12.3.5) を座標変換する.

$$\begin{pmatrix} \dot{x}(t) \\ \dot{\eta}(t) \end{pmatrix} = T^{-1} \begin{pmatrix} A & -BF \\ LC & A-BF-LC \end{pmatrix} T \begin{pmatrix} x(t) \\ \eta(t) \end{pmatrix}$$

$$= \begin{pmatrix} I & 0 \\ I & I \end{pmatrix}^{-1} \begin{pmatrix} A & -BF \\ LC & A-BF-LC \end{pmatrix} \begin{pmatrix} I & 0 \\ I & I \end{pmatrix} \begin{pmatrix} x(t) \\ \eta(t) \end{pmatrix}$$

$$= \begin{pmatrix} I & 0 \\ -I & I \end{pmatrix} \begin{pmatrix} A-BF & -BF \\ A-BF & A-BF-LC \end{pmatrix} \begin{pmatrix} x(t) \\ \eta(t) \end{pmatrix}$$

$$= \begin{pmatrix} A-BF & -BF \\ 0 & A-LC \end{pmatrix} \begin{pmatrix} x(t) \\ \eta(t) \end{pmatrix} \qquad (12.3.9)$$

上式を分解すると,

$$\dot{x}(t) = (A-BF)x(t) - BF\eta(t) \qquad (12.3.10)$$

$$\dot{\eta}(t) = (A-LC)\eta(t) \qquad (12.3.11)$$

となる.上記二式は,制御対象の状態 $x(t)$ が直接観測できるという条件のもとで構成する閉ループ系に,$t \to \infty$ でゼロに収束する再現誤差 $\eta(t) = e^{(A-LC)t}\eta(0)$ が外乱として加わっていると解釈できる.

また,併合系の固有値は

$$\begin{vmatrix} sI-A+BF & BF \\ 0 & sI-A+LC \end{vmatrix} = 0 \qquad (12.3.12)$$

と計算できる.上式は

$$|sI-A+BF||sI-A+LC| = 0 \qquad (12.3.13)$$

と書き表すことができるので,状態が直接観測できるという条件のもとで状態フィードバック制御を施して構成する閉ループ系の固有値と,状態観測器の固有値からなっていることがわかる.このことは,フィードバック制御の設計と状態観測器の設計を分離して,それぞれ独立に行ってよいことを意味する.

■演習問題

12.1 アッカーマン法を適用して例題 12.1 を解け.

12.2 つぎのシステムの状態観測器を設計せよ.ただし,行列 $A-lc$ の固有値を -2 の重根に配置すること.

$$\dot{x}(t) = \begin{pmatrix} -1 & 0 \\ 0 & 2 \end{pmatrix} x(t) + \begin{pmatrix} 3 \\ -1 \end{pmatrix} u(x) \qquad (12.4.1)$$

$$y(t) = \begin{pmatrix} -2 & 5 \end{pmatrix} x(t) \qquad (12.4.2)$$

12.3 つぎのシステムの状態観測器を設計せよ．ただし，行列 $A-lc$ の固有値を $-3,\ -2\pm j2$ に配置すること．

$$\dot{x}(t) = \begin{pmatrix} 0 & 0 & 0 \\ 1 & 0 & 0 \\ 0 & 1 & 0 \end{pmatrix} x(t) + \begin{pmatrix} 3 \\ 0 \\ 0 \end{pmatrix} u(t) \tag{12.4.3}$$

$$y(t) = \begin{pmatrix} 0 & 0 & 2 \end{pmatrix} x(t) \tag{12.4.4}$$

13 倒立振子を使った総合演習

本章では倒立振子を例にとり，そのモデル化からシステム解析，制御系設計までの一連の流れを解説する．13.1 節では，ラグランジュ法を用いて数式モデルを導出し，その後，線形化を行う．13.2 節では，システムの安定性，可制御性，可観測性，サーボ系設計条件などシステムがもつ固有の特性を解析する．13.3 節では，最適レギュレータを用いて本来不安定なシステムを安定化する状態フィードバック制御を導出する．状態観測器の設計においては極配置法を適用して，閉ループ系の固有値と状態観測器の固有値の位置関係がもたらす制御性能への影響を考察する．最後に，ステップ状の目標値変化に定常偏差なく追従するサーボ系を設計する．

13.1　システムの数式モデルを求める

図 13.1 に示すような倒立振子の制御系設計をしよう．制御の目的は，振り子を立てたまま台車を指定の位置に移動させることである．

台車の質量を M，台車の位置を x，振り子の質量を m，支点から重心までの距離を l，振り子の慣性モーメントを J，振り子の傾きを θ，重力加速度を g，台車の駆動力を f とする．

本節では，数式モデルの導出にラグランジュ法を用いる．鉛直上向きに y 軸をとる．振り子の重心の座標 (x_G, y_G) は

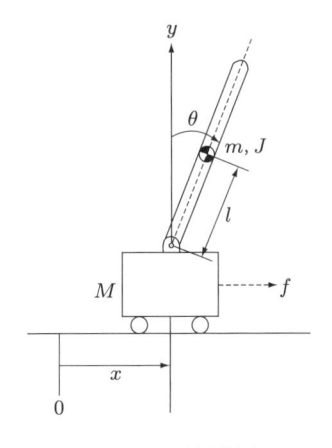

$$\left.\begin{array}{l} x_G = x + l\sin\theta \\ y_G = l\cos\theta \end{array}\right\} \quad (13.1.1)$$

図 **13.1**　倒立振子

なので，時間微分は

$$\dot{x}_G = \dot{x} + l\dot\theta\cos\theta, \quad \dot{y}_G = -l\dot\theta\sin\theta \quad (13.1.2)$$

となる．よって，振子の並進運動のエネルギーは，

$$\frac{1}{2}mv^2 = \frac{1}{2}m(\dot{x}_G{}^2 + \dot{y}_G{}^2)$$
$$= \frac{1}{2}m\{(\dot{x} + l\dot{\theta}\cos\theta)^2 + (-l\dot{\theta}\sin\theta)^2\}$$
$$= \frac{1}{2}m(\dot{x}^2 + 2\dot{x}l\dot{\theta}\cos\theta + l^2\dot{\theta}^2) \tag{13.1.3}$$

と求めることができる．これに，振り子の回転運動のエネルギーと台車の運動エネルギーを加えて運動エネルギーの総和 T はつぎのようになる．

$$T = \frac{1}{2}M\dot{x}^2 + \frac{1}{2}m(\dot{x}^2 + 2\dot{x}l\dot{\theta}\cos\theta + l^2\dot{\theta}^2) + \frac{1}{2}J\dot{\theta}^2$$
$$= \frac{1}{2}(M+m)\dot{x}^2 + ml\dot{x}\dot{\theta}\cos\theta + \frac{1}{2}(J+ml^2)\dot{\theta}^2 \tag{13.1.4}$$

また，ポテンシャルエネルギー U は，

$$U = mgl\cos\theta \tag{13.1.5}$$

である．ラグランジュ関数 $L = T - U$ を用いて運動方程式は次式で与えられる．

$$\frac{d}{dt}\left(\frac{\partial L}{\partial \dot{q}_i}\right) - \frac{\partial L}{\partial q_i} = f_i \tag{13.1.6}$$

ここで，f_i は外力を表し，この場合は台車の駆動力がそれにあたる．倒立振子の傾き角 θ を一般化座標として L を偏微分すると，

$$\frac{\partial L}{\partial \theta} = \frac{\partial}{\partial \theta}\left\{\frac{1}{2}(M+m)\dot{x}^2 + ml\dot{x}\dot{\theta}\cos\theta + \frac{1}{2}(J+ml^2)\dot{\theta}^2 - mgl\cos\theta\right\}$$
$$= -ml\dot{x}\dot{\theta}\sin\theta + mgl\sin\theta \tag{13.1.7}$$

となる．また，L を $\dot{\theta}$ で偏微分すると，

$$\frac{\partial L}{\partial \dot{\theta}} = \frac{\partial}{\partial \dot{\theta}}\left\{\frac{1}{2}(M+m)\dot{x}^2 + ml\dot{x}\dot{\theta}\cos\theta + \frac{1}{2}(J+ml^2)\dot{\theta}^2 - mgl\cos\theta\right\}$$
$$= ml\dot{x}\cos\theta + (J+ml^2)\dot{\theta} \tag{13.1.8}$$

となる．上式を時間微分して次式を得る．

$$\frac{d}{dt}\left(\frac{\partial L}{\partial \dot{\theta}}\right) = \frac{d}{dt}(ml\dot{x}\cos\theta + (J+ml^2)\dot{\theta})$$
$$= ml\ddot{x}\cos\theta - ml\dot{x}\dot{\theta}\sin\theta + (J+ml^2)\ddot{\theta} \tag{13.1.9}$$

したがって，式 (13.1.7)，(13.1.9) を式 (13.1.6) に代入して

$$ml\ddot{x}\cos\theta + (J+ml^2)\ddot{\theta} - mgl\sin\theta = 0 \tag{13.1.10}$$

となる．台車の位置 x を一般化座標として同様の計算を行う．

$$\frac{\partial L}{\partial x} = \frac{\partial}{\partial x}\left\{\frac{1}{2}(M+m)\dot{x}^2 + ml\dot{x}\dot{\theta}\cos\theta + \frac{1}{2}(J+ml^2)\dot{\theta}^2 - mgl\cos\theta\right\}$$
$$= 0 \tag{13.1.11}$$

$$\frac{\partial L}{\partial \dot{x}} = \frac{\partial}{\partial \dot{x}}\left\{\frac{1}{2}(M+m)\dot{x}^2 + ml\dot{x}\dot{\theta}\cos\theta + \frac{1}{2}(J+ml^2)\dot{\theta}^2 - mgl\cos\theta\right\}$$
$$= (M+m)\dot{x} + ml\dot{\theta}\cos\theta \tag{13.1.12}$$

$$\frac{d}{dt}\left(\frac{\partial L}{\partial \dot{x}}\right) = \frac{d}{dt}((M+m)\dot{x} + ml\dot{\theta}\cos\theta)$$
$$= (M+m)\ddot{x} + ml\ddot{\theta}\cos\theta - ml\dot{\theta}^2\sin\theta \tag{13.1.13}$$

となり，式 (13.1.6) に代入して

$$(M+m)\ddot{x} + ml\ddot{\theta}\cos\theta - ml\dot{\theta}^2\sin\theta = f \tag{13.1.14}$$

を得る．倒立振子の傾き角 θ が小さい場合は

$$\sin\theta = \theta, \quad \cos\theta = 1, \quad \dot{\theta}^2 = 0 \tag{13.1.15}$$

と近似することができるので，式 (13.1.10) と式 (13.1.14) はつぎのように線形化される．

$$ml\ddot{x} + (J+ml^2)\ddot{\theta} - mgl\theta = 0 \tag{13.1.16}$$
$$(M+m)\ddot{x} + ml\ddot{\theta} = f \tag{13.1.17}$$

台車の位置 x の時間微分を $\dfrac{dx}{dt}$ で表すこととする．すなわち

$$\frac{dx}{dt} = \dot{x} \tag{13.1.18}$$

である．同様に，倒立振子の傾き角 θ に関しても

$$\frac{d\theta}{dt} = \dot{\theta} \tag{13.1.19}$$

としよう．これらを式 (13.1.16) と式 (13.1.17) に代入する．

$$ml\frac{d\dot{x}}{dt} + (J+ml^2)\frac{d\dot{\theta}}{dt} - mgl\theta = 0 \tag{13.1.20}$$
$$(M+m)\frac{d\dot{x}}{dt} + ml\frac{d\dot{\theta}}{dt} = f \tag{13.1.21}$$

上の二式を連立方程式とみて，$\dfrac{d\dot{x}}{dt}$ と $\dfrac{d\dot{\theta}}{dt}$ について解くとつぎのように求められる．

$$\{(M+m)(J+ml^2)-m^2l^2\}\frac{d\dot{x}}{dt}+m^2l^2g\theta=(J+ml^2)f \quad (13.1.22)$$

$$\{(M+m)(J+ml^2)-m^2l^2\}\frac{d\dot{\theta}}{dt}-(M+m)mgl\theta=-mlf \quad (13.1.23)$$

したがって，式 (13.1.18), (13.1.19), (13.1.22), (13.1.23) より，状態方程式

$$\frac{d}{dt}\begin{pmatrix}x\\ \theta\\ \dot{x}\\ \dot{\theta}\end{pmatrix}=\begin{pmatrix}0 & 0 & 1 & 0\\ 0 & 0 & 0 & 1\\ 0 & -\dfrac{m^2l^2g}{\alpha} & 0 & 0\\ 0 & \dfrac{(M+m)mgl}{\alpha} & 0 & 0\end{pmatrix}\begin{pmatrix}x\\ \theta\\ \dot{x}\\ \dot{\theta}\end{pmatrix}+\begin{pmatrix}0\\ 0\\ \dfrac{J+ml^2}{\alpha}\\ -\dfrac{ml}{\alpha}\end{pmatrix}f \quad (13.1.24)$$

を得る．ここで $\alpha=(M+m)(J+ml^2)-m^2l^2$ である．これが倒立振子の連続時間線形モデルである．次節以降においては，$M=0.7\,[\mathrm{kg}]$, $m=0.12\,[\mathrm{kg}]$, $J=9\times10^{-3}\,[\mathrm{kgm^2}]$, $l=0.3\,[\mathrm{m}]$, $g=9.8\,[\mathrm{m/s^2}]$ として，制御系の設計を行う．

13.2 制御対象の解析

本節では，前節で得た数式モデルを用いて制御対象の解析を行う．制御対象は次式で記述されている．

$$\frac{d}{dt}\begin{pmatrix}x\\ \theta\\ \dot{x}\\ \dot{\theta}\end{pmatrix}=\begin{pmatrix}0 & 0 & 1 & 0\\ 0 & 0 & 0 & 1\\ 0 & -0.850 & 0 & 0\\ 0 & 19.36 & 0 & 0\end{pmatrix}\begin{pmatrix}x\\ \theta\\ \dot{x}\\ \dot{\theta}\end{pmatrix}+\begin{pmatrix}0\\ 0\\ 1.325\\ -2.410\end{pmatrix}f \quad (13.2.1)$$

まずは，このシステムの安定性を調べてみよう．特性多項式は

$$|sI-A|=s^4-19.36s^2 \quad (13.2.2)$$

となり，$|sI-A|=0$ の根を解いて，固有値は，

$$0, 0, 4.400, -4.400 \quad (13.2.3)$$

と求められる．複素平面上の固有値の位置を図 13.2 に示す．

実部が正の固有値が 1 個存在しており，第 2 章の知識から，不安定なシステムであることがわかる．つぎに，第 4 章と第 5 章で学んだ可制御性と可観測性を調べよう．もしも可制御ならば，状態フィードバック制御を施すことでシステムを安定化することができる．そこで，可制御性行列のランクを計算する．

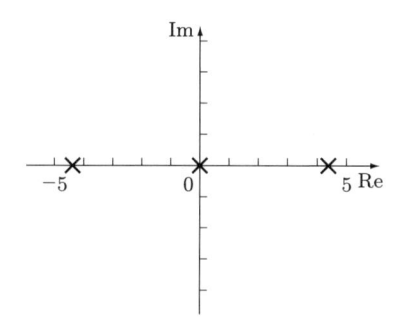

図 **13.2** 開ループ系の固有値

$$U_c = \begin{pmatrix} b & Ab & A^2b & A^3b \end{pmatrix}$$

$$= \begin{pmatrix} 0 & 1.325 & 0 & 2.049 \\ 0 & -2.410 & 0 & -46.66 \\ 1.325 & 0 & 2.049 & 0 \\ -2.410 & 0 & -46.66 & 0 \end{pmatrix} \tag{13.2.4}$$

ここで，$n \times n$ 正方行列の場合，ランクが n であることと，正則であることは等価であることを第6章で学んだ．また，正方行列の性質

$$|M| = \prod_{i=1}^{n} \lambda_i(M) \tag{13.2.5}$$

すなわち，ある正方行列の行列式はその固有値の積に等しいことが知られている．このことは，第3章の座標変換で学んだ対角正準形に関する知識から容易に理解できる．以上より，もしも式 (13.2.4) の固有値にゼロが存在すれば，可制御性行列のランクは4ではない．したがって，不可制御，逆にゼロがなければ可制御であることがわかる．可制御性行列 (13.2.4) のランクを調べるために，この行列の固有値を計算すると，

$$-7.543, \quad -0.181 \pm j7.541, \quad 7.543 \tag{13.2.6}$$

となる．ゼロの固有値がないので，システム (13.2.1) は可制御である．したがって，第8章～第10章で学んだ設計法を適用して安定な制御系を構成することができる．具体的な設計については次節で述べる．

続いて，可観測性をチェックしよう．いま，台車の位置 x が測れる場合と振り子の傾き θ が測れる場合を考える．台車の位置 x が測れる Case 1 の場合の出力方程式は，

である．

$$y = \begin{pmatrix} 1 & 0 & 0 & 0 \end{pmatrix} \begin{pmatrix} x \\ \theta \\ \dot{x} \\ \dot{\theta} \end{pmatrix} \tag{13.2.7}$$

である．このとき，可観測性行列は

$$U_o = \begin{pmatrix} c \\ cA \\ cA^2 \\ cA^3 \end{pmatrix} = \begin{pmatrix} 1 & 0 & 0 & 0 \\ 0 & 0 & 1 & 0 \\ 0 & -0.850 & 0 & 0 \\ 0 & 0 & 0 & -0.850 \end{pmatrix} \tag{13.2.8}$$

となり，この行列の固有値を計算すると，

$$1, \pm j0.922, -0.850 \tag{13.2.9}$$

となる．ゼロの固有値がないので，システムは可観測である．

また，振り子の傾き θ が測れる Case 2 の場合は，

$$y = \begin{pmatrix} 0 & 1 & 0 & 0 \end{pmatrix} \begin{pmatrix} x \\ \theta \\ \dot{x} \\ \dot{\theta} \end{pmatrix} \tag{13.2.10}$$

である．可観測性行列は

$$U_o = \begin{pmatrix} c \\ cA \\ cA^2 \\ cA^3 \end{pmatrix} = \begin{pmatrix} 0 & 1 & 0 & 0 \\ 0 & 0 & 0 & 1 \\ 0 & 19.36 & 0 & 0 \\ 0 & 0 & 0 & 19.36 \end{pmatrix} \tag{13.2.11}$$

となり，この行列の固有値は

$$0, 0, 0, 19.36 \tag{13.2.12}$$

である．ゼロの固有値があるので，システムは不可観測である．すなわち，台車の位置を観測することができれば，台車の駆動力（操作量）の情報も使って第12章で学んだ状態観測器により，台車の速度，振り子の角度および角速度の再現値を計算することができる．しかし，振り子の角度と台車の駆動力の情報から，残りの状態を知ることはできない．

　システムが可制御かつ可観測ならば，伝達関数を求める計算過程において極零相殺が起こらず，そうでないなら極零相殺が起こることを第7章において学んだ．Case 1 の場合の伝達関数を計算するとつぎのようになる．

$$G_1(s) = c_1(sI-A)^{-1}b$$

$$= \begin{pmatrix} 1 & 0 & 0 & 0 \end{pmatrix} \left(sI - \begin{pmatrix} 0 & 0 & 1 & 0 \\ 0 & 0 & 0 & 1 \\ 0 & -0.850 & 0 & 0 \\ 0 & 19.36 & 0 & 0 \end{pmatrix} \right)^{-1} \begin{pmatrix} 0 \\ 0 \\ 1.325 \\ -2.410 \end{pmatrix}$$

$$= \frac{1.325s^2 - 23.61}{s^4 - 19.36s^2}$$

$$= \frac{1.325(s-4.221)(s+4.221)}{s^2(s-4.4)(s+4.4)} \tag{13.2.13}$$

また，Case 2 の場合の伝達関数を計算するとつぎのようになる．

$$G_2(s) = c_2(sI-A)^{-1}b$$

$$= \begin{pmatrix} 0 & 1 & 0 & 0 \end{pmatrix} \left(sI - \begin{pmatrix} 0 & 0 & 1 & 0 \\ 0 & 0 & 0 & 1 \\ 0 & -0.850 & 0 & 0 \\ 0 & 19.36 & 0 & 0 \end{pmatrix} \right)^{-1} \begin{pmatrix} 0 \\ 0 \\ 1.325 \\ -2.410 \end{pmatrix}$$

$$= \frac{-2.41s^2}{s^4 - 19.36s^2}$$

$$= \frac{-2.41s^2}{s^2(s-4.4)(s+4.4)}$$

$$= \frac{-2.41}{(s-4.4)(s+4.4)} \tag{13.2.14}$$

このように，Case 1 の場合は可制御かつ可観測であるため，極零相殺が起こらず，伝達関数の分母多項式の次数は 4 次である．これに対して，Case 2 の場合は可制御ではあるが不可観測であるため極零相殺が起こり，分母分子ともに多項式の次数が下がっている．状態観測器の設計においては，Case 1 の場合すなわち台車の位置が測定できるとする．

さて，第 8 章で学んだように，システムが可制御であることと閉ループ系の固有値を任意の位置に配置できることは等価である．サーボ系を構成できるためには，システム (13.2.1) が可制御であることに加えてサーボ系設計条件を満たさなくてはならない．この必要十分条件が

$$|M(0)| \neq 0 \tag{13.2.15}$$

であることは第 11 章で学んだ．ただし，

である.

$$M(s) = \begin{pmatrix} sI_n - A & B \\ C & 0 \end{pmatrix} \tag{11.2.8 再掲}$$

である. Case 1 の場合でサーボ系設計条件 (13.2.15) を調べることにする.

$$\begin{aligned} M(0) &= \begin{pmatrix} -A & b \\ c & 0 \end{pmatrix} \\ &= \begin{pmatrix} -\begin{pmatrix} 0 & 0 & 1 & 0 \\ 0 & 0 & 0 & 1 \\ 0 & -0.850 & 0 & 0 \\ 0 & 19.36 & 0 & 0 \end{pmatrix} & \begin{pmatrix} 0 \\ 0 \\ 1.325 \\ -2.410 \end{pmatrix} \\ \begin{pmatrix} 1 & 0 & 0 & 0 \end{pmatrix} & 0 \end{pmatrix} \\ &= \begin{pmatrix} 0 & 0 & -1 & 0 & 0 \\ 0 & 0 & 0 & -1 & 0 \\ 0 & 0.850 & 0 & 0 & 1.325 \\ 0 & -19.36 & 0 & 0 & -2.410 \\ 1 & 0 & 0 & 0 & 0 \end{pmatrix} \end{aligned} \tag{13.2.16}$$

5×5 の大きさの正方行列 $M(0)$ の固有値を計算して

$$-4.403, \quad -1.067, \quad 0.536 \pm j0.925, \quad 4.398 \tag{13.2.17}$$

と求められた. 固有値にゼロが含まれていないので式 (13.2.5) から $M(0)$ は正則であり, サーボ系設計条件 (13.2.15) を満たしていることがわかる. また, 制御対象が原点に零点をもたないことは, 伝達関数 (13.2.13) からも明らかである. よって, このシステム (13.2.1), (13.2.7) を制御対象としてサーボ系を設計することができる.

13.3　制御系の設計

制御対象は次式で与えられている.

$$\dot{x}(t) = Ax(t) + bu(t) \tag{1.1.12 再掲}$$
$$y(t) = cx(t) \tag{1.1.13 再掲}$$

ここで,

$$A = \begin{pmatrix} 0 & 0 & 1 & 0 \\ 0 & 0 & 0 & 1 \\ 0 & -0.850 & 0 & 0 \\ 0 & 19.36 & 0 & 0 \end{pmatrix} \tag{13.3.1}$$

$$b = \begin{pmatrix} 0 \\ 0 \\ 1.325 \\ -2.410 \end{pmatrix} \tag{13.3.2}$$

$$c = \begin{pmatrix} 1 & 0 & 0 & 0 \end{pmatrix} \tag{13.3.3}$$

であり，可制御かつ可観測である．また，サーボ系設計条件も満たしている．まずは，状態はすべて観測できるとして状態フィードバック制御によって不安定なシステムの安定化を図ることにする．第9章で学んだ最適レギュレータを適用しよう．評価関数

$$J = \frac{1}{2} \int_0^\infty \{x^T(t)Qx(t) + ru^2(t)\} dt \tag{13.3.4}$$

の重み Q, r を

$$Q_1 = \begin{pmatrix} 10 & 0 & 0 & 0 \\ 0 & 10 & 0 & 0 \\ 0 & 0 & 10 & 0 \\ 0 & 0 & 0 & 10 \end{pmatrix}, \quad r_1 = 10 \tag{13.3.5}$$

と

$$Q_2 = \begin{pmatrix} 10 & 0 & 0 & 0 \\ 0 & 10 & 0 & 0 \\ 0 & 0 & 10 & 0 \\ 0 & 0 & 0 & 10 \end{pmatrix}, \quad r_2 = 0.1 \tag{13.3.6}$$

に選定する．このとき，リカッチ代数方程式を解くと，それぞれの場合の状態フィードバック制御はつぎのように得られる．

$$\begin{aligned} u_1(t) &= -f_1 x(t) \\ &= -\begin{pmatrix} -1.0 & -24.65 & -2.095 & -5.768 \end{pmatrix} x(t) \end{aligned} \tag{13.3.7}$$

$$\begin{aligned} u_2(t) &= -f_2 x(t) \\ &= -\begin{pmatrix} -10.0 & -89.05 & -16.29 & -23.09 \end{pmatrix} x(t) \end{aligned} \tag{13.3.8}$$

閉ループ系の固有値の位置を図 13.3 と図 13.4 に示す．

また，状態の初期値を

$$x(0) = \begin{pmatrix} 1 \\ 0 \\ 0 \\ 0 \end{pmatrix} \tag{13.3.9}$$

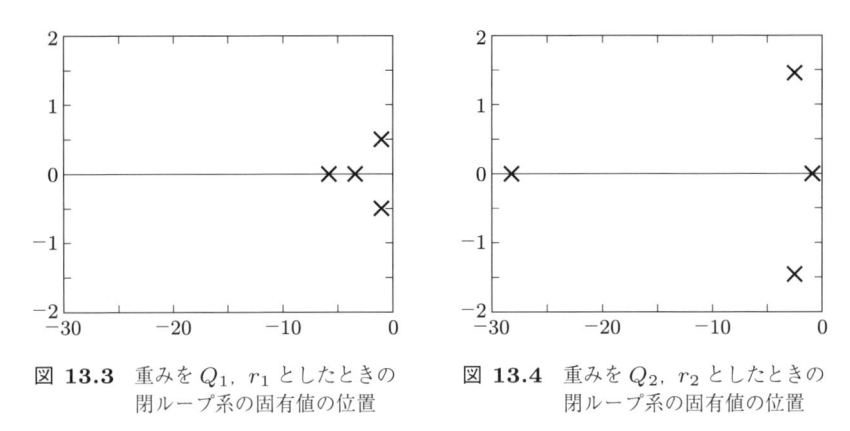

図 13.3 重みを Q_1, r_1 としたときの閉ループ系の固有値の位置

図 13.4 重みを Q_2, r_2 としたときの閉ループ系の固有値の位置

としたときの閉ループ系の応答を図 13.5 と図 13.6 に示す．これらの図では，台車の位置と倒立振子の傾きの時間応答を描いてある．

　台車の位置を原点に戻すために，まずは反対方向に台車を動かして倒立振子を傾かせる．その後，前傾姿勢を保ったまま，台車は原点に向かう．振り子を倒さないで台車を動かすには上記のような動作をしなくてはならないことが，両方の図から再認識することができる．どちらのケースにおいても安定な制御系を構成できているが，図 13.5 に比べて図 13.6 では倒立振子が 2 倍も振れている割には整定に要する時間にほとんど差がみられないことがわかる．

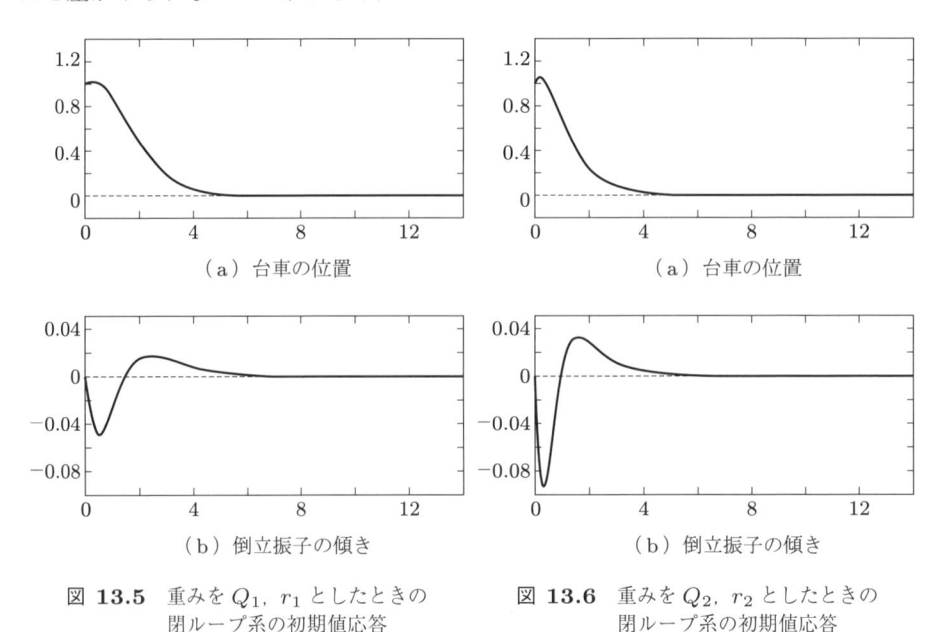

（a）台車の位置

（a）台車の位置

（b）倒立振子の傾き

（b）倒立振子の傾き

図 13.5 重みを Q_1, r_1 としたときの閉ループ系の初期値応答

図 13.6 重みを Q_2, r_2 としたときの閉ループ系の初期値応答

つぎに，四つの状態のうち台車の位置以外は観測できないとして第12章で学んだ状態観測器を設計しよう．状態観測器の動特性は次式のように記述できる．

$$\dot{\hat{x}}(t) = (A - lc)\hat{x}(t) + ly(t) + bu(t) \tag{13.3.10}$$

行列 $(A-lc)$ を安定にするベクトル l を設計するために，第7章で学んだ双対性を利用する．すなわち，

$$A^* = A^T = \begin{pmatrix} 0 & 0 & 0 & 0 \\ 0 & 0 & -0.850 & 19.36 \\ 1 & 0 & 0 & 0 \\ 0 & 1 & 0 & 0 \end{pmatrix}, \quad b^* = c^T = \begin{pmatrix} 1 \\ 0 \\ 0 \\ 0 \end{pmatrix} \tag{13.3.11}$$

とおいて設計する．図13.3に示した閉ループ系の固有値の位置を考慮して，これよりも遅い応答をする位置と速い応答をする位置の2通りに状態観測器の固有値を配置させてその影響を調べることとする．ここでは，第8章で学んだアッカーマン法を用いて，遅い応答の指定固有値

$$-0.8 \pm j0.5, -0.7, -0.5 \tag{13.3.12}$$

と速い応答の指定固有値

$$-13 \pm j, -12, -10 \tag{13.3.13}$$

に正確に配置させる．ベクトル l はつぎのようになる．

$$l_1 = \begin{pmatrix} 2.800 \\ -65.69 \\ 22.52 \\ -513.4 \end{pmatrix} \tag{13.3.14}$$

$$l_2 = \begin{pmatrix} 48 \\ -9163 \\ 881 \\ -44072 \end{pmatrix} \tag{13.3.15}$$

設計した状態観測器の固有値を図13.3に重ねたのが図13.7，13.8である．

シミュレーションにおいては状態の初期値を式(13.3.9)とする．このとき，状態フィードバック制御(13.3.7)を施して閉ループ系を構成し，状態は観測器で計算する再現値を用いる．ここで，観測器のベクトル l は，式(13.3.14)と式(13.3.15)の値を用いる．ただし，観測器の初期値は，真の状態の初期値と同じで

図 13.7 状態フィードバックの固有値と状態観測器の固有値 (ベクトル l_1)

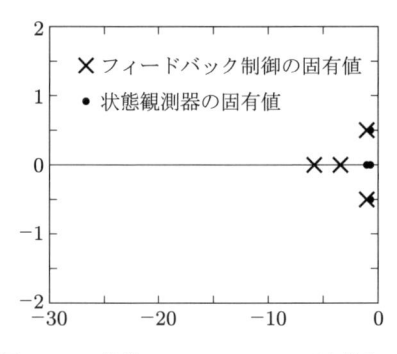

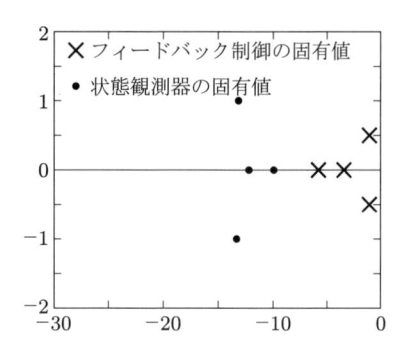

図 13.8 状態フィードバックの固有値と状態観測器の固有値 (ベクトル l_2)

$$\hat{x}(0) = \begin{pmatrix} 1 \\ 0 \\ 0 \\ 0 \end{pmatrix} \quad (13.3.16)$$

とする．観測器のベクトルが l_1 と l_2 のどちらの値であっても，閉ループ系の応答は図 13.5 とまったく同じであった．これは，状態観測器の構造を表す図 12.2 から明らかである．すなわち，$y(t)$ と $\hat{y}(t)$ が同じ値なので，それらの差をフィードバックする機構がはたらかないからである．

つぎに，観測器の初期値は，真の状態の初期値とずれており，

$$\hat{x}(0) = \begin{pmatrix} 2 \\ 0 \\ 0 \\ 0 \end{pmatrix} \quad (13.3.17)$$

とする．閉ループ系の応答を図 13.9 と図 13.10 に示す．どちらも同じ状態フィードバック制御 (13.3.7) を施して閉ループ系を構成している．ただし，そのときの状態は観測器で計算する再現値 $\hat{x}(t)$ を用いており，観測器のベクトル l は，式 (13.3.14) と式 (13.3.15) の値を用いている．観測器の初期値が真の状態の初期値と異なるために，観測器のベクトル l_1 と l_2 の差が応答波形に顕著に現れている．そして，観測器のベクトルが l_2 の場合のほうが，状態の再現値 $\hat{x}(t)$ が真値 $x(t)$ に収束するのは速いので，閉ループ系の応答も，図 13.9 よりも図 13.10 が速くなっていることがわかる．

最後に，第 11 章で学んだサーボ系を設計しよう．拡大系は次式で与えられる．

$$\dot{\bar{x}}(t) = \bar{A}\bar{x}(t) + \bar{b}u(t) + \begin{pmatrix} v(t) \\ r(t) \end{pmatrix} \quad (13.3.18)$$

(a) 台車の位置

(b) 倒立振子の傾き

図 13.9 閉ループ系の初期値応答（ベクトル l_1）

(a) 台車の位置

(b) 倒立振子の傾き

図 13.10 閉ループ系の初期値応答（ベクトル l_2）

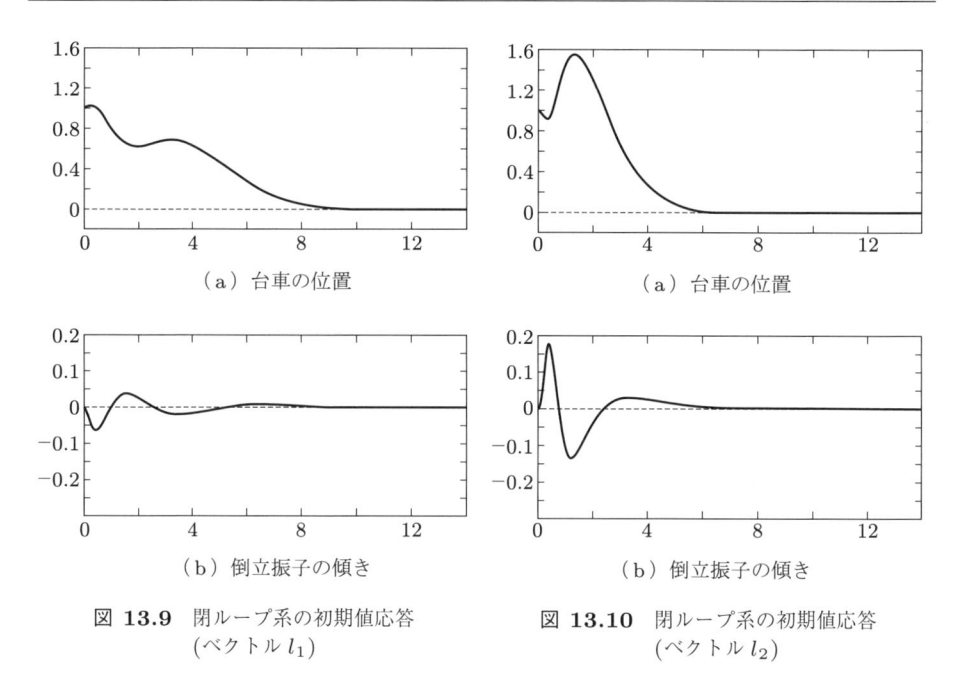

$$\bar{A} = \begin{pmatrix} A & 0 \\ -c & 0 \end{pmatrix} = \begin{pmatrix} 0 & 0 & 1 & 0 & 0 \\ 0 & 0 & 0 & 1 & 0 \\ 0 & -0.850 & 0 & 0 & 0 \\ 0 & 19.36 & 0 & 0 & 0 \\ -1 & 0 & 0 & 0 & 0 \end{pmatrix} \tag{13.3.19}$$

$$\bar{b} = \begin{pmatrix} b \\ 0 \end{pmatrix} = \begin{pmatrix} 0 \\ 0 \\ 1.325 \\ -2.410 \\ 0 \end{pmatrix} \tag{13.3.20}$$

この拡大系が可制御であることは，前節で確認済みである．評価関数

$$J = \frac{1}{2} \int_0^\infty \{\bar{x}^T(t) Q \bar{x}(t) + r u^2(t)\} \, dt \tag{13.3.21}$$

の重み Q, r を

$$Q = \begin{pmatrix} 10 & 0 & 0 & 0 & 0 \\ 0 & 10 & 0 & 0 & 0 \\ 0 & 0 & 10 & 0 & 0 \\ 0 & 0 & 0 & 10 & 0 \\ 0 & 0 & 0 & 0 & 10 \end{pmatrix}, \quad r = 0.01 \tag{13.3.22}$$

に選定した．リカッチ代数方程式を解くと，状態フィードバック制御はつぎのよう得られる．

$$\begin{aligned}
u(t) &= -F\bar{x}(t) \\
&= -\begin{pmatrix} f & -k \end{pmatrix}\begin{pmatrix} x(t) \\ z(t) \end{pmatrix} \\
&= -\begin{pmatrix} 73.68 & 300.9 & 70.03 & 77.48 \end{pmatrix}x(t) + 31.62z(t) \quad (13.3.23)
\end{aligned}$$

台車の位置を原点から 1 [m] まで移動させるときの閉ループ系の応答を図 13.11 に示す．図から，指定の位置に移動できていることがわかる．また，図 13.5, 13.6 を時間軸で線対称に折り返したような時間応答の波形であることに気が付く．不安定な制御対象を状態フィードバックによって安定化し，初期値応答を調べたのが図 13.5 と図 13.6 である．これに対して，図 11.2 のサーボ系の構造にして目標値応答を調べたのが図 13.11 である．応答波形は似ていても，制御系の構造はまったく異なっている．

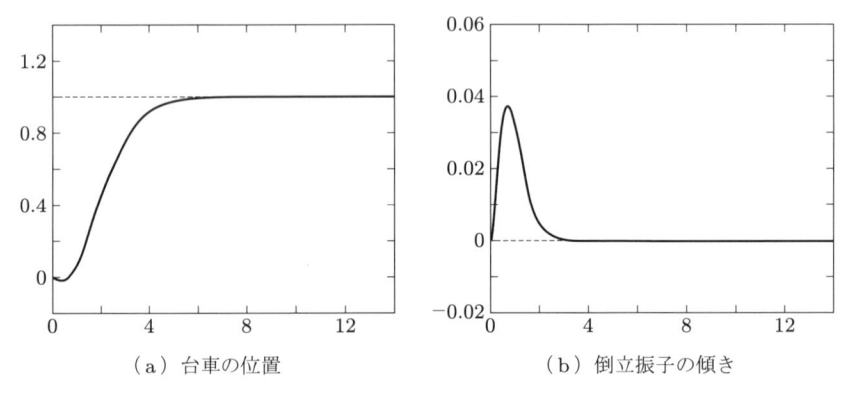

(a) 台車の位置　　(b) 倒立振子の傾き

図 **13.11**　サーボ系の応答

演習問題解答

■第1章

1.1 それぞれのタンクの水位を h_1, h_2 とする.このときタンク1からタンク2へ移動する水量 q_2 は,水位の差 $h_1 - h_2$ に比例し,流路抵抗 k_1 に反比例するので,

$$q_2 = \frac{1}{k_1}(h_1 - h_2) \tag{A.1.1}$$

となる.タンク1の水位 h_1 の変化は,(給水量 − 流出量) ÷ (タンクの断面積) であるから次式で表すことができる.

$$\frac{dh_1}{dt} = \frac{1}{S_1}(q_1 - q_2) \tag{A.1.2}$$

タンク2に関しても同様に考えて次式を得る.

$$q_3 = \frac{1}{k_2}h_2 \tag{A.1.3}$$

$$\frac{dh_2}{dt} = \frac{1}{S_2}(q_2 - q_3) \tag{A.1.4}$$

式 (A.1.1) と式 (A.1.3) を式 (A.1.2) と式 (A.1.4) に代入する.

$$\frac{dh_1}{dt} = \frac{1}{S_1}\left(q_1 - \frac{1}{k_1}(h_1 - h_2)\right) = \frac{1}{S_1}q_1 - \frac{1}{S_1 k_1}(h_1 - h_2) \tag{A.1.5}$$

$$\frac{dh_2}{dt} = \frac{1}{S_2}\left(\frac{1}{k_1}(h_1 - h_2) - \frac{1}{k_2}h_2\right) = \frac{1}{S_2 k_1}h_1 - \frac{1}{S_2}\left(\frac{1}{k_1} + \frac{1}{k_2}\right)h_2 \tag{A.1.6}$$

給水量 q_1 を入力 u,流出量 q_3 を出力 y として式 (A.1.3) と式 (A.1.5) を書き直す.

$$y = \frac{1}{k_2}h_2 \tag{A.1.7}$$

$$\frac{dh_1}{dt} = -\frac{1}{S_1 k_1}h_1 + \frac{1}{S_1 k_1}h_2 + \frac{1}{S_1}u \tag{A.1.8}$$

式 (A.1.6)〜(A.1.8) をまとめて,つぎの数学モデルを得る.

$$\frac{d}{dt}\begin{pmatrix} h_1 \\ h_2 \end{pmatrix} = \begin{pmatrix} -\dfrac{1}{S_1 k_1} & \dfrac{1}{S_1 k_1} \\ \dfrac{1}{S_2 k_1} & -\dfrac{1}{S_2}\left(\dfrac{1}{k_1} + \dfrac{1}{k_2}\right) \end{pmatrix}\begin{pmatrix} h_1 \\ h_2 \end{pmatrix} + \begin{pmatrix} \dfrac{1}{S_1} \\ 0 \end{pmatrix}u \tag{A.1.9}$$

$$y = \begin{pmatrix} 0 & \dfrac{1}{k_2} \end{pmatrix}\begin{pmatrix} h_1 \\ h_2 \end{pmatrix} \tag{A.1.10}$$

1.2 ヒーターが発熱する熱量は,タンク内の水温上昇に使われる熱量とタンクから流れ出

る熱量の和に等しい．

Δt 時間あたりにヒーターは $u\Delta t$ の熱量を発熱する．この間に，タンク内の水温を微少量上昇させるために使われる熱量は $C\Delta w$ である．ここで，C はタンクの熱容量であり，$w = T_2 - T_1$ である．また，毎秒流出する水量は q であるから，Δt 時間あたりにタンクから持ち出される熱量は $qw\Delta t$ となることがわかる．以上より，次式が成立する．

$$u\Delta t = C\Delta w + qw\Delta t \tag{A.1.11}$$

上式を整理して

$$C\frac{dw}{dt} + qw = u \tag{A.1.12}$$

を得る．したがって，所望の数学モデルは次式となる．

$$\frac{dw}{dt} = -\frac{q}{C}w + \frac{1}{C}u \tag{A.1.13}$$

$$y = w \tag{A.1.14}$$

■第 2 章

2.1 状態遷移行列は，例題 2.1 においてすでに計算済みである．

$$e^{At} = \begin{pmatrix} \frac{3}{2}e^{-t} - \frac{1}{2}e^{-3t} & \frac{1}{2}e^{-t} - \frac{1}{2}e^{-3t} \\ -\frac{3}{2}e^{-t} + \frac{3}{2}e^{-3t} & -\frac{1}{2}e^{-t} + \frac{3}{2}e^{-3t} \end{pmatrix} \tag{2.3.17 再掲}$$

この逆行列を求めるために，まず，行列式を計算する．

$$\begin{aligned}|e^{At}| &= \frac{1}{4}(3e^{-t} - e^{-3t})(-e^{-t} + 3e^{-3t}) - \frac{1}{4}(e^{-t} - e^{-3t})(-3e^{-t} + 3e^{-3t}) \\ &= \frac{1}{4}(-3e^{-2t} + 10e^{-4t} - 3e^{-6t}) - \frac{1}{4}(-3e^{-2t} + 6e^{-4t} - 3e^{-6t}) \\ &= e^{-4t}\end{aligned} \tag{A.2.1}$$

したがって，e^{At} の逆行列 $(e^{At})^{-1}$ はつぎのようになる．

$$\begin{aligned}(e^{At})^{-1} &= \frac{1}{e^{-4t}}\begin{pmatrix} -\frac{1}{2}e^{-t} + \frac{3}{2}e^{-3t} & -\frac{1}{2}e^{-t} + \frac{1}{2}e^{-3t} \\ \frac{3}{2}e^{-t} - \frac{3}{2}e^{-3t} & \frac{3}{2}e^{-t} - \frac{1}{2}e^{-3t} \end{pmatrix} \\ &= \begin{pmatrix} -\frac{1}{2}e^{3t} + \frac{3}{2}e^{t} & -\frac{1}{2}e^{3t} + \frac{1}{2}e^{t} \\ \frac{3}{2}e^{3t} - \frac{3}{2}e^{t} & \frac{3}{2}e^{3t} - \frac{1}{2}e^{t} \end{pmatrix}\end{aligned} \tag{A.2.2}$$

つぎに，e^{-At} を計算しよう．

$$-A = \begin{pmatrix} 0 & -1 \\ 3 & 4 \end{pmatrix} \tag{A.2.3}$$

であるから，つぎのようになる．

$$(sI+A)^{-1} = \begin{pmatrix} s & 1 \\ -3 & s-4 \end{pmatrix}^{-1} = \frac{1}{(s-1)(s-3)} \begin{pmatrix} s-4 & -1 \\ 3 & s \end{pmatrix} \quad (A.2.4)$$

上式の各要素を部分分数に書き直す．

$$(sI+A)^{-1} = \begin{pmatrix} \dfrac{\frac{3}{2}}{s-1} + \dfrac{-\frac{1}{2}}{s-3} & \dfrac{\frac{1}{2}}{s-1} + \dfrac{-\frac{1}{2}}{s-3} \\ -\dfrac{\frac{3}{2}}{s-1} + \dfrac{\frac{3}{2}}{s-3} & -\dfrac{\frac{1}{2}}{s-1} + \dfrac{\frac{3}{2}}{s-3} \end{pmatrix} \quad (A.2.5)$$

上式をラプラス逆変換すると，

$$e^{-At} = L^{-1}[(sI+A)^{-1}]$$
$$= \begin{pmatrix} \frac{3}{2}e^t - \frac{1}{2}e^{3t} & \frac{1}{2}e^t - \frac{1}{2}e^{3t} \\ -\frac{3}{2}e^t + \frac{3}{2}e^{3t} & -\frac{1}{2}e^t + \frac{3}{2}e^{3t} \end{pmatrix} \quad (A.2.6)$$

となり，状態遷移行列 e^{-At} を求めることができた．上式と式 (A.2.2) は同じである．これにより，状態遷移行列の性質 $(e^{At})^{-1} = e^{-At}$ を数値的に確認できた．

2.2 行列 $A = \begin{pmatrix} 0 & 1 \\ -3 & -4 \end{pmatrix}$ の固有値は $\lambda_1 = -1$, $\lambda_2 = -3$ である．固有値 $\lambda_1 = -1$ に対応する固有ベクトル v_1 を求めるための方程式 $(\lambda_1 I - A)v_1 = 0$ はつぎの連立方程式となる．

$$-v_{11} - v_{12} = 0 \quad (A.2.7)$$
$$3v_{11} + 3v_{12} = 0 \quad (A.2.8)$$

これらより，$v_1 = k_1 \begin{pmatrix} 1 \\ -1 \end{pmatrix}$, $k_1 \neq 0$ と求められる．同様に，固有値 $\lambda_2 = -3$ に対応する固有ベクトル v_2 は，$v_2 = k_2 \begin{pmatrix} 1 \\ -3 \end{pmatrix}$, $k_2 \neq 0$ となる．そこで座標変換行列を

$$T = \begin{pmatrix} v_1 & v_2 \end{pmatrix} = \begin{pmatrix} 1 & 1 \\ -1 & -3 \end{pmatrix} \quad (A.2.9)$$

としよう．この行列を使って $z(0)$ を計算する．

$$z(0) = T^{-1}x(0)$$
$$= \begin{pmatrix} 1 & 1 \\ -1 & -3 \end{pmatrix}^{-1} \begin{pmatrix} 2 \\ 0 \end{pmatrix} = \frac{1}{2}\begin{pmatrix} 3 & 1 \\ -1 & -1 \end{pmatrix}\begin{pmatrix} 2 \\ 0 \end{pmatrix} = \begin{pmatrix} 3 \\ -1 \end{pmatrix} \quad (A.2.10)$$

式 (2.4.9) より，モード展開はつぎのようになる．

$$x(t) = v_1 e^{\lambda_1 t} z_1(0) + v_2 e^{\lambda_2 t} z_2(0)$$
$$= \begin{pmatrix} 1 \\ -1 \end{pmatrix} e^{-t}(3) + \begin{pmatrix} 1 \\ -3 \end{pmatrix} e^{-3t}(-1) = \begin{pmatrix} 3 \\ -3 \end{pmatrix} e^{-t} + \begin{pmatrix} -1 \\ 3 \end{pmatrix} e^{-3t}$$
$$(A.2.11)$$

念のため，$x(t)$ を計算しておく．これは，例題 2.2 の式 (2.3.20) と式 (2.3.21) それぞれの右辺第 1 項から

$$x(t) = e^{At}\begin{pmatrix} 2 \\ 0 \end{pmatrix} = \begin{pmatrix} 3e^{-t} - e^{-3t} \\ -3e^{-t} + 3e^{-3t} \end{pmatrix} \tag{A.2.12}$$

であることがわかる．上式と式 (A.2.11) は同一である．以上から，$x(t)$ をモード展開することにより，$x(t) = v_1 e^{\lambda_1 t} z_1(0) + v_2 e^{\lambda_2 t} z_2(0)$ で表現できることを確認できた．

2.3 行列 $A = \begin{pmatrix} 0 & 1 \\ -3 & -4 \end{pmatrix}$ の固有値と固有ベクトルは，演習問題 2.2 においてすでに計算済みであって，$\lambda_1 = -1$, $v_1 = k_1\begin{pmatrix} 1 \\ -1 \end{pmatrix}$, $k_1 \neq 0$, $\lambda_2 = -3$, $v_2 = k_2\begin{pmatrix} 1 \\ -3 \end{pmatrix}$, $k_2 \neq 0$ である．ここでは，$k_1 = 1$, $k_2 = -1$ に選んで座標変換行列を

$$T = \begin{pmatrix} v_1 & v_2 \end{pmatrix} = \begin{pmatrix} 1 & -1 \\ -1 & 3 \end{pmatrix} \tag{A.2.13}$$

としよう．上式の T を使うと，

$$T^{-1}e^{At}T = \begin{pmatrix} e^{\lambda_1 t} & \\ & e^{\lambda_2 t} \end{pmatrix} = \begin{pmatrix} e^{-t} & \\ & e^{-3t} \end{pmatrix} \tag{A.2.14}$$

の関係が成り立つことは例題 2.3 からわかっている．したがって，状態遷移行列 e^{At} は，次式で計算することができる．

$$\begin{aligned} e^{At} &= T\begin{pmatrix} e^{-t} & \\ & e^{-3t} \end{pmatrix}T^{-1} = \begin{pmatrix} 1 & -1 \\ -1 & 3 \end{pmatrix}\begin{pmatrix} e^{-t} & \\ & e^{-3t} \end{pmatrix}\frac{1}{2}\begin{pmatrix} 3 & 1 \\ 1 & 1 \end{pmatrix} \\ &= \frac{1}{2}\begin{pmatrix} 1 & -1 \\ -1 & 3 \end{pmatrix}\begin{pmatrix} 3e^{-t} & e^{-t} \\ e^{-3t} & e^{-3t} \end{pmatrix} \\ &= \frac{1}{2}\begin{pmatrix} 3e^{-t} - e^{-3t} & e^{-t} - e^{-3t} \\ -3e^{-t} + 3e^{-3t} & -e^{-t} + 3e^{-3t} \end{pmatrix} \end{aligned} \tag{A.2.15}$$

これは例題 2.1 の結果である式 (2.3.17) に一致している．

■**第 3 章**

3.1 行列 A の固有値の順番を入れ替えて，$\lambda_1 = 2$, $\lambda_2 = -1$ としよう．固有値 $\lambda_1 = 2$ に対応する固有ベクトル v_1 は，$v_1 = k_1\begin{pmatrix} -1 \\ 1 \end{pmatrix}$, $k_1 \neq 0$ であるから，$k_1 = 2$ に選べば $v_1 = \begin{pmatrix} -2 \\ 2 \end{pmatrix}$ となる．固有値 $\lambda_2 = -1$ に対応する固有ベクトル v_2 は，$v_2 = k_2\begin{pmatrix} -1 \\ 4 \end{pmatrix}$, $k_2 \neq 0$ であるから，$k_2 = -1$ に選んで $v_2 = \begin{pmatrix} 1 \\ -4 \end{pmatrix}$ としよう．したがって，座標変換行列を構成して

$$T = \begin{pmatrix} -2 & 1 \\ 2 & -4 \end{pmatrix} \tag{A.3.1}$$

を得る．この逆行列は $T^{-1} = \dfrac{-1}{6}\begin{pmatrix} 4 & 1 \\ 2 & 2 \end{pmatrix}$ である．これらの行列で A を対角化できることを確認しておく．

$$T^{-1}AT = \frac{-1}{6}\begin{pmatrix} 4 & 1 \\ 2 & 2 \end{pmatrix}\begin{pmatrix} 3 & 1 \\ -4 & -2 \end{pmatrix}\begin{pmatrix} -2 & 1 \\ 2 & -4 \end{pmatrix}$$
$$= \frac{-1}{6}\begin{pmatrix} 4 & 1 \\ 2 & 2 \end{pmatrix}\begin{pmatrix} -4 & -1 \\ 4 & 4 \end{pmatrix} = \begin{pmatrix} 2 & 0 \\ 0 & -1 \end{pmatrix} \tag{A.3.2}$$

$\lambda_1 = 2$, $\lambda_2 = -1$ としたので, 式 (3.2.34) と固有値の順番が入れ替っている. 上式を n 乗すると,

$$T^{-1}A^n T = (T^{-1}AT)^n = \begin{pmatrix} 2 & 0 \\ 0 & -1 \end{pmatrix}^n = \begin{pmatrix} 2^n & 0 \\ 0 & (-1)^n \end{pmatrix} \tag{A.3.3}$$

となるから, A^n はつぎのように求められる.

$$\begin{aligned}
A^n &= T\begin{pmatrix} 2^n & 0 \\ 0 & (-1)^n \end{pmatrix} T^{-1} \\
&= \begin{pmatrix} -2 & 1 \\ 2 & -4 \end{pmatrix}\begin{pmatrix} 2^n & 0 \\ 0 & (-1)^n \end{pmatrix}\frac{-1}{6}\begin{pmatrix} 4 & 1 \\ 2 & 2 \end{pmatrix} \\
&= \frac{-1}{6}\begin{pmatrix} -2 & 1 \\ 2 & -4 \end{pmatrix}\begin{pmatrix} 4 \times 2^n & 2^n \\ 2(-1)^n & 2(-1)^n \end{pmatrix} \\
&= \frac{-1}{3}\begin{pmatrix} -4 \times 2^n + (-1)^n & -2^n + (-1)^n \\ 4 \times 2^n - 4(-1)^n & 2^n - 4(-1)^n \end{pmatrix}
\end{aligned} \tag{A.3.4}$$

これは, 例題 3.4 の結果である式 (3.2.36) に一致する.

3.2 正規化する前の固有ベクトルは, $v_1 = \begin{pmatrix} 2 \\ 0 \\ -1 \end{pmatrix}$, $v_2 = \begin{pmatrix} 1 \\ 0 \\ 2 \end{pmatrix}$, $v_3 = \begin{pmatrix} 0 \\ 1 \\ 0 \end{pmatrix}$ であった. これらのベクトルで座標変換行列を構成する.

$$T = \begin{pmatrix} 2 & 1 & 0 \\ 0 & 0 & 1 \\ -1 & 2 & 0 \end{pmatrix} \tag{A.3.5}$$

この逆行列は $T^{-1} = \frac{-1}{5}\begin{pmatrix} -2 & 0 & 1 \\ -1 & 0 & -2 \\ 0 & -5 & 0 \end{pmatrix}$ であるから, つぎのように計算できる.

$$\begin{aligned}
\tilde{A} &= T^{-1}AT = \frac{-1}{5}\begin{pmatrix} -2 & 0 & 1 \\ -1 & 0 & -2 \\ 0 & -5 & 0 \end{pmatrix}\begin{pmatrix} -7 & 0 & 6 \\ 0 & 5 & 0 \\ 6 & 0 & 2 \end{pmatrix}\begin{pmatrix} 2 & 1 & 0 \\ 0 & 0 & 1 \\ -1 & 2 & 0 \end{pmatrix} \\
&= \frac{-1}{5}\begin{pmatrix} -2 & 0 & 1 \\ -1 & 0 & -2 \\ 0 & -5 & 0 \end{pmatrix}\begin{pmatrix} -20 & 5 & 0 \\ 0 & 0 & 5 \\ 10 & 10 & 0 \end{pmatrix} = \frac{-1}{5}\begin{pmatrix} 50 & 0 & 0 \\ 0 & -25 & 0 \\ 0 & 0 & -25 \end{pmatrix} \\
&= \begin{pmatrix} -10 & & \\ & 5 & \\ & & 5 \end{pmatrix}
\end{aligned} \tag{A.3.6}$$

3.3 $y = \begin{pmatrix} 1 \\ 2 \end{pmatrix}$ は, $\begin{vmatrix} v_1 & y \end{vmatrix} = \begin{vmatrix} 3 & 1 \\ 1 & 2 \end{vmatrix} = 5 \neq 0$ なので条件を満たしている. したがって, v_0 は,

$$v_0 = \left\{ \begin{pmatrix} 1 & -9 \\ 1 & -5 \end{pmatrix} - \begin{pmatrix} -2 & 0 \\ 0 & -2 \end{pmatrix} \right\} \begin{pmatrix} 1 \\ 2 \end{pmatrix} = \begin{pmatrix} 3 & -9 \\ 1 & -3 \end{pmatrix} \begin{pmatrix} 1 \\ 2 \end{pmatrix} = \begin{pmatrix} -15 \\ -5 \end{pmatrix} \tag{A.3.7}$$

となる．座標変換行列を

$$T = \begin{pmatrix} v_0 & y \end{pmatrix} = \begin{pmatrix} -15 & 1 \\ -5 & 2 \end{pmatrix} \tag{A.3.8}$$

とすれば，その逆行列は $T^{-1} = \dfrac{-1}{25} \begin{pmatrix} 2 & -1 \\ 5 & -15 \end{pmatrix}$ なので，$T^{-1}AT$ はつぎのように計算できる．

$$T^{-1}AT = \frac{-1}{25} \begin{pmatrix} 2 & -1 \\ 5 & -15 \end{pmatrix} \begin{pmatrix} 1 & -9 \\ 1 & -5 \end{pmatrix} \begin{pmatrix} -15 & 1 \\ -5 & 2 \end{pmatrix} = \frac{-1}{25} \begin{pmatrix} 2 & -1 \\ 5 & -15 \end{pmatrix} \begin{pmatrix} 30 & -17 \\ 10 & -9 \end{pmatrix}$$

$$= \frac{-1}{25} \begin{pmatrix} 50 & -25 \\ 0 & 50 \end{pmatrix} = \begin{pmatrix} -2 & 1 \\ 0 & -2 \end{pmatrix} \tag{A.3.9}$$

3.4 固有値を計算する．

$$|sI - A| = \begin{vmatrix} s-10 & -3 \\ 12 & s+2 \end{vmatrix} = s^2 - 8s + 16 = (s-4)^2 \tag{A.3.10}$$

から，重根 $\lambda_{1,2} = 4$ をもつ．この固有値に対応する固有ベクトル v_1 を求めるには，$(\lambda_1 I - A)v_1 = 0$ を解けばよい．

$$\begin{pmatrix} -6 & -3 \\ 12 & 6 \end{pmatrix} \begin{pmatrix} v_{11} \\ v_{12} \end{pmatrix} = 0 \tag{A.3.11}$$

これは，次式と同じである．

$$2v_{11} + v_{12} = 0 \tag{A.3.12}$$

上式の解は $v_1 = k_1 \begin{pmatrix} 1 \\ -2 \end{pmatrix}$，$k_1 \neq 0$ となる．しかし，もう一本，重根 $\lambda_{1,2} = 4$ に対応する固有ベクトルを，ベクトル v_1 に線形独立なベクトルとして見つけだすことはできない．よって，式 (3.4.1) の行列は，対角化することはできない．

このような場合，対角化に近い形までなら変換することができる．まず，$k_1 = 1$ として，$|v_1 \ y| \neq 0$ を満たす適当な y として，$y = \begin{pmatrix} 1 \\ 1 \end{pmatrix}$ を選ぼう．つぎに，この y を使って $v_0 = (A - \lambda I)y$ から v_0 を計算すると，

$$v_0 = \left\{ \begin{pmatrix} 10 & 3 \\ -12 & -2 \end{pmatrix} - \begin{pmatrix} 4 & 0 \\ 0 & 4 \end{pmatrix} \right\} \begin{pmatrix} 1 \\ 1 \end{pmatrix} = \begin{pmatrix} 6 & 3 \\ -12 & -6 \end{pmatrix} \begin{pmatrix} 1 \\ 1 \end{pmatrix} = \begin{pmatrix} 9 \\ -18 \end{pmatrix} \tag{A.3.13}$$

となる．したがって，座標変換行列は，

$$T = \begin{pmatrix} v_0 & y \end{pmatrix} = \begin{pmatrix} 9 & 1 \\ -18 & 1 \end{pmatrix} \tag{A.3.14}$$

と得られる．そして，この行列 T を使って $T^{-1}AT$ を計算すると，次式となる．

$$T^{-1}AT = \frac{1}{27}\begin{pmatrix} 1 & -1 \\ 18 & 9 \end{pmatrix}\begin{pmatrix} 10 & 3 \\ -12 & -2 \end{pmatrix}\begin{pmatrix} 9 & 1 \\ -18 & 1 \end{pmatrix}$$

$$= \frac{1}{27}\begin{pmatrix} 1 & -1 \\ 18 & 9 \end{pmatrix}\begin{pmatrix} 36 & 13 \\ -72 & -14 \end{pmatrix} = \frac{1}{27}\begin{pmatrix} 108 & 27 \\ 0 & 108 \end{pmatrix}$$

$$= \begin{pmatrix} 4 & 1 \\ 0 & 4 \end{pmatrix} \tag{A.3.15}$$

3.5 まず，固有値を計算する．

$$|sI - A| = \begin{vmatrix} s-1 & 1 \\ -8 & s+3 \end{vmatrix} = s^2 + 2s + 5 \tag{A.3.16}$$

であるから，$s^2+2s+5=0$ を解いて，$\lambda_{1,2}=-1\pm j2$ を得る．固有値が相異なるから対角化可能である．固有値 $\lambda_1 = -1+j2$ に対応する固有ベクトル v_1 を求めよう．$(\lambda_1 I - A)v_1 = 0$ より，

$$\left\{\begin{pmatrix} -1+j2 & 0 \\ 0 & -1+j2 \end{pmatrix} - \begin{pmatrix} 1 & -1 \\ 8 & -3 \end{pmatrix}\right\}v_1 = 0$$

$$\therefore \begin{pmatrix} -2+j2 & 1 \\ -8 & 2+j2 \end{pmatrix}\begin{pmatrix} v_{11} \\ v_{12} \end{pmatrix} = 0 \tag{A.3.17}$$

となる．上式を連立方程式に書き直せばつぎのようになる．

$$-(2-j2)v_{11} + v_{12} = 0 \tag{A.3.18}$$

$$-8v_{11} + (2+j2)v_{12} = 0 \tag{A.3.19}$$

式 (A.3.18) の両辺に $2+j2$ を掛けると，式 (A.3.19) になる．したがって，v_{11}, v_{12} を唯一に定めることはできない．そこで，解を

$$v_1 = k_1 \begin{pmatrix} 1 \\ 2-j2 \end{pmatrix}, \quad k_1 \neq 0 \tag{A.3.20}$$

と表しておく．上と同様にして固有値 $\lambda_2 = -1-j2$ に対応する固有ベクトル v_2 を求めよう．$(\lambda_2 I - A)v_2 = 0$ より，

$$\begin{pmatrix} -2-j2 & 1 \\ -8 & 2-j2 \end{pmatrix}\begin{pmatrix} v_{21} \\ v_{22} \end{pmatrix} = 0 \tag{A.3.21}$$

となる．上式を連立方程式に書き直せばつぎのようになる．

$$-(2+j2)v_{21} + v_{22} = 0 \tag{A.3.22}$$

$$-8v_{21} + (2-j2)v_{22} = 0 \tag{A.3.23}$$

式 (A.3.22) の両辺に $2-j2$ を掛けると，式 (A.3.23) になるから，解を

$$v_2 = k_2 \begin{pmatrix} 1 \\ 2+j2 \end{pmatrix}, \quad k_2 \neq 0 \tag{A.3.24}$$

と表す．式 (A.3.20) と式 (A.3.24) において $k_1 = k_2 = 1$ として，座標変換行列をつぎのように構成する．

$$T = \begin{pmatrix} v_1 & v_2 \end{pmatrix} = \begin{pmatrix} 1 & 1 \\ 2-j2 & 2+j2 \end{pmatrix} \tag{A.3.25}$$

この行列の逆行列は，
$$T^{-1} = \begin{pmatrix} 1 & 1 \\ 2-j2 & 2+j2 \end{pmatrix}^{-1} = \frac{1}{j4}\begin{pmatrix} 2+j2 & -1 \\ -(2-j2) & 1 \end{pmatrix} \quad (A.3.26)$$

である．したがって，行列 A はつぎのように対角化される．
$$T^{-1}AT = \frac{1}{j4}\begin{pmatrix} 2+j2 & -1 \\ -(2-j2) & 1 \end{pmatrix}\begin{pmatrix} 1 & -1 \\ 8 & -3 \end{pmatrix}\begin{pmatrix} 1 & 1 \\ 2-j2 & 2+j2 \end{pmatrix}$$
$$= \frac{1}{j4}\begin{pmatrix} -8-j4 & 0 \\ 0 & 8-j4 \end{pmatrix} = \begin{pmatrix} -1+j2 & 0 \\ 0 & -1-j2 \end{pmatrix} \quad (A.3.27)$$

■第 4 章

4.1 数学的帰納法により証明する．

(i) $n=2$ のとき，
$$\det V_2 = \det\begin{pmatrix} 1 & \lambda_1 \\ 1 & \lambda_2 \end{pmatrix} = \lambda_2 - \lambda_1 = \prod_{1 \leq i < j \leq 2}(\lambda_j - \lambda_i) \quad (A.4.1)$$

であるから，式 (4.4.1) の行列式は式 (4.4.2) で与えられる．

(ii) $n=k$ で成り立つと仮定する．
$$\det V_k = \det\begin{pmatrix} 1 & \lambda_1 & \lambda_1{}^2 & \cdots & \lambda_1{}^{k-1} \\ 1 & \lambda_2 & \lambda_2{}^2 & \cdots & \lambda_2{}^{k-1} \\ \vdots & \vdots & \vdots & & \vdots \\ 1 & \lambda_k & \lambda_k{}^2 & \cdots & \lambda_k{}^{k-1} \end{pmatrix} = \prod_{1 \leq i < j \leq k}(\lambda_j - \lambda_i) \quad (A.4.2)$$

$n=k+1$ の場合を考察するにあたっては，行列式は基本操作によって変わらないことを利用する．

まず，行列 (4.4.1) の第 1 列に λ_1 を掛けて第 2 列から引く．つぎに，第 1 列に $\lambda_1{}^2$ を掛けて第 3 列から引く．以下，同じ操作を繰り返すと，つぎのようになる．．
$$V_n = \begin{pmatrix} 1 & 0 & 0 & \cdots & 0 \\ 1 & \lambda_2 - \lambda_1 & \lambda_2{}^2 - \lambda_1{}^2 & \cdots & \lambda_2{}^{n-1} - \lambda_1{}^{n-1} \\ \vdots & \vdots & \vdots & & \vdots \\ 1 & \lambda_n - \lambda_1 & \lambda_n{}^2 - \lambda_1{}^2 & \cdots & \lambda_n{}^{n-1} - \lambda_1{}^{n-1} \end{pmatrix} \quad (A.4.3)$$

式 (A.4.3) の要素を少し変形しよう．(2,3) 要素，(2,4) 要素をつぎのように書く．
$$\lambda_2{}^2 - \lambda_1{}^2 = \lambda_2(\lambda_2 - \lambda_1) + \lambda_1(\lambda_2 - \lambda_1) \quad (A.4.4)$$
$$\lambda_2{}^3 - \lambda_1{}^3 = \lambda_2{}^2(\lambda_2 - \lambda_1) + \lambda_1\left(\lambda_2{}^2 - \lambda_1{}^2\right) \quad (A.4.5)$$

ここで，式 (A.4.5) の右辺第 2 項の $\left(\lambda_2{}^2 - \lambda_1{}^2\right)$ は，式 (A.4.4) の左辺であることに注意しておく．同様に，(2,5) 要素，$\ldots$，$(2,n-1)$ 要素，$(2,n)$ 要素はつぎのようになる．
$$\lambda_2{}^4 - \lambda_1{}^4 = \lambda_2{}^3(\lambda_2 - \lambda_1) + \lambda_1\left(\lambda_2{}^3 - \lambda_1{}^3\right) \quad (A.4.6)$$
$$\vdots$$
$$\lambda_2{}^{n-2} - \lambda_1{}^{n-2} = \lambda_2{}^{n-3}(\lambda_2 - \lambda_1) + \lambda_1\left(\lambda_2{}^{n-3} - \lambda_1{}^{n-3}\right) \quad (A.4.7)$$

$$\lambda_2{}^{n-1} - \lambda_1{}^{n-1} = \lambda_2{}^{n-2}(\lambda_2 - \lambda_1) + \lambda_1\left(\lambda_2{}^{n-2} - \lambda_1{}^{n-2}\right) \quad (\text{A.4.8})$$

以上のような変形をすることで，式 (A.4.3) はつぎのように書くことができる．

$$V_n = \begin{pmatrix} 1 & 0 & 0 & 0 & \cdots \\ 1 & \lambda_2-\lambda_1 & \lambda_2(\lambda_2-\lambda_1)+\lambda_1(\lambda_2-\lambda_1) & \lambda_2{}^2(\lambda_2-\lambda_1)+\lambda_1\left(\lambda_2{}^2-\lambda_1{}^2\right) & \cdots \\ \vdots & \vdots & \vdots & \vdots & \\ 1 & \lambda_n-\lambda_1 & \lambda_n(\lambda_n-\lambda_1)+\lambda_1(\lambda_n-\lambda_1) & \lambda_n{}^2(\lambda_n-\lambda_1)+\lambda_1\left(\lambda_n{}^2-\lambda_1{}^2\right) & \cdots \\ & & 0 & 0 & \\ & & \lambda_2{}^{n-3}(\lambda_2-\lambda_1)+\lambda_1\left(\lambda_2{}^{n-3}-\lambda_1{}^{n-3}\right) & \lambda_2{}^{n-2}(\lambda_2-\lambda_1)+\lambda_1\left(\lambda_2{}^{n-2}-\lambda_1{}^{n-2}\right) \\ & & \vdots & \vdots \\ & & \lambda_n{}^{n-3}(\lambda_n-\lambda_1)+\lambda_1\left(\lambda_n{}^{n-3}-\lambda_1{}^{n-3}\right) & \lambda_n{}^{n-2}(\lambda_n-\lambda_1)+\lambda_1\left(\lambda_n{}^{n-2}-\lambda_1{}^{n-2}\right) \end{pmatrix}$$
$$(\text{A.4.9})$$

上式の行列は，式 (A.4.3) の行列の要素を変形しただけであって，何ら基本操作を施してはいない．ここで，いよいよ基本操作を施すことにする．行列 (A.4.3) の第 2 列に λ_1 を掛けて行列 (A.4.9) の第 3 列から引く．つぎに，行列 (A.4.3) の第 3 列に同じく λ_1 を掛けて行列 (A.4.9) の第 4 列から引く．以下，同様の基本操作を繰り返すことで行列 (A.4.9) はつぎのようになる．

$$V_n = \begin{pmatrix} 1 & 0 & 0 & \cdots & 0 \\ 1 & \lambda_2-\lambda_1 & \lambda_2(\lambda_2-\lambda_1) & \cdots & \lambda_2{}^{n-2}(\lambda_2-\lambda_1) \\ \vdots & \vdots & \vdots & & \vdots \\ 1 & \lambda_n-\lambda_1 & \lambda_n(\lambda_n-\lambda_1) & \cdots & \lambda_n{}^{n-2}(\lambda_n-\lambda_1) \end{pmatrix} \quad (\text{A.4.10})$$

この行列の行列式はつぎのようになる．

$$\begin{aligned}
\det V_n &= \det \begin{pmatrix} 1 & 0 & 0 & \cdots & 0 \\ 1 & \lambda_2-\lambda_1 & \lambda_2(\lambda_2-\lambda_1) & \cdots & \lambda_2{}^{n-2}(\lambda_2-\lambda_1) \\ \vdots & \vdots & \vdots & & \vdots \\ 1 & \lambda_n-\lambda_1 & \lambda_n(\lambda_n-\lambda_1) & \cdots & \lambda_n{}^{n-2}(\lambda_n-\lambda_1) \end{pmatrix} \\
&= \det \begin{pmatrix} \lambda_2-\lambda_1 & \lambda_2(\lambda_2-\lambda_1) & \cdots & \lambda_2{}^{n-2}(\lambda_2-\lambda_1) \\ \lambda_3-\lambda_1 & \lambda_3(\lambda_3-\lambda_1) & \cdots & \lambda_3{}^{n-2}(\lambda_3-\lambda_1) \\ \vdots & \vdots & & \vdots \\ \lambda_n-\lambda_1 & \lambda_n(\lambda_n-\lambda_1) & \cdots & \lambda_n{}^{n-2}(\lambda_n-\lambda_1) \end{pmatrix} \\
&= \det \begin{pmatrix} \lambda_2-\lambda_1 & & & \\ & \lambda_3-\lambda_1 & & \\ & & \ddots & \\ & & & \lambda_n-\lambda_1 \end{pmatrix} \det \begin{pmatrix} 1 & \lambda_2 & \cdots & \lambda_2{}^{n-2} \\ 1 & \lambda_3 & \cdots & \lambda_3{}^{n-2} \\ \vdots & \vdots & & \vdots \\ 1 & \lambda_n & \cdots & \lambda_n{}^{n-2} \end{pmatrix}
\end{aligned}$$
$$(\text{A.4.11})$$

いよいよ，$n = k+1$ に設定する．

$$V_{k+1} = \det\begin{pmatrix} \lambda_2-\lambda_1 & & & \\ & \lambda_3-\lambda_1 & & \\ & & \ddots & \\ & & & \lambda_{k+1}-\lambda_1 \end{pmatrix} \det\begin{pmatrix} 1 & \lambda_2 & \cdots & \lambda_2^{k-1} \\ 1 & \lambda_3 & \cdots & \lambda_3^{k-1} \\ \vdots & \vdots & & \vdots \\ 1 & \lambda_{k+1} & \cdots & \lambda_{k+1}^{k-1} \end{pmatrix}$$
(A.4.12)

上式の一つ目の行列式は

$$\det\begin{pmatrix} \lambda_2-\lambda_1 & & & \\ & \lambda_3-\lambda_1 & & \\ & & \ddots & \\ & & & \lambda_{k+1}-\lambda_1 \end{pmatrix} = (\lambda_2-\lambda_1)(\lambda_3-\lambda_1)\cdots(\lambda_{k+1}-\lambda_1)$$
(A.4.13)

であり,二つ目の行列式は数学的帰納法の仮定より,

$$\det\begin{pmatrix} 1 & \lambda_2 & \cdots & \lambda_2^{k-1} \\ 1 & \lambda_3 & \cdots & \lambda_3^{k-1} \\ \vdots & \vdots & & \vdots \\ 1 & \lambda_{k+1} & \cdots & \lambda_{k+1}^{k-1} \end{pmatrix} = \prod_{2 \leq i < j \leq k+1}(\lambda_j - \lambda_i) \quad (A.4.14)$$

である.よって,式 (A.4.12) は

$$V_{k+1} = (\lambda_2-\lambda_1)(\lambda_3-\lambda_1)\cdots(\lambda_{k+1}-\lambda_1) \prod_{2 \leq i < j \leq k+1}(\lambda_j - \lambda_i)$$
$$= \prod_{1 \leq i < j \leq k+1}(\lambda_j - \lambda_i) \quad (A.4.15)$$

と書くことができるので,$n=k$ で式 (4.4.2) が成り立つとの仮定のもとで,$n=k+1$ でも式 (4.4.2) が成り立つことがわかった.

以上,(i),(ii) より,$n \geq 2$ に対して式 (4.4.2) は成立する.また,すべての固有値 λ_i が相異なるとき,バンデルモンド行列が正則となることは,式 (4.4.2) から明らかである.

■第5章

5.1 観測行列 c を

$$c = \begin{pmatrix} c_1 & c_2 \end{pmatrix} \quad (A.5.1)$$

として,可観測性行列 (5.3.1) を求めるとつぎのようになる.

$$U_o = \begin{pmatrix} c \\ cA \end{pmatrix} = \begin{pmatrix} c_1 & c_2 \\ -3c_2 & c_1 - 4c_2 \end{pmatrix} \quad (A.5.2)$$

可観測性行列が正則とならない条件は,

$$c_1(c_1 - 4c_2) + 3c_2^2 = 0 \quad (A.5.3)$$

である.上式を因数分解すると,

$$(c_1 - c_2)(c_1 - 3c_2) = 0 \quad (A.5.4)$$

を得る．したがって，$c_1 = c_2$ または $c_1 = 3c_2$ のとき不可観測となる．

5.2 まず，$c_1 = c_2$ である場合について考える．観測行列 c を

$$c = \begin{pmatrix} c_1 & c_1 \end{pmatrix} \tag{A.5.5}$$

として，可観測性グラム行列を計算しよう．式 (2.3.17) の e^{At} を用いて

$$\begin{aligned} ce^{A\tau} &= \begin{pmatrix} c_1 & c_1 \end{pmatrix} \begin{pmatrix} \dfrac{3}{2}e^{-\tau} - \dfrac{1}{2}e^{-3\tau} & \dfrac{1}{2}e^{-\tau} - \dfrac{1}{2}e^{-3\tau} \\ -\dfrac{3}{2}e^{-\tau} + \dfrac{3}{2}e^{-3\tau} & -\dfrac{1}{2}e^{-\tau} + \dfrac{3}{2}e^{-3\tau} \end{pmatrix} \\ &= \begin{pmatrix} c_1 e^{-3\tau} & c_1 e^{-3\tau} \end{pmatrix} \end{aligned} \tag{A.5.6}$$

であるから，

$$\begin{aligned} W_o(t) &= \int_0^t (ce^{A\tau})^T (ce^{A\tau}) \, d\tau \\ &= \int_0^t \begin{pmatrix} c_1 e^{-3\tau} \\ c_1 e^{-3\tau} \end{pmatrix} \begin{pmatrix} c_1 e^{-3\tau} & c_1 e^{-3\tau} \end{pmatrix} d\tau \\ &= -\dfrac{c_1^2}{6} \begin{bmatrix} e^{-6\tau} & e^{-6\tau} \\ e^{-6\tau} & e^{-6\tau} \end{bmatrix}_0^t = -\dfrac{c_1^2}{6} \begin{pmatrix} e^{-6t} - 1 & e^{-6t} - 1 \\ e^{-6t} - 1 & e^{-6t} - 1 \end{pmatrix} \end{aligned} \tag{A.5.7}$$

となる．上式から，$|W_o(t)| = 0$ となることがわかる．

つぎに，$c_1 = 3c_2$ である場合について考える．観測行列 c を

$$c = \begin{pmatrix} 3c_2 & c_2 \end{pmatrix} \tag{A.5.8}$$

として，可観測性グラム行列を計算しよう．上と同様に計算すると

$$\begin{aligned} ce^{A\tau} &= \begin{pmatrix} 3c_2 & c_2 \end{pmatrix} \begin{pmatrix} \dfrac{3}{2}e^{-\tau} - \dfrac{1}{2}e^{-3\tau} & \dfrac{1}{2}e^{-\tau} - \dfrac{1}{2}e^{-3\tau} \\ -\dfrac{3}{2}e^{-\tau} + \dfrac{3}{2}e^{-3\tau} & -\dfrac{1}{2}e^{-\tau} + \dfrac{3}{2}e^{-3\tau} \end{pmatrix} \\ &= \begin{pmatrix} 3c_2 e^{-\tau} & c_2 e^{-\tau} \end{pmatrix} \end{aligned} \tag{A.5.9}$$

であるから，

$$\begin{aligned} W_o(t) &= \int_0^t (ce^{A\tau})^T (ce^{A\tau}) \, d\tau = \int_0^t \begin{pmatrix} 9c_2^2 e^{-2\tau} & 3c_2^2 e^{-2\tau} \\ 3c_2^2 e^{-2\tau} & c_2^2 e^{-2\tau} \end{pmatrix} d\tau \\ &= -\dfrac{c_2^2}{2} \begin{bmatrix} 9e^{-2\tau} & 3e^{-2\tau} \\ 3e^{-2\tau} & e^{-2\tau} \end{bmatrix}_0^t = -\dfrac{c_2^2}{2} \begin{pmatrix} 9(e^{-2t} - 1) & 3(e^{-2t} - 1) \\ 3(e^{-2t} - 1) & (e^{-2t} - 1) \end{pmatrix} \end{aligned}$$
(A.5.10)

となる．上式から，$|W_o(t)| = 0$ となることがわかる．

■第 6 章

6.1 行ベクトルを

$$w_1 = \begin{pmatrix} 1 & x & x \end{pmatrix}, \quad w_2 = \begin{pmatrix} x & 1 & x \end{pmatrix}, \quad w_3 = \begin{pmatrix} x & x & 1 \end{pmatrix} \tag{A.6.1}$$

とする．式 (6.3.1) の行列 M に $w_2 - xw_1$ と $w_3 - xw_1$ の基本操作を施すと，

$$M = \begin{pmatrix} 1 & x & x \\ 0 & 1-x^2 & x-x^2 \\ 0 & x-x^2 & 1-x^2 \end{pmatrix} \tag{A.6.2}$$

となる．さらに，第2行からと第3行を引く基本操作を施して次式を得る．

$$M = \begin{pmatrix} 1 & x & x \\ 0 & 1-x & x-1 \\ 0 & x-x^2 & 1-x^2 \end{pmatrix} \tag{A.6.3}$$

第2行に x を掛けたものを第3行から引く基本操作を施して次式を得る．

$$M = \begin{pmatrix} 1 & x & x \\ 0 & 1-x & x-1 \\ 0 & 0 & 1-x^2-x(x-1) \end{pmatrix} = \begin{pmatrix} 1 & x & x \\ 0 & 1-x & x-1 \\ 0 & 0 & (x-1)(1+2x) \end{pmatrix} \tag{A.6.4}$$

上式から

$$x = 1 \text{ のとき} \qquad \text{rank } M = 1 \tag{A.6.5}$$

$$x = -\frac{1}{2} \text{ のとき} \quad \text{rank } M = 2 \tag{A.6.6}$$

$$\text{それ以外のとき} \quad \text{rank } M = 3 \tag{A.6.7}$$

である．

6.2 式 (6.3.2) の行列 M において，第1行と第2行を入れ替える．

$$M = \begin{pmatrix} 1 & x & 1 \\ x & 1 & 0 \\ 0 & 1 & x \end{pmatrix} \tag{A.6.8}$$

第1行に x を掛けたものを第2行から引く基本操作を施して次式を得る．

$$M = \begin{pmatrix} 1 & x & 1 \\ 0 & 1-x^2 & -x \\ 0 & 1 & x \end{pmatrix} \tag{A.6.9}$$

第2行と第3行を入れ替える．

$$M = \begin{pmatrix} 1 & x & 1 \\ 0 & 1 & x \\ 0 & 1-x^2 & -x \end{pmatrix} \tag{A.6.10}$$

第2行に $1-x^2$ を掛けたものを第3行から引く基本操作を施して次式を得る．

$$M = \begin{pmatrix} 1 & x & 1 \\ 0 & 1 & x \\ 0 & 0 & -x-(1-x^2)x \end{pmatrix} = \begin{pmatrix} 1 & x & 1 \\ 0 & 1 & x \\ 0 & 0 & x(x^2-2) \end{pmatrix} \tag{A.6.11}$$

上式から

$$x = 0 \text{ または } x = \pm\sqrt{2} \text{ のとき} \quad \text{rank } M = 2 \tag{A.6.12}$$

$$x \neq 0 \text{ かつ } x \neq \pm\sqrt{2} \text{ のとき} \quad \text{rank } M = 3 \tag{A.6.13}$$

である．

■第7章

7.1 (1) 伝達関数を計算する.

$$(sI - A)^{-1} = \begin{pmatrix} s-4 & -6 \\ 3 & s+5 \end{pmatrix}^{-1}$$

$$= \frac{1}{(s-4)(s+5)+18}\begin{pmatrix} s+5 & 6 \\ -3 & s-4 \end{pmatrix}$$

$$= \frac{1}{(s-1)(s+2)}\begin{pmatrix} s+5 & 6 \\ -3 & s-4 \end{pmatrix} \tag{A.7.1}$$

なので,伝達関数はつぎのように計算できる.

$$G(s) = \frac{1}{(s-1)(s+2)}\begin{pmatrix} -1 & 0 \end{pmatrix}\begin{pmatrix} s+5 & 6 \\ -3 & s-4 \end{pmatrix}\begin{pmatrix} 6 \\ -3 \end{pmatrix}$$

$$= \frac{1}{(s-1)(s+2)}\begin{pmatrix} -s-5 & -6 \end{pmatrix}\begin{pmatrix} 6 \\ -3 \end{pmatrix}$$

$$= \frac{-6s-30+18}{(s-1)(s+2)} = \frac{-6(s+2)}{(s-1)(s+2)}$$

$$= \frac{-6}{s-1} + \frac{0}{s+2} \tag{A.7.2}$$

式 (7.2.1) に示す伝達関数と対応してみると,

$$\lambda_1 = 1, \quad \tilde{c}_1 \tilde{b}_1 = -6 \tag{A.7.3}$$

$$\lambda_2 = -2, \quad \tilde{c}_2 \tilde{b}_2 = 0 \tag{A.7.4}$$

である.対角正準形において,すべての $\tilde{b}_i$ がゼロでないとき,システムは可制御,また,すべての $\tilde{c}_i$ がゼロでないとき,システムは可観測である.式 (A.7.4) から,$\tilde{b}_2 = 0$ あるいは $\tilde{c}_2 = 0$ もしくはその両方であり,このシステムは,可制御かつ可観測ではありえない.

このシステムには,不安定な極 $\lambda_1 = 1$ と安定な極 $\lambda_2 = -2$ があり,伝達関数の計算過程において,$\lambda_2 = -2$ で極零相殺をしている.このため,安定な極 $\lambda_2 = -2$ に対応するモード $z_2(t)$ が伝達関数表現においてみえなくなってしまった.もしも極零相殺をしていなければ,すべてのモードが操作量から制御量までつながっていることになり,このシステムは可制御かつ可観測であった.

(2) 可制御性行列を計算してシステムの可制御性を調べる.

$$Ab = \begin{pmatrix} 4 & 6 \\ -3 & -5 \end{pmatrix}\begin{pmatrix} 6 \\ -3 \end{pmatrix} = \begin{pmatrix} 24-18 \\ -18+15 \end{pmatrix} = \begin{pmatrix} 6 \\ -3 \end{pmatrix} \tag{A.7.5}$$

であるから,可制御性行列は

$$U_c = \begin{pmatrix} b & Ab \end{pmatrix} = \begin{pmatrix} 6 & 6 \\ -3 & -3 \end{pmatrix} \tag{A.7.6}$$

となる.この行列式はつぎのように計算できる.

$$|U_c| = \begin{vmatrix} 6 & 6 \\ -3 & -3 \end{vmatrix} = -18 + 18 = 0 \tag{A.7.7}$$

よって,このシステムは不可制御である.

(3) 可観測性行列を計算してシステムの可観測性を調べる.
$$cA = \begin{pmatrix} -1 & 0 \end{pmatrix} \begin{pmatrix} 4 & 6 \\ -3 & -5 \end{pmatrix} = \begin{pmatrix} -4 & -6 \end{pmatrix} \tag{A.7.8}$$
であるから, 可観測性行列は
$$U_o = \begin{pmatrix} c \\ cA \end{pmatrix} = \begin{pmatrix} -1 & 0 \\ -4 & -6 \end{pmatrix} \tag{A.7.9}$$
となる. この行列式はつぎのように計算できる.
$$|U_o| = \begin{vmatrix} -1 & 0 \\ -4 & -6 \end{vmatrix} = 6 \neq 0 \tag{A.7.10}$$
よって, このシステムは可観測である.

以上から, このシステムは, 安定なモード $z_2(t)$ が不可制御かつ可観測, 不安定なモード $z_1(t)$ が可制御かつ可観測であることがわかった. 安定なモードが不可制御なので, そのモードの安定性や応答性を変えることはできない. しかし, 不安定なモードは可制御なので, このモードを安定にすることで, 本来不安定なシステムを安定化できることがわかった.

(4) 固有値は伝達関数の極と同じであるから, $\lambda_1 = 1$ と $\lambda_2 = -2$ である. 固有値 $\lambda_1 = 1$ に対応する固有ベクトル v_1 は, 次式を満足するゼロでないベクトルとして得られる.
$$(\lambda_1 I - A)v_1 = 0 \tag{A.7.11}$$
したがって,
$$\left(\begin{pmatrix} 1 & 0 \\ 0 & 1 \end{pmatrix} - \begin{pmatrix} 4 & 6 \\ -3 & -5 \end{pmatrix} \right) \begin{pmatrix} v_{11} \\ v_{12} \end{pmatrix} = \begin{pmatrix} -3 & -6 \\ 3 & 6 \end{pmatrix} \begin{pmatrix} v_{11} \\ v_{12} \end{pmatrix} = 0 \tag{A.7.12}$$
より,
$$v_{11} + 2v_{12} = 0 \tag{A.7.13}$$
を満足する候補の一つとして
$$v_1 = \begin{pmatrix} 2 \\ -1 \end{pmatrix} \tag{A.7.14}$$
を選定する.

固有値 $\lambda_2 = -2$ に対応する固有ベクトル v_1 は, 次式を満足するゼロでないベクトルとして得られる.
$$(\lambda_2 I - A)v_2 = 0 \tag{A.7.15}$$
したがって,
$$\left(\begin{pmatrix} -2 & 0 \\ 0 & -2 \end{pmatrix} - \begin{pmatrix} 4 & 6 \\ -3 & -5 \end{pmatrix} \right) \begin{pmatrix} v_{21} \\ v_{22} \end{pmatrix} = \begin{pmatrix} -6 & -6 \\ 3 & 3 \end{pmatrix} \begin{pmatrix} v_{21} \\ v_{22} \end{pmatrix} = 0 \tag{A.7.16}$$
より,
$$v_{21} + v_{22} = 0 \tag{A.7.17}$$
を満足する候補の一つとして

$$v_2 = \begin{pmatrix} -1 \\ 1 \end{pmatrix} \tag{A.7.18}$$

を選定する.

対角変換行列は,式 (A.7.14),(A.7.18) の v_1 と v_2 で構成される.

$$T = \begin{pmatrix} v_1 & v_2 \end{pmatrix} = \begin{pmatrix} 2 & -1 \\ -1 & 1 \end{pmatrix} \tag{A.7.19}$$

この逆行列は,

$$T^{-1} = \begin{pmatrix} 1 & 1 \\ 1 & 2 \end{pmatrix} \tag{A.7.20}$$

である.座標変換を施すと,

$$\tilde{A} = T^{-1}AT = \begin{pmatrix} 1 & 1 \\ 1 & 2 \end{pmatrix}\begin{pmatrix} 4 & 6 \\ -3 & -5 \end{pmatrix}\begin{pmatrix} 2 & -1 \\ -1 & 1 \end{pmatrix}$$

$$= \begin{pmatrix} 1 & 1 \\ -2 & -4 \end{pmatrix}\begin{pmatrix} 2 & -1 \\ -1 & 1 \end{pmatrix} = \begin{pmatrix} 1 & 0 \\ 0 & -2 \end{pmatrix} \tag{A.7.21}$$

$$\tilde{b} = T^{-1}b = \begin{pmatrix} 1 & 1 \\ 1 & 2 \end{pmatrix}\begin{pmatrix} 6 \\ -3 \end{pmatrix} = \begin{pmatrix} 3 \\ 0 \end{pmatrix} \tag{A.7.22}$$

$$\tilde{c} = cT = \begin{pmatrix} -1 & 0 \end{pmatrix}\begin{pmatrix} 2 & -1 \\ -1 & 1 \end{pmatrix} = \begin{pmatrix} -2 & 1 \end{pmatrix} \tag{A.7.23}$$

となり,つぎの対角正準形を得る.

$$\dot{z}(t) = \begin{pmatrix} 1 & 0 \\ 0 & -2 \end{pmatrix}z(t) + \begin{pmatrix} 3 \\ 0 \end{pmatrix}u(t) \tag{A.7.24}$$

$$y(t) = \begin{pmatrix} -2 & 1 \end{pmatrix}z(t) \tag{A.7.25}$$

座標変換後のシステム構造を解図 7.1 に示す.図から,安定なモード $z_2(t)$ が不可制御かつ可観測,不安定なモード $z_1(t)$ が可制御かつ可観測であることがわかる.もちろん,システム全体としては,不可制御かつ可観測である.

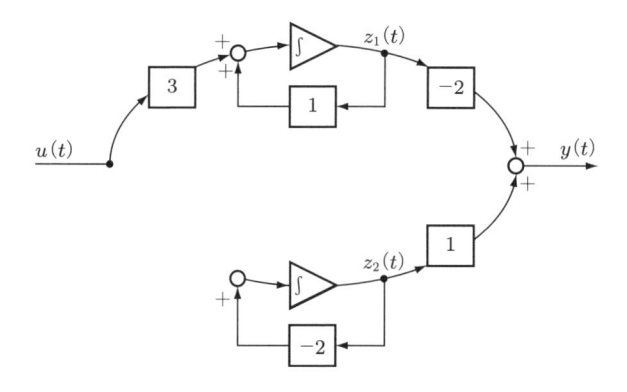

解図 **7.1** 対角正準形による可制御性と可観測性の判定

■第 8 章

8.1 可制御性行列はつぎのようになる．

$$U_c = \begin{pmatrix} b & Ab \end{pmatrix} = \begin{pmatrix} 1 & 7 \\ 0 & 5 \end{pmatrix} \tag{A.8.1}$$

この行列は正則なので，制御対象は可制御である．したがって，指定の位置に閉ループ系の固有値を配置することができる．

フィードバック係数ベクトル f を

$$f = \begin{pmatrix} f_1 & f_2 \end{pmatrix} \tag{A.8.2}$$

とおく．これより，閉ループ系のシステム行列 $A - bf$ は，

$$A - bf = \begin{pmatrix} 7 & -10 \\ 5 & -8 \end{pmatrix} - \begin{pmatrix} 1 \\ 0 \end{pmatrix} \begin{pmatrix} f_1 & f_2 \end{pmatrix} = \begin{pmatrix} 7-f_1 & -10-f_2 \\ 5 & -8 \end{pmatrix} \tag{A.8.3}$$

となる．したがって，閉ループ系の特性多項式はつぎのようになる．

$$\begin{aligned} |sI - A + bf| &= \begin{vmatrix} s-7+f_1 & 10+f_2 \\ -5 & s+8 \end{vmatrix} \\ &= s^2 + (1+f_1)s + (-6 + 8f_1 + 5f_2) \end{aligned} \tag{A.8.4}$$

一方，固有値を $-2 \pm j$ とする特性多項式は次式である．

$$P(s) = (s+2-j)(s+2+j) = s^2 + 4s + 5 \tag{A.8.5}$$

式 (A.8.4) が恒等的に式 (A.8.5) と等しくなるためには，s のそれぞれの係数が等しくなくてはならない．これにより，f_1, f_2 を求めるための連立方程式を得る．

$$1 + f_1 = 4 \tag{A.8.6}$$

$$-6 + 8f_1 + 5f_2 = 5 \tag{A.8.7}$$

上の連立方程式を解くと，フィードバック係数ベクトル f をつぎのように求めることができる．

$$f = \begin{pmatrix} f_1 & f_2 \end{pmatrix} = \begin{pmatrix} 3 & -\dfrac{13}{5} \end{pmatrix} \tag{A.8.8}$$

8.2 先の問題で調べて，制御対象は可制御であることがわかっている．まず，制御対象の特性多項式 $P_o(s)$ と所望の閉ループ系の特性多項式 $P(s)$ を求める．

$$P_o(s) = |sI - A| = \begin{vmatrix} s-7 & 10 \\ -5 & s+8 \end{vmatrix} = s^2 + s - 6 \tag{A.8.9}$$

であり，$P(s)$ は，式 (A.8.5) である．したがって，

$$a_0 = -6, \quad a_1 = 1, \quad d_0 = 5, \quad d_1 = 4 \tag{A.8.10}$$

であるから，フィードバック係数ベクトル $\tilde{f}$ はつぎのよう求められる．

$$\tilde{f} = \begin{pmatrix} d_0 - a_0 & d_1 - a_1 \end{pmatrix} = \begin{pmatrix} 5+6 & 4-1 \end{pmatrix} = \begin{pmatrix} 11 & 3 \end{pmatrix} \tag{A.8.11}$$

ただし，この $\tilde{f}$ は，可制御正準形におけるフィードバック係数ベクトルである．そこで，座標変換行列を求めて $f = \tilde{f} T^{-1}$ の計算をしなくてはならない．

可制御性行列 (A.8.1) の逆行列は

$$U_c{}^{-1} = \begin{pmatrix} 1 & 7 \\ 0 & 5 \end{pmatrix}^{-1} = \frac{1}{5}\begin{pmatrix} 5 & -7 \\ 0 & 1 \end{pmatrix} \quad \text{(A.8.12)}$$

なので，最後の行のベクトルは，$e_2 = \begin{pmatrix} 0 & 0.2 \end{pmatrix}$ であることがわかる．よって，座標変換行列 T^{-1} は

$$T^{-1} = \begin{pmatrix} e_2 \\ e_2 A \end{pmatrix} = \begin{pmatrix} 0 & 0.2 \\ 1 & -1.6 \end{pmatrix} \quad \text{(A.8.13)}$$

と求められる．したがって，$x(t)$ を状態とするフィードバック係数ベクトル f は，

$$f = \tilde{f}T^{-1} = \begin{pmatrix} 11 & 3 \end{pmatrix} \begin{pmatrix} 0 & 0.2 \\ 1 & -1.6 \end{pmatrix} = \begin{pmatrix} 3 & 2.2 - 4.8 \end{pmatrix} = \begin{pmatrix} 3 & -2.6 \end{pmatrix} \quad \text{(A.8.14)}$$

となる．この結果は，演習問題 8.1 と同じである．

8.3 $P(s)$ は式 (A.8.5) で与えられているので，s に A を代入して $P(A)$ を計算する．

$$P(A) = A^2 + 4A + 5I = \begin{pmatrix} 7 & -10 \\ 5 & -8 \end{pmatrix}^2 + 4\begin{pmatrix} 7 & -10 \\ 5 & -8 \end{pmatrix} + \begin{pmatrix} 5 & 0 \\ 0 & 5 \end{pmatrix}$$
$$= \begin{pmatrix} 32 & -30 \\ 15 & -13 \end{pmatrix} \quad \text{(A.8.15)}$$

可制御性行列の逆行列は式 (A.8.12) で与えられている．よって，フィードバック係数ベクトル f はつぎのように求められる．

$$f = \begin{pmatrix} 0 & 1 \end{pmatrix} U_c{}^{-1} P(A)$$
$$= \begin{pmatrix} 0 & 1 \end{pmatrix} \frac{1}{5}\begin{pmatrix} 5 & -7 \\ 0 & 1 \end{pmatrix} \begin{pmatrix} 32 & -30 \\ 15 & -13 \end{pmatrix} = \frac{1}{5}\begin{pmatrix} 15 & -13 \end{pmatrix} \quad \text{(A.8.16)}$$

この結果は，演習問題 8.1 と同じである．

8.4 フィードバック係数ベクトルを $f = \begin{pmatrix} f_1 & f_2 \end{pmatrix}$ とおけば，閉ループ系のシステム行列 $A - bf$ はつぎのようになる．

$$A - bf = \begin{pmatrix} 4 & 2 \\ -1 & 1 \end{pmatrix} - \begin{pmatrix} 2 \\ -1 \end{pmatrix}\begin{pmatrix} f_1 & f_2 \end{pmatrix} = \begin{pmatrix} 4 - 2f_1 & 2 - 2f_2 \\ -1 + f_1 & 1 + f_2 \end{pmatrix} \quad \text{(A.8.17)}$$

したがって，閉ループ系の特性多項式は次式となる．

$$|sI - A + bf| = \begin{vmatrix} s - 4 + 2f_1 & -2 + 2f_2 \\ 1 - f_1 & s - 1 - f_2 \end{vmatrix}$$
$$= s^2 + (-5 + 2f_1 - f_2)s + (6 - 4f_1 + 2f_2) \quad \text{(A.8.18)}$$

ここでは，所望の特性多項式 $P(s)$ を次式で与える．

$$P(s) = s^2 + a_1 s + a_0 \quad \text{(A.8.19)}$$

式 (A.8.18) と式 (A.8.19) を恒等的に等しいとおいて，

$$-5 + 2f_1 - f_2 = a_1 \quad \text{(A.8.20)}$$
$$6 - 4f_1 + 2f_2 = a_0 \quad \text{(A.8.21)}$$

を得る．上の二式をグラフとして見たとき，傾きが同じである．したがって，軸切片が違う

と解はなく，同じだと解は無限にある．これは，任意に与えられた固有値に配置できないことを意味する．

では，どのような拘束条件において極配置ができるのだろうか．式 (A.8.20) と式 (A.8.21) がまったく同じ式となるには，

$$a_0 = -2a_1 - 4 \tag{A.8.22}$$

が成り立てばよい．この関係を式 (A.8.19) に代入する．

$$P(s) = s^2 + a_1 s - (2a_1 + 4) \tag{A.8.23}$$

すなわち，特性方程式

$$s^2 + a_1 s - (2a_1 + 4) = 0 \tag{A.8.24}$$

で表される固有値ならば配置することができる．具体的には，

$$\lambda = \frac{-a_1 \pm \sqrt{a_1^2 + 4(2a_1 + 4)}}{2} \tag{A.8.25}$$

である．たとえば，$a_1 = 4$ とすれば，$\lambda = 2, -6$ となる．特性方程式 (A.8.24) は

$$s^2 + 4s - 12 = 0 \tag{A.8.26}$$

となり，連立方程式 (A.8.20)，(A.8.21) はつぎのようになる．

$$-5 + 2f_1 - f_2 = 4 \tag{A.8.27}$$
$$6 - 4f_1 + 2f_2 = -12 \tag{A.8.28}$$

この 2 本の式はいずれも

$$2f_1 - f_2 = 9 \tag{A.8.29}$$

を表しているので，解をつぎのように書くことができる．

$$f_1 = k \tag{A.8.30}$$
$$f_2 = 2k - 9 \tag{A.8.31}$$

よって，閉ループ系の固有値を 2，−6 に配置するフィードバック係数ベクトルは，

$$f = \begin{pmatrix} f_1 & f_2 \end{pmatrix} = \begin{pmatrix} k & 2k - 9 \end{pmatrix} \tag{A.8.32}$$

となる．上式の値を式 (A.8.18) に代入して検算すると，

$$\begin{aligned} & s^2 + (-5 + 2f_1 - f_2)s + (6 - 4f_1 + 2f_2) \\ &= s^2 + (-5 + 2k - 2k + 9)s + (6 - 4k + 4k - 18) \\ &= s^2 + 4s - 12 \end{aligned} \tag{A.8.33}$$

となり，所望の特性多項式 (A.8.26) と一致していることがわかる．システム (8.4.2) は不可制御であるから，固有値を任意の位置に配置することはできないものの，特性方程式 (A.8.24) で表される固有値に限って配置することができる．

8.5 まずは，システムの固有値を計算してみよう．
$$|sI - A| = \begin{vmatrix} s+5 & 3 \\ -6 & s-4 \end{vmatrix} = s^2 + s - 2 = (s+2)(s-1) \tag{A.8.34}$$
であるから，特性方程式は，
$$(s+2)(s-1) = 0 \tag{A.8.35}$$
となる．上式を解いて，固有値は，$\lambda_1 = -2$, $\lambda_2 = 1$ を得る．確かに，二つ目の固有値 $\lambda_2 = 1$ は，不安定な固有値である．つぎに，システム (8.4.2), (8.4.3) の可制御性と可観測性を調べる．
$$Ab = \begin{pmatrix} -5 & -3 \\ 6 & 4 \end{pmatrix} \begin{pmatrix} 1 \\ -2 \end{pmatrix} = \begin{pmatrix} 1 \\ -2 \end{pmatrix} \tag{A.8.36}$$
なので，可制御性行列の行列式はつぎのように計算できる．
$$|U_c| = \begin{vmatrix} b & Ab \end{vmatrix} = \begin{vmatrix} 1 & 1 \\ -2 & -2 \end{vmatrix} = -2 + 2 = 0 \tag{A.8.37}$$
したがって，不可制御である．また，
$$cA = \begin{pmatrix} 3 & 2 \end{pmatrix} \begin{pmatrix} -5 & -3 \\ 6 & 4 \end{pmatrix} = \begin{pmatrix} -3 & -1 \end{pmatrix} \tag{A.8.38}$$
であるから，可観測性行列の行列式は
$$|U_o| = \begin{vmatrix} c \\ cA \end{vmatrix} = \begin{vmatrix} 3 & 2 \\ -3 & -1 \end{vmatrix} = -3 + 6 = 3 \neq 0 \tag{A.8.39}$$
となり，このシステムは可観測であることがわかる．すなわち，安定と不安定の二つのモードは，どちらも可観測ではあるが，どちらかが不可制御，または両者とも不可制御である．

どのモードが不可制御であるかを知るには，システムを対角正準形に変換せずとも，伝達関数を計算することで調べることができる．
$$(sI - A)^{-1} = \begin{pmatrix} s+5 & 3 \\ -6 & s-4 \end{pmatrix}^{-1} = \frac{1}{(s+2)(s-1)} \begin{pmatrix} s-4 & -3 \\ 6 & s+5 \end{pmatrix} \tag{A.8.40}$$
であるから，伝達関数はつぎのように計算できる．
$$\begin{aligned} G(s) &= c(sI - A)^{-1}b \\ &= \frac{1}{(s+2)(s-1)} \begin{pmatrix} 3 & 2 \end{pmatrix} \begin{pmatrix} s-4 & -3 \\ 6 & s+5 \end{pmatrix} \begin{pmatrix} 1 \\ -2 \end{pmatrix} \\ &= \frac{1}{(s+2)(s-1)} \begin{pmatrix} 3 & 2 \end{pmatrix} \begin{pmatrix} s+2 \\ -2s-4 \end{pmatrix} = \frac{-(s+2)}{(s+2)(s-1)} \end{aligned} \tag{A.8.41}$$
上式から明らかに，極零相殺をしているのは $\lambda_1 = -2$ だけである．これにより，安定なモードは不可制御で，不安定なモードは可制御であることが判明した．したがって，可制御である不安定なモードを安定化することで，システム全体を安定化できるという可能性がみえてきた．

安定な固有値 $\lambda_1 = -2$ は不可制御なので動かすことはできない．そこで，指定する安定な固有値のうちの一つを -2 とし，もう一つを -1 にしてみよう．すなわち，閉ループ系の特性多項式は，

$$P(s) = (s+2)(s+1) = s^2 + 3s + 2 \tag{A.8.42}$$

である．フィードバック係数ベクトルを $f = \begin{pmatrix} f_1 & f_2 \end{pmatrix}$ とすれば，閉ループ系のシステム行列は，

$$A - bf = \begin{pmatrix} -5 & -3 \\ 6 & 4 \end{pmatrix} - \begin{pmatrix} 1 \\ -2 \end{pmatrix} \begin{pmatrix} f_1 & f_2 \end{pmatrix} = \begin{pmatrix} -5-f_1 & -3-f_2 \\ 6+2f_1 & 4+2f_2 \end{pmatrix} \tag{A.8.43}$$

となるので，特性多項式は次式で与えられる．

$$|sI - A + bf| = \begin{vmatrix} s+5+f_1 & 3+f_2 \\ -6-2f_1 & s-4-2f_2 \end{vmatrix}$$
$$= s^2 + (1+f_1-2f_2)s + (-2+2f_1-4f_2) \tag{A.8.44}$$

式 (A.8.42) と式 (A.8.44) を恒等的に等しいとするために係数比較法を用いるとつぎの連立方程式を得る．

$$1 + f_1 - 2f_2 = 3 \tag{A.8.45}$$
$$-2 + 2f_1 - 4f_2 = 2 \tag{A.8.46}$$

上の二式はどちらも

$$f_1 = 2 + 2f_2 \tag{A.8.47}$$

である．したがって，フィードバック係数ベクトルは次式で与えられる．

$$f = \begin{pmatrix} f_1 & f_2 \end{pmatrix} = \begin{pmatrix} 2+2k & k \end{pmatrix} \tag{A.8.48}$$

この値を式 (A.8.44) の多項式に代入して検算してみると，

$$s^2 + (1+f_1-2f_2)s + (-2+2f_1-4f_2)$$
$$= s^2 + (1+2+2k-2k)s + (-2+4+4k-4k)$$
$$= s^2 + 3s + 2 \tag{A.8.49}$$

所望の特性多項式 (A.8.42) と一致していることがわかる．

演習問題 8.4 から，システムが不可制御であっても，拘束された特性方程式で表される固有値の位置ならば配置することができることがわかっている．指定する特性方程式 (A.8.42) において，安定な固有値のうちの一つを制御対象の不可制御な安定固有値である -2 とし，もう一つを -1 に指定した．この -1 という値がたまたま，拘束された特性方程式の解の集合に含まれていただけかもしれない．

そこで，指定する固有値を -2 の重根にしてみよう．すなわち，特性多項式は，

$$P(s) = (s+2)^2 = s^2 + 4s + 4 \tag{A.8.50}$$

である．このとき，連立方程式 (A.8.45), (A.8.46) はつぎのようになる．

$$1 + f_1 - 2f_2 = 4 \tag{A.8.51}$$
$$-2 + 2f_1 - 4f_2 = 4 \tag{A.8.52}$$

上の二式はどちらも

$$f_1 = 3 + 2f_2 \tag{A.8.53}$$

である．したがって，フィードバック係数ベクトルは次式で与えられる．

$$f = \begin{pmatrix} f_1 & f_2 \end{pmatrix} = \begin{pmatrix} 3+2k & k \end{pmatrix} \tag{A.8.54}$$

この値を式 (A.8.44) の多項式に代入して検算してみると，

$$\begin{aligned}
&s^2 + (1 + f_1 - 2f_2)s + (-2 + 2f_1 - 4f_2) \\
&= s^2 + (1 + 3 + 2k - 2k)s + (-2 + 6 + 4k - 4k) \\
&= s^2 + 4s + 4
\end{aligned} \tag{A.8.55}$$

所望の特性多項式 (A.8.50) と一致していることがわかる．

以上から，システムは不可制御であっても，可制御な固有値は任意の位置に配置できることがわかった．

■第9章

9.1 2次形式 $x^T A x = 4x_1{}^2 - 4x_1 x_2 + 2x_2{}^2 + 6x_1 x_3 + 7x_3{}^2$ を変形するにあたり，まず x_2 に着目する．

$$\begin{aligned}
x^T A x &= 2x_2{}^2 - 4x_1 x_2 + 4x_1{}^2 + 6x_1 x_3 + 7x_3{}^2 \\
&= 2\left(x_2{}^2 - 2x_1 x_2 + x_1{}^2 - x_1{}^2\right) + 4x_1{}^2 + 6x_1 x_3 + 7x_3{}^2 \\
&= 2(x_2 - x_1)^2 + 2x_1{}^2 + 6x_1 x_3 + 7x_3{}^2
\end{aligned} \tag{A.9.1}$$

残りの項に関しては，x_1 についてまとめる．

$$\begin{aligned}
x^T A x &= 2(x_2 - x_1)^2 + 2x_1{}^2 + 6x_1 x_3 + 7x_3{}^2 \\
&= 2(x_2 - x_1)^2 + 2\left\{x_1{}^2 + 3x_1 x_3 + \left(\frac{3}{2}x_3\right)^2 - \left(\frac{3}{2}x_3\right)^2\right\} + 7x_3{}^2 \\
&= 2(x_2 - x_1)^2 + 2\left(x_1 + \frac{3}{2}x_3\right)^2 - \frac{9}{2}x_3{}^2 + 7x_3{}^2 \\
&= 2(x_1 - x_2)^2 + 2\left(x_1 + \frac{3}{2}x_3\right)^2 + \frac{5}{2}x_3{}^2
\end{aligned} \tag{A.9.2}$$

これによって，式 (9.1.17) を導くことができた．上式では，x_1 が二つの項に入っている．もちろん，x_1 についてただ一つの平方完成をもつように変形をすることもできる．以下において，それを示そう．

$$\begin{aligned}
x^T A x &= 4x_1{}^2 - (4x_2 - 6x_3)x_1 + 2x_2{}^2 + 7x_3{}^2 \\
&= 4\left\{x_1{}^2 - \left(x_2 - \frac{3}{2}x_3\right)x_1 + \frac{1}{4}\left(x_2 - \frac{3}{2}x_3\right)^2 - \frac{1}{4}\left(x_2 - \frac{3}{2}x_3\right)^2\right\} \\
&\quad + 2x_2{}^2 + 7x_3{}^2 \\
&= 4\left\{x_1 - \frac{1}{2}\left(x_2 - \frac{3}{2}x_3\right)\right\}^2 - \left(x_2 - \frac{3}{2}x_3\right)^2 + 2x_2{}^2 + 7x_3{}^2 \\
&= 4\left(x_1 - \frac{1}{2}x_2 + \frac{3}{4}x_3\right)^2 + x_2{}^2 + 3x_2 x_3 + \frac{19}{4}x_3{}^2
\end{aligned} \tag{A.9.3}$$

残りの項に関しては，x_2 についてまとめる．

$$x^T A x = 4\left(x_1 - \frac{1}{2}x_2 + \frac{3}{4}x_3\right)^2 + \left\{x_2{}^2 + 3x_2 x_3 + \left(\frac{3}{2}x_3\right)^2 - \left(\frac{3}{2}x_3\right)^2\right\} + \frac{19}{4}x_3{}^2$$

$$= 4\left(x_1 - \frac{1}{2}x_2 + \frac{3}{4}x_3\right)^2 + \left(x_2 + \frac{3}{2}x_3\right)^2 + \frac{5}{2}x_3{}^2 \geq 0 \quad\quad (A.9.4)$$

上式の等号成立は $x_1 = x_2 = x_3 = 0$，すなわち $x = 0$ のときのみである．よって，$x^T A x > 0, \forall x \neq 0$ となっているので，行列 A は正定行列である．

9.2 平方完成の和の形にしよう．与式には xy の項と zx の項があるので，$2x^2$ を $x^2 + x^2$ として扱う．

$$2x^2 + 6y^2 + 6z^2 - 4yz + 4zx + 4xy$$
$$= (x^2 + 4xy + 6y^2) + (6z^2 + 4zx + x^2) - 4yz$$
$$= (x^2 + 4xy + 4y^2 + 2y^2) + (2z^2 + 4z^2 + 4zx + x^2) - 4yz$$
$$= (x + 2y)^2 + (2z + x)^2 + 2y^2 - 4yz + 2z^2$$
$$= (x + 2y)^2 + 2(y - z)^2 + (2z + x)^2 \geq 0 \quad\quad (A.9.5)$$

明らかに，式 (A.9.5) は正またはゼロである．ここで，もしもゼロとなるのが $x = y = z = 0$ の場合だけで，それ以外の任意の x, y, z に対しては正となるならば，この 2 次形式は正定である．そうでなければ，半正定と判定される．

正定か半正定かを知るには，つぎの連立方程式を解けばよい．

$$x + 2y = 0 \quad\quad (A.9.6)$$
$$y - z = 0 \quad\quad (A.9.7)$$
$$2z + x = 0 \quad\quad (A.9.8)$$

この解は，$y = z$，$x = -2y$ である．たとえば $x = -2$，$y = z = 1$ のとき，式 (A.9.5) はゼロとなる．よって，この 2 次形式は半正定であることがわかる．

つぎに，係数行列 A を見つけてシルベスターの判定条件を使って調べよう．与式を

$$2x^2 + 6y^2 + 6z^2 - 4yz + 4zx + 4xy$$
$$= \begin{pmatrix} x & y & z \end{pmatrix} \begin{pmatrix} a_{11} & a_{12} & a_{13} \\ a_{12} & a_{22} & a_{23} \\ a_{13} & a_{23} & a_{33} \end{pmatrix} \begin{pmatrix} x \\ y \\ z \end{pmatrix} \quad\quad (A.9.9)$$

に変形するには，上式の右辺を展開して係数比較をすればよい．

$$右辺 = a_{11}x^2 + a_{22}y^2 + a_{33}z^2 + 2a_{23}yz + 2a_{13}zx + 2a_{12}xy \quad (A.9.10)$$

なので，

$$A = \begin{pmatrix} 2 & 2 & 2 \\ 2 & 6 & -2 \\ 2 & -2 & 6 \end{pmatrix} \quad\quad (A.9.11)$$

を得る．主小行列式をサイズの小さい順に計算するとつぎのようになる．

$$
\left.\begin{array}{l}
2>0, \quad 6>0, \quad 6>0 \\
\begin{vmatrix} 2 & 2 \\ 2 & 6 \end{vmatrix} = 12 - 4 = 8 > 0, \quad \begin{vmatrix} 6 & -2 \\ -2 & 6 \end{vmatrix} = 36 - 4 = 32 > 0 \\
\begin{vmatrix} 2 & 2 & 2 \\ 2 & 6 & -2 \\ 2 & -2 & 6 \end{vmatrix} = 72 - 8 - 8 - 24 - 8 - 24 = 0
\end{array}\right\} \quad \text{(A.9.12)}
$$

すべての主小行列式が正またはゼロであるから,この2次形式は半正定であることがわかる.

■**第10章**

10.1 設計のパラメータ α の値を1として,折返し法によって制御系を設計したときのリカッチ形方程式の最大解 P_+ は,

$$P_+ = \begin{pmatrix} 16 & 8 \\ 8 & 4 \end{pmatrix} \tag{10.1.18 再掲}$$

であった.したがって,評価関数 (10.1.4) の重み行列 $2\alpha P_+$ はつぎのようになる.

$$2\alpha P_+ = 2\begin{pmatrix} 16 & 8 \\ 8 & 4 \end{pmatrix} = \begin{pmatrix} 32 & 16 \\ 16 & 8 \end{pmatrix} \tag{A.10.1}$$

そこで,リカッチ代数方程式 (9.1.9) の重み行列を $Q = \begin{pmatrix} 32 & 16 \\ 16 & 8 \end{pmatrix}$, $r=1$ とおいて次式を得る.

$$\begin{pmatrix} 0 & 2 \\ 1 & -1 \end{pmatrix}\begin{pmatrix} p_{11} & p_{12} \\ p_{12} & p_{22} \end{pmatrix} + \begin{pmatrix} p_{11} & p_{12} \\ p_{12} & p_{22} \end{pmatrix}\begin{pmatrix} 0 & 1 \\ 2 & -1 \end{pmatrix} + \begin{pmatrix} 32 & 16 \\ 16 & 8 \end{pmatrix}$$
$$- \begin{pmatrix} p_{11} & p_{12} \\ p_{12} & p_{22} \end{pmatrix}\begin{pmatrix} 0 \\ 1 \end{pmatrix}\frac{1}{1}\begin{pmatrix} 0 & 1 \end{pmatrix}\begin{pmatrix} p_{11} & p_{12} \\ p_{12} & p_{22} \end{pmatrix} = 0 \tag{A.10.2}$$

上式はつぎの3本の連立方程式と等価である.

$$4p_{12} - p_{12}^2 + 32 = 0 \tag{A.10.3}$$

$$p_{11} - p_{12} + 2p_{22} - p_{12}p_{22} + 16 = 0 \tag{A.10.4}$$

$$2p_{12} - 2p_{22} - p_{22}^2 + 8 = 0 \tag{A.10.5}$$

式 (A.10.3) は

$$(p_{12} - 8)(p_{12} + 4) = 0 \tag{A.10.6}$$

と因数分解できるので, $p_{12} = 8, -4$ を得る.まず, $p_{12} = 8$ の場合を考える. $p_{12} = 8$ を式 (A.10.5) に代入して整理すると,

$$p_{22}^2 + 2p_{22} - 24 = 0 \tag{A.10.7}$$

となる.この2次方程式の解はつぎのように求めることができる.

$$(p_{22} + 6)(p_{22} - 4) = 0, \quad \therefore \ p_{22} = -6, 4 \tag{A.10.8}$$

p_{12} と p_{22} が決まれば,残りの変数 p_{11} は,式 (A.10.4) を変形して

$$p_{11} = p_{12} - 2p_{22} + p_{12}p_{22} - 16 \tag{A.10.9}$$

を計算すればよい．上式から，$p_{22} = -6$ のとき $p_{11} = -44$，$p_{22} = 4$ のとき $p_{11} = 16$ となる．つぎに，$p_{12} = -4$ の場合を考える．$p_{12} = -4$ を式 (A.10.5) に代入して整理すると，

$$p_{22}{}^2 + 2p_{22} = 0 \tag{A.10.10}$$

となる．この方程式の解は，$p_{22} = 0, -2$ である．式 (A.10.9) から，$p_{22} = 0$ のとき $p_{11} = -20$，$p_{22} = -2$ のとき $p_{11} = -8$ を得る．

以上から，リカッチ代数方程式 (A.10.2) を満たす解として，$\begin{pmatrix} -44 & 8 \\ 8 & -6 \end{pmatrix}$，$\begin{pmatrix} 16 & 8 \\ 8 & 4 \end{pmatrix}$，$\begin{pmatrix} -20 & -4 \\ -4 & 0 \end{pmatrix}$，$\begin{pmatrix} -8 & -4 \\ -4 & -2 \end{pmatrix}$ があることがわかった．これら四つの解の中で，半正定な行列は $\begin{pmatrix} 16 & 8 \\ 8 & 4 \end{pmatrix}$ だけである．これは，式 (10.1.18) の P_+ そのものである．したがって，評価関数 (10.1.4) の重み行列を $Q = 2\alpha P_+ = \begin{pmatrix} 32 & 16 \\ 16 & 8 \end{pmatrix}$，$r = 1$ として最適レギュレータを解くことで，折返し法を適用した場合と同じ効果が得られることを確認できた．

10.2 可制御性行列を計算する．

$$U_c = \begin{pmatrix} b & Ab \end{pmatrix} = \begin{pmatrix} 0 & 1 \\ 1 & -1 \end{pmatrix} \tag{A.10.11}$$

$|U_c| = -1 \neq 0$ となるので，制御対象は可制御である．つぎに，制御対象の固有値を求める．

$$|sI - A| = \begin{vmatrix} s & -1 \\ 0 & s+1 \end{vmatrix} = s(s+1) = 0 \tag{A.10.12}$$

から，固有値は，$\lambda_1 = 0$，$\lambda_2 = -1$ と求められる．固有値 λ_2 は安定，固有値 λ_1 は安定限界である．そこで，固有値 λ_1 だけを折返し法によって安定領域に移動させることにする．

リカッチ形方程式

$$(A + \alpha I)^T P + P(A + \alpha I) - Pb\frac{1}{r}b^T P = 0 \tag{10.1.8 再掲}$$

を有本-ポッターの方法で解くにあたり，$\alpha = 2$，$r = 1$ に設定する．ハミルトン行列はつぎのようになる．

$$H = \begin{pmatrix} A + \alpha I & -b\dfrac{1}{r}b^T \\ 0 & -(A + \alpha I)^T \end{pmatrix} = \begin{pmatrix} 2 & 1 & 0 & 0 \\ 0 & 1 & 0 & -1 \\ 0 & 0 & -2 & 0 \\ 0 & 0 & -1 & -1 \end{pmatrix} \tag{A.10.13}$$

ハミルトン行列の固有値を計算する．

$$|sI - H| = \begin{vmatrix} s-2 & -1 & 0 & 0 \\ 0 & s-1 & 0 & 1 \\ 0 & 0 & s+2 & 0 \\ 0 & 0 & 1 & s+1 \end{vmatrix} \tag{A.10.14}$$

であるから，第 3 行で展開するとつぎのようになる．

$$|sI-H| = (s+2)\begin{vmatrix} s-2 & -1 & 0 \\ 0 & s-1 & 1 \\ 0 & 0 & s+1 \end{vmatrix} = (s+2)(s-2)(s-1)(s+1)$$

(A.10.15)

$|sI - H| = 0$ より，ハミルトン行列の固有値は，± 1, ± 2 であることがわかる．もともと原点にあった固有値は，$\alpha = 2$ だけ正の方向に移動したので，$+2$ である．これを，虚軸を対称軸として左側に折り返す．そこでまずは，-2 を選択する．一方，もともと -1 であった固有値は，$\alpha = 2$ だけ正の方向に移動したので，$+1$ である．今回はこれを，虚軸を対称軸として左側に折り返すことはしない．以上から，$+1$ と -2 を選択することとする．

これらの固有値に対応する固有ベクトルを計算しよう．固有値 $+1$ に対応する固有ベクトル w_1 は，

$$\left(\begin{pmatrix} 1 & 0 & 0 & 0 \\ 0 & 1 & 0 & 0 \\ 0 & 0 & 1 & 0 \\ 0 & 0 & 0 & 1 \end{pmatrix} - \begin{pmatrix} 2 & 1 & 0 & 0 \\ 0 & 1 & 0 & -1 \\ 0 & 0 & -2 & 0 \\ 0 & 0 & -1 & -1 \end{pmatrix} \right) \begin{pmatrix} w_{11} \\ w_{12} \\ w_{13} \\ w_{14} \end{pmatrix} = 0 \quad \text{(A.10.16)}$$

を満たすゼロでないベクトルである．式 (A.10.16) はつぎの連立方程式となる．

$$-w_{11} - w_{12} = 0 \tag{A.10.17}$$

$$w_{14} = 0 \tag{A.10.18}$$

$$3w_{13} = 0 \tag{A.10.19}$$

$$w_{13} + 2w_{14} = 0 \tag{A.10.20}$$

固有ベクトル w_1 は，一意に定めることはできない．そこで，第 1 要素を 1 にして求めるとつぎのようになる．

$$w_1 = \begin{pmatrix} 1 \\ -1 \\ 0 \\ 0 \end{pmatrix} \tag{A.10.21}$$

固有値 -2 に対応する固有ベクトル w_2 は，

$$\left(\begin{pmatrix} -2 & 0 & 0 & 0 \\ 0 & -2 & 0 & 0 \\ 0 & 0 & -2 & 0 \\ 0 & 0 & 0 & -2 \end{pmatrix} - \begin{pmatrix} 2 & 1 & 0 & 0 \\ 0 & 1 & 0 & -1 \\ 0 & 0 & -2 & 0 \\ 0 & 0 & -1 & -1 \end{pmatrix} \right) \begin{pmatrix} w_{21} \\ w_{22} \\ w_{23} \\ w_{24} \end{pmatrix} = 0 \quad \text{(A.10.22)}$$

を満たすゼロでないベクトルである．式 (A.10.22) はつぎの連立方程式となる．

$$-4w_{21} - w_{22} = 0 \tag{A.10.23}$$

$$-3w_{22} + w_{24} = 0 \tag{A.10.24}$$

$$w_{23} - w_{24} = 0 \tag{A.10.25}$$

固有ベクトル w_2 は，一意に定めることはできない．そこで，第 1 要素を 1 にして求めるとつぎのようになる．

$$w_2 = \begin{pmatrix} 1 \\ -4 \\ -12 \\ -12 \end{pmatrix} \tag{A.10.26}$$

したがって，

$$v_1 = \begin{pmatrix} 1 \\ -1 \end{pmatrix}, \quad u_1 = \begin{pmatrix} 0 \\ 0 \end{pmatrix}, \quad v_2 = \begin{pmatrix} 1 \\ -4 \end{pmatrix}, \quad u_2 = \begin{pmatrix} -12 \\ -12 \end{pmatrix} \tag{A.10.27}$$

となるから，リカッチ形方程式 (10.1.8) の解は，

$$\begin{aligned} P_+ &= \begin{pmatrix} u_1 & u_2 \end{pmatrix} \begin{pmatrix} v_1 & v_2 \end{pmatrix}^{-1} \\ &= \begin{pmatrix} 0 & -12 \\ 0 & -12 \end{pmatrix} \begin{pmatrix} 1 & 1 \\ -1 & -4 \end{pmatrix}^{-1} = -\frac{1}{3} \begin{pmatrix} 0 & -12 \\ 0 & -12 \end{pmatrix} \begin{pmatrix} -4 & -1 \\ 1 & 1 \end{pmatrix} = \begin{pmatrix} 4 & 4 \\ 4 & 4 \end{pmatrix} \end{aligned} \tag{A.10.28}$$

となる．明らかに P_+ は半正定行列である．以上から，状態フィードバック制御の係数ベクトルは，

$$f = \frac{1}{r} b^T P_+ = \frac{1}{1} \begin{pmatrix} 0 & 1 \end{pmatrix} \begin{pmatrix} 4 & 4 \\ 4 & 4 \end{pmatrix} = \begin{pmatrix} 4 & 4 \end{pmatrix} \tag{A.10.29}$$

と求められる．最後に閉ループ系の固有値を計算しておく．

$$A - bf = \begin{pmatrix} 0 & 1 \\ 0 & -1 \end{pmatrix} - \begin{pmatrix} 0 \\ 1 \end{pmatrix} \begin{pmatrix} 4 & 4 \end{pmatrix} = \begin{pmatrix} 0 & 1 \\ -4 & -5 \end{pmatrix} \tag{A.10.30}$$

なので，閉ループ系の特性方程式はつぎのようになる．

$$\begin{aligned} |sI - A + bf| &= \left| \begin{pmatrix} s & 0 \\ 0 & s \end{pmatrix} - \begin{pmatrix} 0 & 1 \\ -4 & -5 \end{pmatrix} \right| \\ &= s^2 + 5s + 4 = (s+1)(s+4) = 0 \end{aligned} \tag{A.10.31}$$

これを解いて，固有値は $-1, -4$ であることがわかる．

10.3 開ループ系の固有値と閉ループ系の固有値は，解図 10.1 に示す位置関係であり，虚軸に平行な直線 $\mathrm{Re}\,\lambda = -2$ を折返し線として，原点にあった固有値のみが左側に折り返されていることを確認できる．

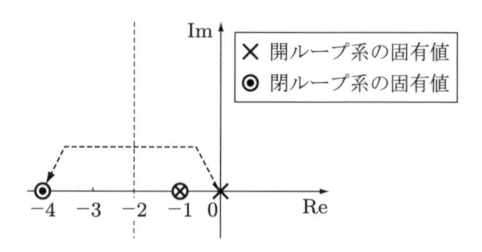

解図 10.1 選択的折返し法による固有値の移動

■第 11 章

11.1 制御対象が可制御で，しかも，条件

$$\mathrm{rank} \begin{pmatrix} A & b \\ -c & 0 \end{pmatrix} = 3 \tag{A.11.1}$$

を満たすことが，サーボ系が設計できるための必要十分条件である．まずは，制御対象の可制御性行列を計算する．

$$U_c = \begin{pmatrix} b & Ab \end{pmatrix} = \begin{pmatrix} 0 & 1 \\ 1 & 2 \end{pmatrix} \tag{A.11.2}$$

よって，$|U_c| = -1 \neq 0$ から，制御対象は可制御であることがわかる．つぎに，条件 (A.11.1) を調べよう．

$$\begin{vmatrix} A & b \\ -c & 0 \end{vmatrix} = \begin{vmatrix} 0 & 1 & 0 \\ 0 & 2 & 1 \\ -1 & 0 & 0 \end{vmatrix} = -1 \neq 0 \tag{A.11.3}$$

となるので，条件 (A.11.1) を満足している．よって，制御対象 (11.3.1), (11.3.2) に対してサーボ系を設計することができる．

再確認するために，拡大系の可制御性を直接調べてみよう．

$$\bar{A} = \begin{pmatrix} A & 0 \\ -c & 0 \end{pmatrix} = \begin{pmatrix} 0 & 1 & 0 \\ 0 & 2 & 0 \\ -1 & 0 & 0 \end{pmatrix}, \quad \bar{b} = \begin{pmatrix} b \\ 0 \end{pmatrix} = \begin{pmatrix} 0 \\ 1 \\ 0 \end{pmatrix} \tag{A.11.4}$$

であるから，$\bar{A}\bar{b}$, $\bar{A}^2\bar{b}$ は，つぎのように計算できる．

$$\bar{A}\bar{b} = \begin{pmatrix} 0 & 1 & 0 \\ 0 & 2 & 0 \\ -1 & 0 & 0 \end{pmatrix} \begin{pmatrix} 0 \\ 1 \\ 0 \end{pmatrix} = \begin{pmatrix} 1 \\ 2 \\ 0 \end{pmatrix} \tag{A.11.5}$$

$$\bar{A}^2\bar{b} = \bar{A}(\bar{A}\bar{b}) = \begin{pmatrix} 0 & 1 & 0 \\ 0 & 2 & 0 \\ -1 & 0 & 0 \end{pmatrix} \begin{pmatrix} 1 \\ 2 \\ 0 \end{pmatrix} = \begin{pmatrix} 2 \\ 4 \\ -1 \end{pmatrix} \tag{A.11.6}$$

拡大系の可制御性行列は

$$\bar{U}_c = \begin{pmatrix} \bar{b} & \bar{A}\bar{b} & \bar{A}^2\bar{b} \end{pmatrix} = \begin{pmatrix} 0 & 1 & 2 \\ 1 & 2 & 4 \\ 0 & 0 & -1 \end{pmatrix} \tag{A.11.7}$$

となるから，$|\bar{U}_c| = 1 \neq 0$ より拡大系は可制御である．よって，制御対象 (11.3.1), (11.3.2) に対してサーボ系を設計することができる．

11.2 拡大系

$$\dot{\bar{x}}(t) = \bar{A}\bar{x}(t) + \bar{b}u(t) + \begin{pmatrix} v(t) \\ r(t) \end{pmatrix} \tag{A.11.8}$$

に状態フィードバック制御

$$u(t) = -\bar{f}\bar{x}(t) \tag{A.11.9}$$

を施して閉ループ系を安定とするために，アッカーマン法を適用する．

閉ループ系の固有値を -1 の 3 重根に配置することにする．このときの特性多項式は

$$P(s) = (s+1)^3 = s^3 + 3s^2 + 3s + 1 \tag{A.11.10}$$

であるから，まず，

を求めよう.

$$P(\bar{A}) = \bar{A}^3 + 3\bar{A}^2 + 3\bar{A} + I \tag{A.11.11}$$

$$\bar{A}^2 = \begin{pmatrix} 0 & 1 & 0 \\ 0 & 2 & 0 \\ -1 & 0 & 0 \end{pmatrix} \begin{pmatrix} 0 & 1 & 0 \\ 0 & 2 & 0 \\ -1 & 0 & 0 \end{pmatrix} = \begin{pmatrix} 0 & 2 & 0 \\ 0 & 4 & 0 \\ 0 & -1 & 0 \end{pmatrix} \tag{A.11.12}$$

$$\bar{A}^3 = \bar{A}\bar{A}^2 = \begin{pmatrix} 0 & 1 & 0 \\ 0 & 2 & 0 \\ -1 & 0 & 0 \end{pmatrix} \begin{pmatrix} 0 & 2 & 0 \\ 0 & 4 & 0 \\ 0 & -1 & 0 \end{pmatrix} = \begin{pmatrix} 0 & 4 & 0 \\ 0 & 8 & 0 \\ 0 & -2 & 0 \end{pmatrix} \tag{A.11.13}$$

であるから,

$$\begin{aligned} P(\bar{A}) &= \bar{A}^3 + 3\bar{A}^2 + 3\bar{A} + I \\ &= \begin{pmatrix} 0 & 4 & 0 \\ 0 & 8 & 0 \\ 0 & -2 & 0 \end{pmatrix} + \begin{pmatrix} 0 & 6 & 0 \\ 0 & 12 & 0 \\ 0 & -3 & 0 \end{pmatrix} + \begin{pmatrix} 0 & 3 & 0 \\ 0 & 6 & 0 \\ -3 & 0 & 0 \end{pmatrix} + \begin{pmatrix} 1 & 0 & 0 \\ 0 & 1 & 0 \\ 0 & 0 & 1 \end{pmatrix} \\ &= \begin{pmatrix} 1 & 13 & 0 \\ 0 & 27 & 0 \\ -3 & -5 & 1 \end{pmatrix} \end{aligned} \tag{A.11.14}$$

と求められる.

つぎに, 可制御性行列の逆行列 $\bar{U}_c{}^{-1}$ を計算する. $\bar{U}_c$ は, 式 (A.11.7) で与えられているので,

$$\bar{U}_c{}^{-1} = \begin{pmatrix} 0 & 1 & 2 \\ 1 & 2 & 4 \\ 0 & 0 & -1 \end{pmatrix}^{-1} = \begin{pmatrix} -2 & 1 & 0 \\ 1 & 0 & 2 \\ 0 & 0 & -1 \end{pmatrix} \tag{A.11.15}$$

となる. 式 (11.1.11) の状態フィードバック係数ベクトル $\bar{f}$ は, アッカーマン法により次式で求めることができる.

$$\begin{aligned} \bar{f} &= \begin{pmatrix} 0 & 0 & 1 \end{pmatrix} \bar{U}_c{}^{-1} P(\bar{A}) \\ &= \begin{pmatrix} 0 & 0 & 1 \end{pmatrix} \begin{pmatrix} -2 & 1 & 0 \\ 1 & 0 & 2 \\ 0 & 0 & -1 \end{pmatrix} \begin{pmatrix} 1 & 13 & 0 \\ 0 & 27 & 0 \\ -3 & -5 & 1 \end{pmatrix} \\ &= \begin{pmatrix} 3 & 5 & -1 \end{pmatrix} \end{aligned} \tag{A.11.16}$$

操作量 $u(t)$ は

$$u(t) = -fx(t) + kz(t) \tag{A.11.17}$$

である. ただし,

$$\bar{f} = \begin{pmatrix} f & -k \end{pmatrix} \tag{A.11.18}$$

であるから,

$$u(t) = -\begin{pmatrix} 3 & 5 \end{pmatrix} x(t) + z(t) \tag{A.11.19}$$

と設計された.

最後に，拡大系の閉ループ固有値が -1 の 3 重根に配置できていることを確認しておく．

$$\bar{A} - \bar{b}\bar{f} = \begin{pmatrix} 0 & 1 & 0 \\ 0 & 2 & 0 \\ -1 & 0 & 0 \end{pmatrix} - \begin{pmatrix} 0 \\ 1 \\ 0 \end{pmatrix} \begin{pmatrix} 3 & 5 & -1 \end{pmatrix} = \begin{pmatrix} 0 & 1 & 0 \\ -3 & -3 & 1 \\ -1 & 0 & 0 \end{pmatrix} \quad \text{(A.11.20)}$$

であるから，閉ループ系の特性多項式はつぎのようになる．

$$\begin{vmatrix} s & -1 & 0 \\ 3 & s+3 & -1 \\ 1 & 0 & s \end{vmatrix} = s^2(s+3) + 1 + 3s = s^3 + 3s^2 + 3s + 1 \quad \text{(A.11.21)}$$

これは，式 (A.11.10) に一致している．

11.3 目標値と外乱をも記述した拡大閉ループ系は，

$$\begin{pmatrix} \dot{x}(t) \\ \dot{z}(t) \end{pmatrix} = \begin{pmatrix} A - bf & bk \\ -c & 0 \end{pmatrix} \begin{pmatrix} x(t) \\ z(t) \end{pmatrix} + \begin{pmatrix} v(t) \\ r(t) \end{pmatrix} \quad \text{(11.1.22 再掲)}$$

である．閉ループ系のシステム行列はすでに計算され，式 (A.11.20) である．したがって，

$$\begin{pmatrix} \dot{x}_1(t) \\ \dot{x}_2(t) \\ \dot{z}(t) \end{pmatrix} = \begin{pmatrix} 0 & 1 & 0 \\ -3 & -3 & 1 \\ -1 & 0 & 0 \end{pmatrix} \begin{pmatrix} x_1(t) \\ x_2(t) \\ z(t) \end{pmatrix} + \begin{pmatrix} v_1(t) \\ v_2(t) \\ r(t) \end{pmatrix} \quad \text{(A.11.22)}$$

となる．目標値と外乱がそれぞれステップ状に変化し，時間が十分に経過して定常状態に達したとき上式の左辺はゼロになるから，次式のように記述することができる．

$$\begin{pmatrix} 0 \\ 0 \\ 0 \end{pmatrix} = \begin{pmatrix} 0 & 1 & 0 \\ -3 & -3 & 1 \\ -1 & 0 & 0 \end{pmatrix} \begin{pmatrix} x_1(\infty) \\ x_2(\infty) \\ z(\infty) \end{pmatrix} + \begin{pmatrix} v_{10} \\ v_{20} \\ r_0 \end{pmatrix} \quad \text{(A.11.23)}$$

したがって，状態の定常値は，

$$\begin{pmatrix} x_1(\infty) \\ x_2(\infty) \\ z(\infty) \end{pmatrix} = -\begin{pmatrix} 0 & 1 & 0 \\ -3 & -3 & 1 \\ -1 & 0 & 0 \end{pmatrix}^{-1} \begin{pmatrix} v_{10} \\ v_{20} \\ r_0 \end{pmatrix}$$

$$= \begin{pmatrix} 0 & 0 & 1 \\ -1 & 0 & 0 \\ -3 & -1 & 3 \end{pmatrix} \begin{pmatrix} v_{10} \\ v_{20} \\ r_0 \end{pmatrix}$$

$$= \begin{pmatrix} r_0 \\ -v_{10} \\ -3v_{10} - v_{20} + 3r_0 \end{pmatrix} \quad \text{(A.11.24)}$$

となることがわかる．制御量 $y(t)$ の定常値は

$$y(\infty) = c \begin{pmatrix} x_1(\infty) \\ x_2(\infty) \end{pmatrix} = \begin{pmatrix} 1 & 0 \end{pmatrix} \begin{pmatrix} r_0 \\ -v_{10} \end{pmatrix} = r_0 \quad \text{(A.11.25)}$$

であるから，目標値に一致することがわかる．これは，ステップ状の外乱の存在下においても達成される．このとき，積分器の出力 $z(t)$ の定常値は

$$z(\infty) = -3v_{10} - v_{20} + 3r_0 \quad \text{(A.11.26)}$$

である．

■第12章

12.1 特性方程式 $P(s)$ は，式 (12.2.13) で与えられているから，

$$P(A^*) = A^{*2} + 4A^* + 5I \tag{A.12.1}$$

である．

$$A^{*2} = \begin{pmatrix} -4 & -6 \\ 3 & 5 \end{pmatrix} \begin{pmatrix} -4 & -6 \\ 3 & 5 \end{pmatrix} = \begin{pmatrix} -2 & -6 \\ 3 & 7 \end{pmatrix} \tag{A.12.2}$$

となるので，$P(A^*)$ はつぎのように計算できる．

$$P(A^*) = \begin{pmatrix} -2 & -6 \\ 3 & 7 \end{pmatrix} + 4\begin{pmatrix} -4 & -6 \\ 3 & 5 \end{pmatrix} + 5\begin{pmatrix} 1 & 0 \\ 0 & 1 \end{pmatrix}$$

$$= \begin{pmatrix} -13 & -30 \\ 15 & 32 \end{pmatrix} \tag{A.12.3}$$

また，

$$A^* b^* = \begin{pmatrix} -4 & -6 \\ 3 & 5 \end{pmatrix} \begin{pmatrix} 3 \\ -1 \end{pmatrix} = \begin{pmatrix} -6 \\ 4 \end{pmatrix} \tag{A.12.4}$$

から，可制御性行列は

$$U_c^* = \begin{pmatrix} b^* & A^* b^* \end{pmatrix} = \begin{pmatrix} 3 & -6 \\ -1 & 4 \end{pmatrix} \tag{A.12.5}$$

となる．この逆行列を計算して次式となる．

$$U_c^{*-1} = \begin{pmatrix} 3 & -6 \\ -1 & 4 \end{pmatrix}^{-1} = \frac{1}{6}\begin{pmatrix} 4 & 6 \\ 1 & 3 \end{pmatrix} \tag{A.12.6}$$

したがって，フィードバック係数ベクトル f は次式で与えられる．

$$f = \begin{pmatrix} 0 & 1 \end{pmatrix} U_c^{*-1} P(A^*)$$

$$= \begin{pmatrix} 0 & 1 \end{pmatrix} \frac{1}{6}\begin{pmatrix} 4 & 6 \\ 1 & 3 \end{pmatrix} \begin{pmatrix} -13 & -30 \\ 15 & 32 \end{pmatrix}$$

$$= \frac{1}{6}\begin{pmatrix} 32 & 66 \end{pmatrix} = \begin{pmatrix} \frac{16}{3} & 11 \end{pmatrix} \tag{A.12.7}$$

所望のベクトル l は

$$l = f^T = \begin{pmatrix} \frac{16}{3} \\ 11 \end{pmatrix} \tag{A.12.8}$$

となり，これは，例題 12.1 の結果に一致する．

12.2 可観測性を調べるにあたり，与えられたシステムは対角正準形なので，可観測行列を計算しなくてよい．観測ベクトル c のすべての要素がゼロでないことから，このシステムは可観測であることがわかる．

設計において行列を扱いやすくするために，つぎの置き換えを行う．

$$A^* = A^T = \begin{pmatrix} -1 & 0 \\ 0 & 2 \end{pmatrix}, \quad b^* = c^T = \begin{pmatrix} -2 \\ 5 \end{pmatrix} \tag{A.12.9}$$

さて，行列 $A^* - b^* f$ を漸近安定にするフィードバック係数ベクトル f を求めるために極配置の直接法を用いよう．そこで，

$$f = \begin{pmatrix} f_1 & f_2 \end{pmatrix} \tag{A.12.10}$$

とおいて $A^* - b^* f$ を計算するとつぎのようになる．

$$A^* - b^* f = \begin{pmatrix} -1 & 0 \\ 0 & 2 \end{pmatrix} - \begin{pmatrix} -2 \\ 5 \end{pmatrix} \begin{pmatrix} f_1 & f_2 \end{pmatrix} = \begin{pmatrix} -1 + 2f_1 & 2f_2 \\ -5f_1 & 2 - 5f_2 \end{pmatrix} \tag{A.12.11}$$

したがって，状態観測器の固有値はつぎの特性多項式で決定される．

$$\begin{aligned} |sI - A^* + b^* f| &= \begin{vmatrix} s + 1 - 2f_1 & -2f_2 \\ 5f_1 & s - 2 + 5f_2 \end{vmatrix} \\ &= s^2 + (-1 - 2f_1 + 5f_2)s + (-2 + 4f_1 + 5f_2) \end{aligned} \tag{A.12.12}$$

一方，-2 の重根をもつ特性多項式は

$$P(s) = (s+2)^2 = s^2 + 4s + 4 \tag{A.12.13}$$

であるから，式 (A.12.12) と式 (A.12.13) の係数比較からつぎの連立方程式を導出することができる．

$$-1 - 2f_1 + 5f_2 = 4 \tag{A.12.14}$$
$$-2 + 4f_1 + 5f_2 = 4 \tag{A.12.15}$$

これを解いて

$$f = \begin{pmatrix} f_1 & f_2 \end{pmatrix} = \begin{pmatrix} \dfrac{1}{6} & \dfrac{16}{15} \end{pmatrix} \tag{A.12.16}$$

を得る．したがって，行列 $A - lc$ の固有値 2 個を -2 に配置するベクトル l は，

$$l = f^T = \begin{pmatrix} \dfrac{1}{6} \\ \dfrac{16}{15} \end{pmatrix} \tag{A.12.17}$$

と求められた．

指定した位置に固有値を配置できていることを確認しよう．

$$\begin{aligned} |sI - A + lc| &= \left| \begin{pmatrix} s & 0 \\ 0 & s \end{pmatrix} - \begin{pmatrix} -1 & 0 \\ 0 & 2 \end{pmatrix} + \begin{pmatrix} \dfrac{1}{6} \\ \dfrac{16}{15} \end{pmatrix} \begin{pmatrix} -2 & 5 \end{pmatrix} \right| \\ &= \begin{vmatrix} s + \dfrac{2}{3} & \dfrac{5}{6} \\ -\dfrac{32}{15} & s + 3\dfrac{1}{3} \end{vmatrix} = s^2 + 4s + 4 \end{aligned} \tag{A.12.18}$$

上式が式 (A.12.13) に一致したので，仕様どおりに設計できていることがわかる．

12.3 まず，可観測性を調べる．

$$cA = \begin{pmatrix} 0 & 0 & 2 \end{pmatrix} \begin{pmatrix} 0 & 0 & 0 \\ 1 & 0 & 0 \\ 0 & 1 & 0 \end{pmatrix} = \begin{pmatrix} 0 & 2 & 0 \end{pmatrix} \tag{A.12.19}$$

$$cA^2 = \begin{pmatrix} 0 & 2 & 0 \end{pmatrix} \begin{pmatrix} 0 & 0 & 0 \\ 1 & 0 & 0 \\ 0 & 1 & 0 \end{pmatrix} = \begin{pmatrix} 2 & 0 & 0 \end{pmatrix} \tag{A.12.20}$$

であるから，可観測性行列はつぎのようになる．

$$U_o = \begin{pmatrix} c \\ cA \\ cA^2 \end{pmatrix} = \begin{pmatrix} 0 & 0 & 2 \\ 0 & 2 & 0 \\ 2 & 0 & 0 \end{pmatrix} \tag{A.12.21}$$

$|U_o| = -8 \neq 0$ より，このシステムは可観測であり，状態観測器を設計することができる．そこで，双対性の定理を用いて設計するためにつぎの置き換えを行う．

$$A^* = A^T = \begin{pmatrix} 0 & 1 & 0 \\ 0 & 0 & 1 \\ 0 & 0 & 0 \end{pmatrix}, \quad b^* = c^T = \begin{pmatrix} 0 \\ 0 \\ 2 \end{pmatrix} \tag{A.12.22}$$

アッカーマン法を適用する準備として，指定した固有値の値 -3, $-2 \pm j2$ を用いて，特性多項式 $P(s)$ を計算する．

$$\begin{aligned} P(s) &= (s+3)(s+2-j2)(s+2+j2) \\ &= s^3 + 7s^2 + 20s + 24 \end{aligned} \tag{A.12.23}$$

したがって，$P(A^*)$ は

$$P(A^*) = A^{*3} + 7A^{*2} + 20A^* + 24I \tag{A.12.24}$$

で与えられる．A^{*2}, A^{*3} は

$$A^{*2} = \begin{pmatrix} 0 & 1 & 0 \\ 0 & 0 & 1 \\ 0 & 0 & 0 \end{pmatrix} \begin{pmatrix} 0 & 1 & 0 \\ 0 & 0 & 1 \\ 0 & 0 & 0 \end{pmatrix} = \begin{pmatrix} 0 & 0 & 1 \\ 0 & 0 & 0 \\ 0 & 0 & 0 \end{pmatrix} \tag{A.12.25}$$

$$A^{*3} = \begin{pmatrix} 0 & 0 & 1 \\ 0 & 0 & 0 \\ 0 & 0 & 0 \end{pmatrix} \begin{pmatrix} 0 & 1 & 0 \\ 0 & 0 & 1 \\ 0 & 0 & 0 \end{pmatrix} = \begin{pmatrix} 0 & 0 & 0 \\ 0 & 0 & 0 \\ 0 & 0 & 0 \end{pmatrix} \tag{A.12.26}$$

となるから，式 (A.12.24) はつぎのように求められる．

$$\begin{aligned} P(A^*) &= \begin{pmatrix} 0 & 0 & 0 \\ 0 & 0 & 0 \\ 0 & 0 & 0 \end{pmatrix} + 7 \begin{pmatrix} 0 & 0 & 1 \\ 0 & 0 & 0 \\ 0 & 0 & 0 \end{pmatrix} + 20 \begin{pmatrix} 0 & 1 & 0 \\ 0 & 0 & 1 \\ 0 & 0 & 0 \end{pmatrix} + 24 \begin{pmatrix} 1 & 0 & 0 \\ 0 & 1 & 0 \\ 0 & 0 & 1 \end{pmatrix} \\ &= \begin{pmatrix} 24 & 20 & 7 \\ 0 & 24 & 20 \\ 0 & 0 & 24 \end{pmatrix} \end{aligned} \tag{A.12.27}$$

つぎに必要なのは，可制御性行列 U_c^* である．

$$A^*b^* = \begin{pmatrix} 0 & 1 & 0 \\ 0 & 0 & 1 \\ 0 & 0 & 0 \end{pmatrix} \begin{pmatrix} 0 \\ 0 \\ 2 \end{pmatrix} = \begin{pmatrix} 0 \\ 2 \\ 0 \end{pmatrix} \tag{A.12.28}$$

$$A^{*2}b^* = \begin{pmatrix} 0 & 1 & 0 \\ 0 & 0 & 1 \\ 0 & 0 & 0 \end{pmatrix} \begin{pmatrix} 0 \\ 2 \\ 0 \end{pmatrix} = \begin{pmatrix} 2 \\ 0 \\ 0 \end{pmatrix} \tag{A.12.29}$$

であるから，

$$U_c{}^* = \begin{pmatrix} b^* & A^*b^* & A^{*2}b^* \end{pmatrix} = \begin{pmatrix} 0 & 0 & 2 \\ 0 & 2 & 0 \\ 2 & 0 & 0 \end{pmatrix} \tag{A.12.30}$$

となる．双対性の定理から $U_c{}^* = U_o{}^T$ が成り立つので，式 (A.12.21) と式 (A.12.30) が同じ値になったのは当然である．$U_c{}^*$ の逆行列を計算するとつぎのようになる．

$$U_c{}^{*-1} = \begin{pmatrix} 0 & 0 & 2 \\ 0 & 2 & 0 \\ 2 & 0 & 0 \end{pmatrix}^{-1} = -\frac{1}{8} \begin{pmatrix} 0 & 0 & -4 \\ 0 & -4 & 0 \\ -4 & 0 & 0 \end{pmatrix} = \frac{1}{2} \begin{pmatrix} 0 & 0 & 1 \\ 0 & 1 & 0 \\ 1 & 0 & 0 \end{pmatrix} \tag{A.12.31}$$

アッカーマン法より，フィードバック係数ベクトルは次式で計算できる．

$$\begin{aligned} f &= \begin{pmatrix} 0 & 0 & 1 \end{pmatrix} U_c{}^{*-1} P(A^*) \\ &= \begin{pmatrix} 0 & 0 & 1 \end{pmatrix} \frac{1}{2} \begin{pmatrix} 0 & 0 & 1 \\ 0 & 1 & 0 \\ 1 & 0 & 0 \end{pmatrix} \begin{pmatrix} 24 & 20 & 7 \\ 0 & 24 & 20 \\ 0 & 0 & 24 \end{pmatrix} \\ &= \frac{1}{2} \begin{pmatrix} 1 & 0 & 0 \end{pmatrix} \begin{pmatrix} 24 & 20 & 7 \\ 0 & 24 & 20 \\ 0 & 0 & 24 \end{pmatrix} = \frac{1}{2} \begin{pmatrix} 24 & 20 & 7 \end{pmatrix} \end{aligned} \tag{A.12.32}$$

したがって，行列 $A - lc$ の固有値を $-3, -2 \pm j2$ に配置するベクトル l は，

$$l = f^T = \frac{1}{2} \begin{pmatrix} 24 \\ 20 \\ 7 \end{pmatrix} \tag{A.12.33}$$

となる．最後に，行列 $A - lc$ の固有値を検算しておこう．

$$\begin{aligned} |sI - A + lc| &= \left| \begin{pmatrix} s & 0 & 0 \\ 0 & s & 0 \\ 0 & 0 & s \end{pmatrix} - \begin{pmatrix} 0 & 0 & 0 \\ 1 & 0 & 0 \\ 0 & 1 & 0 \end{pmatrix} + \frac{1}{2} \begin{pmatrix} 24 \\ 20 \\ 7 \end{pmatrix} \begin{pmatrix} 0 & 0 & 2 \end{pmatrix} \right| \\ &= \begin{vmatrix} s & 0 & 24 \\ -1 & s & 20 \\ 0 & -1 & s+7 \end{vmatrix} \\ &= s^3 + 7s^2 + 20s + 24 \end{aligned} \tag{A.12.34}$$

上式が式 (A.12.23) に一致したので，仕様どおりに設計できていることがわかる．

参考文献

[1] 示村悦二郎：自動制御とはなにか，コロナ社 (1990)
[2] 森 泰親：大学講義シリーズ 制御工学，コロナ社 (2001)
[3] 森 泰親：演習で学ぶ現代制御理論，森北出版 (2003)
[4] 川崎直哉，示村悦二郎：指定領域に極を配置する状態フィードバック則の設計法，計測自動制御学会論文集，Vol. 15, No. 4, pp. 451–457 (1979)
[5] 示村悦二郎，川崎直哉：最適レギュレータ問題と極配置，計測と制御，Vol. 22, No. 3, pp. 282–290 (1983)
[6] 川崎直哉，示村悦二郎：主要極配置を考慮した選択的折り返し設計法，電気学会論文誌 C 分冊，Vol. 108, No. 1, pp. 55–62 (1988)
[7] 森 泰親，示村悦二郎：線形離散時間系において固有値を指定領域に配置する状態フィードバック則の設計，計測自動制御学会論文集，Vol. 16, No. 2, pp. 147–153 (1980)
[8] 森 泰親，示村悦二郎：指定領域に固有値を配置するフィードバック則の設計法，計測自動制御学会論文集，Vol. 16, No. 3, pp. 462–463 (1980)
[9] 森 泰親，藤田政之，川崎直哉，示村悦二郎：線形離散時間系における選択的折り返し設計法とその適用事例，計測自動制御学会論文集，Vol. 26, No. 7, pp. 842–844 (1990)
[10] 足立修一，木田 隆，高木康夫，森 泰親：折り返し設計法を用いた大型衛星の姿勢制御，計測自動制御学会論文集，Vol. 27, No. 9, pp. 1018–1024 (1991)
[11] 森 泰親，藤田政之，入道 真：折り返し設計法による磁気軸受の安定化制御，計測自動制御学会論文集，Vol. 31, No. 1, pp. 135–137 (1995)
[12] S.I. Ahson and H. Nicholson：Improvement of Turbo-Alternator Response using the Inverse Nyquist Array Method, Int. J. Control, Vol. 23, No. 5, pp. 657–672 (1976)

索　引

あ行
アッカーマン法　88, 92, 161
有本 - ポッター　110
安　定　25
位相余裕　109
一巡伝達関数　108
円条件　109
オブザーバ　153
重み行列　94, 96
折返し線　121, 132
折返し法　120, 124, 128

か行
階　数　65
階段行列　67
可観測　59, 156
可観測性　59, 72
可観測性行列　62, 72
可観測性グラム行列　60, 62, 64
拡大系　143, 174
可制御　52, 156
可制御性　51, 72
可制御性行列　43, 54, 55, 65, 72
可制御性グラム行列　52, 54
可制御正準形　43, 47, 85, 122
可制御なモード　54
行列指数関数　12
行列の基本操作　67
行列のランク　65
極　148
極配置法　82, 120
極零相殺　76
クラインマンの方法　109
係数比較法　83

ゲイン余裕　109
ケーリー・ハミルトンの定理　44
減衰係数　138
誤差システム　155
固有角周波数　138
固有値　20, 35
固有ベクトル　21, 35

さ行
最適制御　94
最適レギュレータ　94, 120
座標変換　21, 27, 74
座標変換行列　21, 28
サーボ系　141, 152, 174
サーボ系設計条件　147, 169
サーボ系の構造　141
システムの応答　12
システムの過渡応答　12
システムの時間応答　12, 19
自由システム　12
首座小行列式　97
主小行列式　97
出力方程式　3
状態観測器　153, 157
状態空間表現　3
状態遷移行列　12, 14, 17, 22
状態フィードバック制御　82, 95
状態方程式　3
初期値応答　12
ジョルダン標準形　42, 50
シルベスターの判定条件　97, 98
数式モデル　1, 4, 163

正規直交基底　35
正　定　96
正定行列　96, 97
積分器　141
漸近安定　25, 154
線形近似　9
線形変換　34, 36, 38
選択的折返し法　132, 140
相　似　28
双対性　156
双対性の定理　71

た行
対角化　21, 22
対角行列　38
対角正準形　34, 38
対角変換行列　79
畳込み積分　14
定常偏差　147
伝達関数　73
伝達関数表現　3
同一次元オブザーバ　156
等　価　28
倒立振子　163
特性多項式　49, 83
特性方程式　32

な行
内部安定　147
内部モデル原理　141, 149

は行
ハミルトン行列　110
半正定　96
半正定行列　96
バンデルモンド行列　58, 63
評価関数　94, 95

不安定　26
不安定領域　130
フィードバック係数ベクトル　82
不可観測　59
不可制御　52, 77
負定　96
負定行列　96
不変零点　148, 149
ブロック三角行列　125
併合系　159
平衡状態　9
閉ループ系　82
ヘビサイドの展開定理　18

ま行
マクローリン級数　14
モデル化　1
モード　22, 23
モード展開　20, 22, 26

や行
余因子行列　148

ら行
ラグランジュ関数　164
ラグランジュ法　163
リアプノフ解　104
リアプノフ関数　100
リアプノフの意味で安定　26
リアプノフ方程式　100, 103〜105
リアプノフ方程式による安定判別　100
リカッチ代数方程式　95, 107, 112
リカッチ微分方程式　94, 109

著者略歴

森　泰親（もり・やすちか）
- 1976 年　早稲田大学理工学部電気工学科卒業
- 1981 年　同大学院理工学研究科電気工学専攻博士課程修了（工学博士）
- 1999 年　防衛大学校機械システム工学科教授
- 2003 年　東京都立科学技術大学電子システム工学科教授
- 2005 年　首都大学東京システムデザイン学部教授
- 2015 年　首都大学東京システムデザイン学部学部長兼研究科長
- 2018 年　首都大学東京（現 東京都立大学）名誉教授
- 同　年　交通システム電機株式会社取締役副社長
- 　　　　現在に至る
- 　　　　電気学会上級会員（2005 年）
- 　　　　計測自動制御学会フェロー（2010 年）

著　書
- 制御理論の基礎と応用（共著，産業図書，1995）
- 大学講義シリーズ　制御工学（コロナ社，2001）
- 演習で学ぶ現代制御理論（森北出版，2003）
- 演習で学ぶ基礎制御工学（森北出版，2004）
- 演習で学ぶ PID 制御（森北出版，2009）
- 演習で学ぶディジタル制御（森北出版，2012）
- わかりやすい現代制御理論（森北出版，2013）
- 大学講義テキスト　古典制御（コロナ社，2020）
- 大学講義テキスト　現代制御（コロナ社，2020）
- 演習で学ぶ基礎制御工学　実践編（森北出版，2021）
- 大学院入試徹底対策テキスト　制御工学（コロナ社，2021）

編集担当　加藤義之(森北出版)
編集責任　石田昇司(森北出版)
組　版　ブレイン
印　刷　エーヴィスシステムズ
製　本　協栄製本

わかりやすい現代制御理論　　　　　　　　　　Ⓒ 森　泰親　2013

2013 年 4 月　8 日　第 1 版第 1 刷発行　　【本書の無断転載を禁ず】
2016 年 2 月 18 日　第 1 版第 2 刷発行
2018 年 2 月 28 日　第 1 版第 3 刷発行
2020 年 8 月　7 日　第 1 版第 4 刷発行
2023 年 9 月　8 日　第 1 版第 5 刷発行

著　者　森　泰親
発行者　森北博巳
発行所　森北出版株式会社
　　　　東京都千代田区富士見 1-4-11（〒102-0071）
　　　　電話 03-3265-8341／FAX 03-3264-8709
　　　　https://www.morikita.co.jp/
　　　　日本書籍出版協会・自然科学書協会　会員
　　　　JCOPY ＜（一社）出版者著作権管理機構　委託出版物＞

落丁・乱丁本はお取替えいたします．

Printed in Japan／ISBN978-4-627-92141-2

MEMO

MEMO